高等职业教育食品智能加工技术专业教材

中国轻工业“十三五”规划教材

食品加工机械与设备

主 编
张海臣 陈 亮

中国轻工业出版社

图书在版编目（CIP）数据

食品加工机械与设备/张海臣，陈亮主编. —北京：中国轻工业出版社，2025. 5
ISBN 978-7-5184-2270-8

Ⅰ. ①食… Ⅱ. ①张… ②陈… Ⅲ. ①食品加工机械 ②食品加工设备 Ⅳ. ①TS203

中国版本图书馆 CIP 数据核字（2020）第 111354 号

责任编辑：张　靓　　责任终审：劳国强　　封面设计：锋尚设计
版式设计：砚祥志远　　责任校对：晋　洁　　责任监印：张　可

出版发行：中国轻工业出版社（北京鲁谷东街 5 号，邮编：100040）
印　　刷：三河市万龙印装有限公司
经　　销：各地新华书店
版　　次：2025 年 5 月第 1 版第 5 次印刷
开　　本：720×1000　1/16　印张：17
字　　数：340 千字
书　　号：ISBN 978-7-5184-2270-8　定价：46.00 元
邮购电话：010-85119873
发行电话：010-85119832　010-85119912
网　　址：http://www.chlip.com.cn
Email：club@chlip.com.cn

250810J2C105ZBW

本书编写人员

主　　编　张海臣　吉林工程职业学院

　　　　　　陈　亮　吉林工程职业学院

副 主 编　黄海燕　吉林工程职业学院

　　　　　　车丽娟　吉林工商学院

　　　　　　金俊艳　黑龙江农业职业技术学院

参　　编　曲　波　吉林工程职业学院

　　　　　　葛丽丽　吉林工程职业学院

　　　　　　高　军　益海嘉里（白城）粮油食品工业有限公司

　　　　　　王　勇　北京好利来工贸有限公司

前　言

食品加工机械与设备是高等职业院校食品相关专业的重要课程之一，其任务是使学生了解掌握食品工业常用机械设备的结构、性能与用途等方面的知识，具备根据生产需要选配、操作、安装调试并处理常见设备故障的能力。

本书坚持高技能人才的培养方向，突出职业特色，以国内外典型的食品加工生产工艺操作为教学主线，紧密结合我国食品工业发展实际，按机械单元操作分类为主线将食品加工机械与设备分成六大部分内容，涵盖了食品行业的大部分加工机械与设备。按照学生的认知规律，合理安排教材内容，使教材更加易教、易学。在编写过程中，注重利用图表、实物照片辅助讲解知识点和技能点，激发学生的学习兴趣。

本书在吉林省现代职业教育——农产品加工与检测示范性实习实训基地、吉林省职业教育——现代学徒制试点和吉林省“三全育人”试点院系建设项目成果的基础上编写而成。本书由吉林工程职业学院张海臣、陈亮任主编，吉林工程职业学院黄海燕、吉林工商学院车丽娟、黑龙江农业职业技术学院金俊艳任副主编；参加编写的还有吉林工程职业学院曲波、葛丽丽，益海嘉里（白城）粮油食品工业有限公司高军，北京好利来工贸有限公司王勇等。编写分工如下：张海臣负责策划和资料梳理，并编写前言，陈亮编写模块一～模块四，曲波编写模块五，葛丽丽编写模块六，黄海燕、车丽娟和金俊艳等参与了全书图表绘制和技术参数的确认工作，高军和王勇等参与编写结构的策划工作。

本书可作为高等职业技术院校食品类、粮食类和农产品加工类专业教材，也可供食品工程技术人员、食品企业管理人员阅读和参考。

本书的编写得到了有关行业企业、科研院所以及一批高等职业技术院校的大力支持，在此表示衷心的感谢。

限于编者水平，书中难免不足之处，敬请广大读者批评指正。

编者

目　　录

绪 论

参与食品加工过程的机械设备统称为食品加工机械设备。当一种食品的加工方法、工艺流程及工艺参数确定以后，在加工食品的过程中，食品的产量和质量主要取决于所使用的机械设备。采用先进的机械设备，不但能大幅度地提高食品的产量和质量，而且食品的安全性也得到了保证。可以说，没有先进的食品加工机械，就不可能有现代化的食品工业，也不可能生产出高质量的食品。

一、食品加工机械在食品工业中的作用

1. 能够保证加工的食品符合食品卫生要求，确保食品安全

食品是关系到千百万人民生命健康的商品，因此，食品必须符合食品卫生要求。对卫生检验不合格的食品，是坚决不允许出厂和销售的。在食品加工中，只有采用机械设备，才能减少工作人员与食品的接触，隔绝空气与食品的接触，有效地减少食品被污染的概率，保证食品卫生要求。如在乳粉加工中，从鲜乳的接收、净化、冷藏到杀菌、均质、浓缩和喷雾干燥，全部采用奶泵和管道输送，使整个加工过程在密闭的条件下进行，完全隔绝了乳品与外界的接触，使乳品不会受到任何污染，保证了乳粉的卫生要求。

2. 提高食品质量，最大程度地保留食品营养成分，增强产品的竞争能力

采用机械设备和电气控制设备，实现自动控温、控湿、控时，使食品的加工过程处于最佳工作环境状态，既不会使食品过度加工，也不会使食品加工不良；既提高了食品的质量，也不破坏食品的营养成分。如用超高温瞬时杀菌设备生产消毒乳，杀菌时间只有几秒钟，几乎不破坏乳中的营养成分。又如乳品在加工前用均质机械进行均质处理，既可防止脂肪球上浮与乳液分离，又改善了乳品的消化吸收程度，使乳品的质量得到了很大的提高。

3. 增加食品产量，降低生产成本

在使用相同原料的情况下，采用先进的机械设备，比人工加工或普通机械设备加工得到更多的产品。如在生产果蔬制品时，用机械除去果蔬原料外皮，几乎不损伤果肉，可以得到更多的果蔬产品。又如用膨化浸出机械代替传统的油脂浸出设备生产油脂，能使大豆的出油率从14.5%提高到15.5%。同时可节约大量电能。

4. 提高劳动生产率，减轻劳动强度

采用机械设备，生产率比人工提高几十倍到几百倍，而且极大地减轻了工人的劳动强度，改善了工作条件。如采用番茄浮洗机洗涤番茄，其生产能力为10.5t/h，比人工清洗效率高得多；生产橘子罐头时，用橘瓣分级机分级，每班的生产能力为15t；用颗粒装罐机装罐生产罐头，每分钟装罐能力可达400多罐。所有这些机械设备的使用，不但极大地提高了劳动生产率，而且使工人不再从事繁重的体力劳动，也使工人脱离了恶劣的工作环境，保证了工人的身心健康。

二、 食品加工机械的分类与要求

1. 食品加工机械的分类

食品工业原料及其加工工艺项目繁多，使得食品加工机械与设备的规格、品种也层出不穷。我国还尚未制订食品加工机械的分类标准，目前国内较为流行的分类方法主要有两种：食品加工产品对象分类法和食品加工机械设备功能分类法。

食品加工产品对象分类法即按所用原料或产品进行分类，即分为粮油加工机械设备、面制品加工机械设备、糖制品加工机械设备、乳制品加工机械设备、酿造机械设备、肉制品机械设备、果蔬机械设备、水产品机械设备、饮料机械设备、调味品机械设备、炊事机械设备等。

食品加工机械设备功能分类法即按食品加工机械设备的功能和特点进行分类，如分为物料输送机械设备、原料预处理机械设备、粉碎均质及混合机械设备、热加工机械设备、冷加工机械设备、成形、挤压机械设备、装料及包装机械设备、生化反应机械设备等。

2. 食品加工机械设备的要求

（1）食品加工机械设备应满足各类食品的特定加工工艺要求，满足生产工艺的实用性和多样性需要。如在一台机械或一条食品生产流水线上采用不同的原料、不同的配方、改变不同的工艺参数或者调整设备的设置，就可以生产出不同的食品，从而达到一机多能、一机多用的效果。

（2）食品加工机械设备在使用过程中必须符合《中华人民共和国食品安全法》的有关规定。其结构的设计不仅要考虑便于清洗和易于拆卸的特点，还要杜绝出现死角，避免物料的积存，防止微生物的滋生。同时还要求与食品直接接触的零部件必须选用耐腐蚀、无毒的材料。

(3) 食品加工机械设备在使用中必须具有可靠性和耐久性的特点。食品加工多数属于连续生产方式，如果生产中某一个部件出现了问题，不仅可影响生产，严重时还会造成全线停产，导致所投入的原料部分或全部报废，这会给企业带来巨大的损失。

三、 本课程的任务和学习方法

食品加工机械是食品加工专业和农产品加工专业的专业课，主要学习食品加工机械的构造、工作原理、工作过程、特点、用途以及如何正确地使用、维护和调整，为今后在工作中正确地使用机械设备奠定基础。

要学好食品加工机械，必须预先掌握已学习过的机械制图、机械零件、机械传动等机械基础知识以及食品工程原理、物理学等有关知识。在掌握上述知识的基础上，才能学懂食品加工机械的构造及工作原理，并在此基础上掌握正确地使用、维护和调整方法。

本课程的学习包括课堂讲授、思考与练习、实验实训等环节。课堂讲授主要学习食品加工机械的构造、工作原理、工作过程、设备的性能特点和设备的调整、维护方法，从理论上对所学的机械设备有一个全面、系统的认识。

通过课后思考与练习，对课堂所学的知识进行巩固，并锻炼分析问题、解决问题的能力。

实训是在课堂学习的基础上，通过对所学机械设备构造的观察，以及操作使用、拆装、调整和维护，进一步加深对机械设备构造、工作原理、工作过程的理解和掌握，并掌握其使用、调整和维护方法。实训还包含适当的教学实习。教学实习是一个综合性实习，是通过参加食品工厂的生产劳动和参观等，对所学的机械设备组成的各种生产线有一个全面的认识，并根据所学的知识，对生产线进行综合评价。

模块一

物料输送机械

学习目标

1. 了解物料输送机械与设备在食品工厂中的作用。
2. 掌握固体物料输送机的工作原理、主要部件结构及操作要点。
3. 了解液体和气体输送机械的主要部件和操作要点。

项目一 固体物料输送机械

本项目将围绕固体物料的特征对常用的带式输送机、斗式升运机、刮板输送机、螺旋输送机的工作原理、主要结构和操作要点加以介绍。

一、带式输送机

1. 概述

带式输送机是食品加工中常用的一种连续输送机械。它适用于输送块状、粒状及各种包装件物料，同时还可用于原料选择检查台、原料清洗、预处理操作台及成品包装仓库等。带式输送机一般用于水平输送，如用于倾斜输送时，倾斜角不大于25°。

带式输送机的工作速度范围广（0.02～4.00m/s），生产效率高，输送能力大，对被输送的产品损伤小，工作平稳，构造简单，使用维护方便，能够在运载段的任何位置进行装料或卸料。但是在输送轻质粉状物料时易飞扬。

2. 带式输送机的构造

带式输送机如图1－1所示，主要由输送带、驱动装置、张紧装置、支持滚轮

（托辊）及卸料装置等组成。

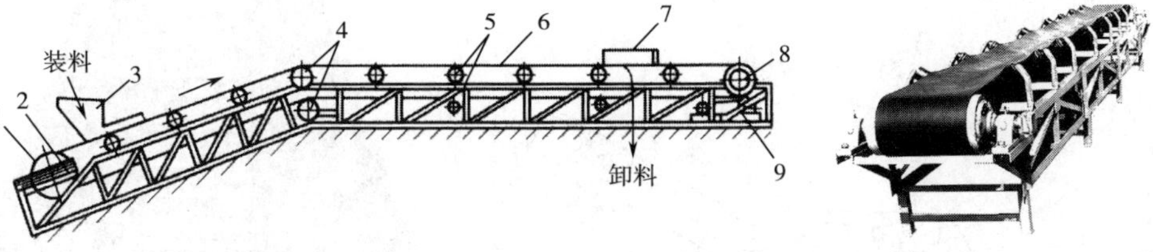

图 1－1　带式输送机

1—张紧滚筒　2—张紧装置　3—装料斗　4—改向滚筒　5—托辊　6—输送带
7—卸料装置　8—驱动滚筒　9—传动装置

（1）输送带　输送带是带式输送机的主要工作部件，它的功用是承载运送物料。常用的输送带有橡胶带、纤维编织带、钢带、网状钢丝带和塑料带等。

橡胶带是使用最广泛的输送带。它是用橡胶浸透帆布或编织物材料，并经过硫化处理制成的。其表面敷盖橡胶层，称为覆盖层。帆布或编织物可以增强输送带的机械强度和用来传递动力，而覆盖层的作用是保护编织物不受损伤，并防止潮湿及外部介质的侵蚀。国内生产的橡胶带宽度主要规格有 300，400，500，650，800，1000，1200 和 1600mm。

橡胶带的连接方式有皮线缝合法、胶液冷黏缝合法、加热硫化法和金属搭接法等。加热硫化法接合处无缝，表面平整，强度可达原来的 90%。金属搭接法又称卡子接头，这种形式接合方便，但强度降低很多，只有原来的 35% ~40%。

（2）驱动装置　驱动装置一般安装在输送机的卸料端，由电动机、减速器、驱动滚筒组成。电动机的动力通过三角皮带经减速器带动驱动滚筒。驱动滚筒直径较大，以使滚筒与输送带有足够的接触面积，保证良好的驱动性能。也可利用张紧轮来增加输送带与驱动滚筒的接触面积。

驱动滚筒通常是用钢板焊接制成。为了增加滚筒和输送带之间的摩擦力，可在滚筒表面包上木材、皮革或橡胶。滚筒的宽度应比带宽大 100 ~200mm。驱动滚筒一般做成腰鼓形，即中间部分直径比两端直径稍大，以便自动校正输送带的跑偏。

（3）托辊　它的功用是承载输送带及其上面的物料，保证输送带平稳运行。

托辊分为上托辊（即运载托辊）和下托辊（即空载托辊）两种。上托辊有平形托辊和槽形托辊（1 个固定托架和 3 个或 5 个托辊组成）之分，如图 1－2 所示，而空载段的下托辊则用平行托辊。

托辊用两端加上凸缘的无缝钢管制造。在托辊的端部有加润滑剂的沟槽。定型的托辊直径有 89，108，159mm 等。托辊的长度应比输送带宽度大 100 ~200mm。

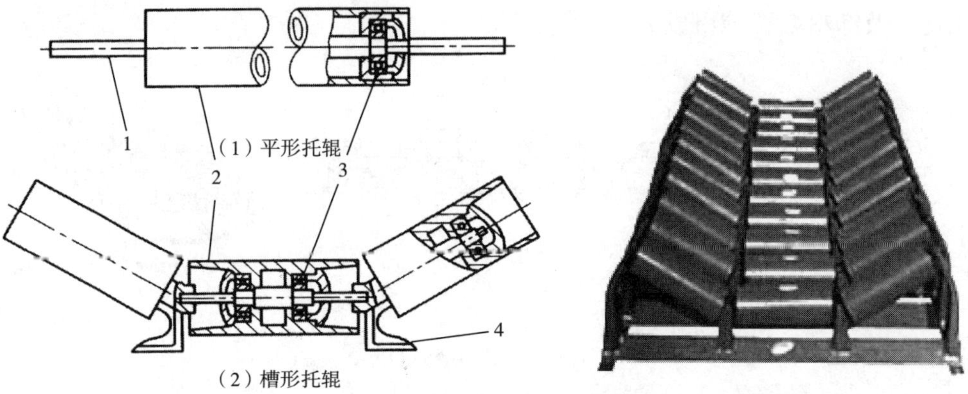

图 1－2　带式输送机托辊

1—托辊轴　2—托辊　3—轴承　4—支架

（4）张紧装置　它的功用是调整输送带的松紧度。由于输送带在拉力作用下会被拉长，而且湿度和温度的变化也会引起输送带的收缩与膨胀，因此必须设置张紧装置。张紧装置一般设在末端的张紧滚筒上，也可以设置在张紧轮上。常用的张紧装置有螺旋式张紧装置，如图 1－3 所示。

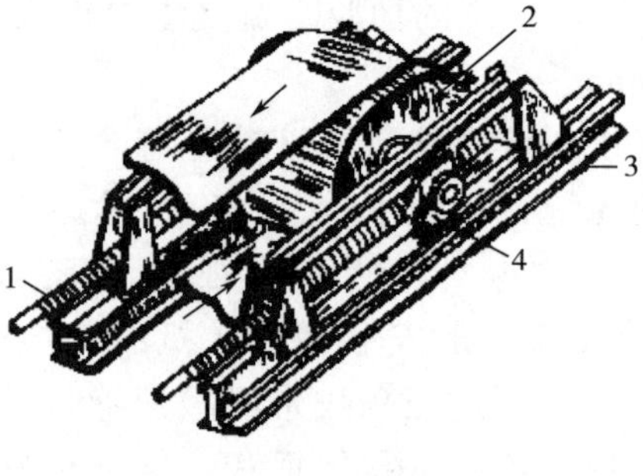

图 1－3　张紧装置

1—输送带　2—张紧滚筒　3—轴承座　4—滑铁

螺旋式张紧装置外形尺寸小，结构紧凑，但须经常检查调整，张力大小不易控制。它适用于输送带宽度小于 800mm、输送距离小于 30m 的输送机。

（5）卸料装置　它的功用是从输送带上卸下所输送的物料。物料可以由斜刮板或卸料器从输送带的端部卸下，也可以移到输送带上的任何位置，从输送带的任一侧面卸料，如图 1－4 所示。

3. 带式输送机的技术特征

带式输送机主要技术特性见表 1－1。

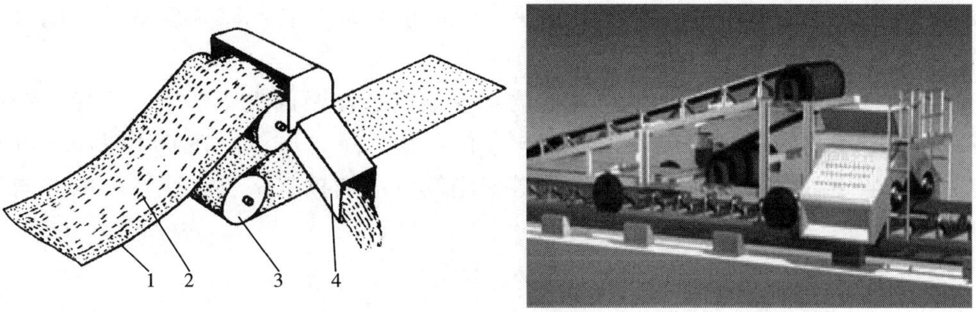

图1－4　卸料器

1—输送带　2—物料　3—改向滚筒　4—出料斗

表1－1　　带式输送机主要技术特性

项目	指标				
胶带宽度（B）/mm	500	650	800	1000	1200
胶带速度/(m/s)			0.8～2		
输送倾角			0～20°		
生产能力/(t/h)	92～229	155～387	235～586	435～1033	655～1556
功率/kW（按10m计算）	3	4	5.5	11	15

4. 带式输送机的操作要点

（1）开机前应润滑各运动部件和传动机构。

（2）每工作一段时间后，应检查输送带的松紧度，必要时应调整。

（3）输送带背面应保持清洁，不能沾污油类，以免打滑，影响传动。

（4）输送机较长时间不使用时，应放松张紧装置，使输送带处于松弛状态。

（5）输送带的跑偏及其处理。

①跑偏的原因：跑偏的原因有多种，其主要原因是安装精度低和日常的维护保养差。安装过程中，头尾滚筒、中间托辊之间尽量在同一中心线上，并且相互平行，以确保输送带不跑偏或少跑偏。另外，带子接头要正确，两侧周长应相同。在使用过程中，如果出现跑偏，则要做以下检查以确定原因，进行调整。

②输送带跑偏时常检查的部位和处理方法有如下几种情况。

a. 检查托辊横向中心线与带式输送机纵向中心线的不重合度：如果不重合度值超过3mm，则应利用托辊组两侧的长形安装孔对其进行调整。具体方法是输送带偏向哪一侧，托辊组的哪一侧向输送带前进的方向前移，或另外一侧后移。

b. 检查头、尾机架安装轴承座的两个平面的偏差值：若两平面的偏差大于1mm，则应将两平面调整到同一平面内。头部滚筒的调整方法是：若输送带向滚筒的右侧跑偏，则滚筒右侧的轴承座应当向前移动或左侧轴承座后移；若输送带向滚筒的左侧跑偏，则滚筒左侧的轴承座应当向前移动或右侧轴承座后移。尾部滚筒的调整方法与头部滚筒刚好相反。

c. 检查物料在输送带上的位置：物料在输送带横断面上不居中，将导致输送带跑偏。如果物料偏到右侧，则皮带向左侧跑偏，反之亦然。在使用时应尽可能地使物料居中。为减少或避免此类输送带跑偏可增加挡料板，改变物料的方向和位置。

二、 斗式升运机

1. 概述

在各种连续加工生产中，需要在不同高度输送物料，使物料由一台设备运送到另一台设备上，或由地面运送到不同的高度等，一般都采用斗式升运机输送。如玉米淀粉的加工、番茄酱生产线等，都用斗式升运机提升物料。

斗式升运机占地面积小，运行平稳、无噪声，工作速度（0.8～2.5m/s）和效率较高，提升高度大（30～50m）。但斗式升运机对过载较敏感，要求供料均匀一致。

斗式升运机按用途不同可分为垂直式和倾斜式；按牵引构件不同分为有带式和链式（单链式和双链式）；按工作速度不同分为有高速和低速斗式升运机。

2. 斗式升运机的构造

垂直斗式升运机构造如图 1－5 所示，主要由壳体、料斗、传动带（或链条）、主动鼓轮、从动鼓轮、支架和张紧装置等组成。

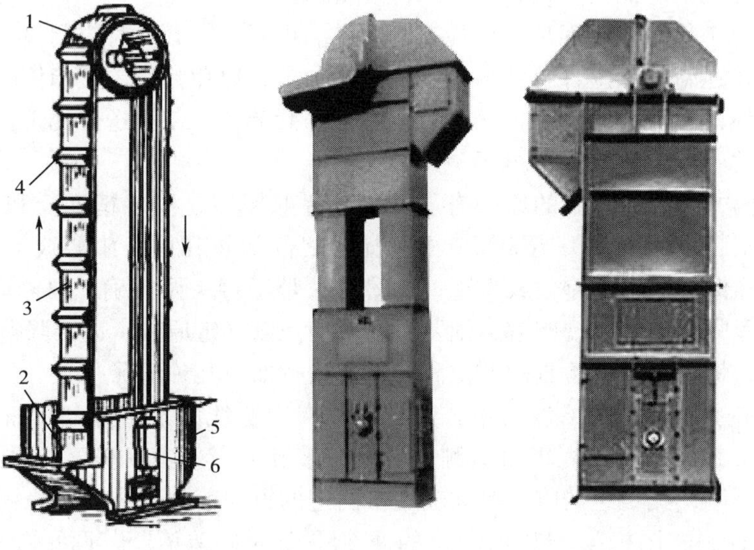

图 1－5　垂直斗式升运机

1—驱动轮　2—进料口　3—牵引带（链）　4—料斗　5—壳体　6—张紧装置

（1）壳体与支架　壳体的功用是密封输送。斗式升运机可以封闭在一个壳体中（图1－5），也可以安装在两个竖管中，回程竖管与上升竖管离开一段距离，采用皮带或链条载运料斗。对于倾斜式升运机，由于回空时垂度较大，不用封闭的外壳，常用带滚轮的牵引链在导轨上运动。为适应不同的提升高度，倾斜式升运机的支架可以做成自由伸缩的活动支架。

（2）料斗　它是斗式升运机的承载部件，用于载运物料。一般用2～6mm的不锈钢板、薄钢板、铝板或塑料等焊接、铆接或冲压制成。根据被运送物料的性质和斗式升运机的构造特点，料斗有深斗、浅斗和尖角形斗三种形状，如图1－6所示。

深斗的斗口呈65°的倾角，深度较大。适用于输送干燥及流动性好的粒状和粉状物料。

浅斗的斗口呈45°的倾角，深度较小。适用于输送流动性较差的粒状及块状物料。

尖角形斗的侧壁延伸到底板外，使侧壁成为挡边。卸料时，物料可沿挡边和底板之间形成的槽卸出。适用于流动性差的物料，料斗密集排列。

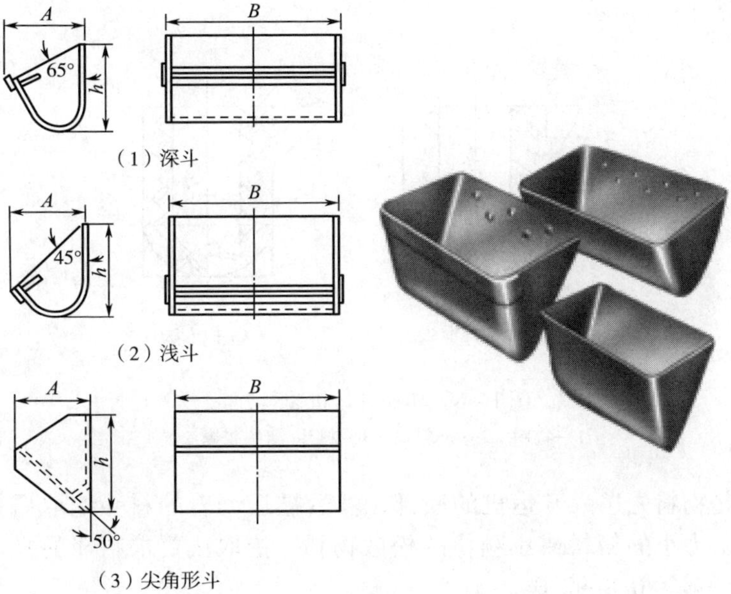

图1－6　料斗的形状

（3）牵引部件　它的功用是固定料斗，并带动料斗提升物料。牵引部件常采用橡胶带或链条。橡胶带与带式输送机橡胶带相同。料斗用特种头部的螺钉和弹簧垫片固定在橡胶带上（如图1－7所示），橡胶带一般比料斗的宽度大35～40mm。

常用的链条有钩形链、衬套链和套筒滚子链。其节距有150，200和250mm等。当料斗的宽度为160～250mm时，可用一根链条固定在料斗后壁上。深斗和浅

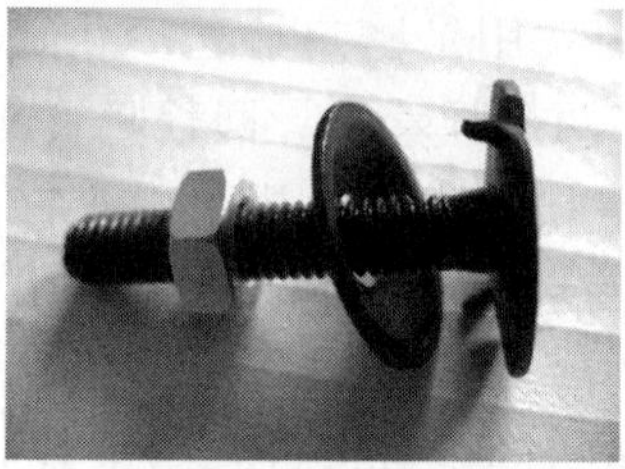

图1-7　料斗螺钉

斗可以用角钢和螺钉固定在链条上。

（4）驱动装置与张紧装置　驱动装置在升运机的上部，由电动机通过三角皮带和减速器带动驱动鼓轮（或链轮）。为防止升运机在有载荷的情况下停止工作时，由于重力使升运机反向运动，故在驱动装置中常设有电磁制动器。

张紧装置设在升运机下部的从动鼓轮（或链轮）轴上，常采用螺旋式张紧装置（参看带式输送机张紧装置）。

（5）斗式升运机的装料、卸料方式　斗式升运机的装料方式有挖取法和撒入法两种，如图1-8所示。

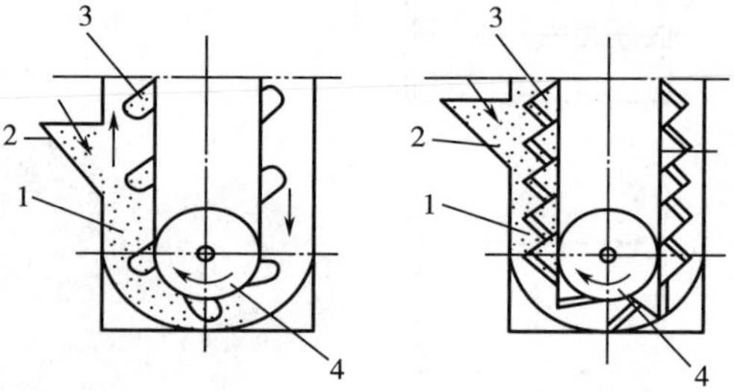

（1）挖取法　　（2）撒入法

图1-8　斗式升运机装料方式

1—物料　2—进料口　3—料斗　4—张紧滚筒

挖取法是物料先送入升运机的底部，然后被运动着的料斗挖取后提升。这种方法适用于阻力小的粉料或小颗粒的松散物料。挖取法要求料斗的强度大，有较高的速度（一般为0.8~2.0m/s）。

撒入法是物料由进料口直接加入到运动着的料斗内。这种方法适用于大块和磨损性大的物料。一般料斗是密集的布置，速度较低（不超过1m/s）。

斗式升运机的卸料方法有离心式、重力自流式和离心重力式三种，如图1-9所示。

离心式是利用离心力将物料抛出卸料。斗与斗之间要保持一定距离，要求提升速度较高。一般在1~2m/s。它适用于提升流动性好的粉状和粒状物料。

重力自流式卸料法主要依靠重力卸料。它的提升速度较低，一般为0.5~0.8m/s。这种方法适用于提升潮湿、流动性差的大块物料。

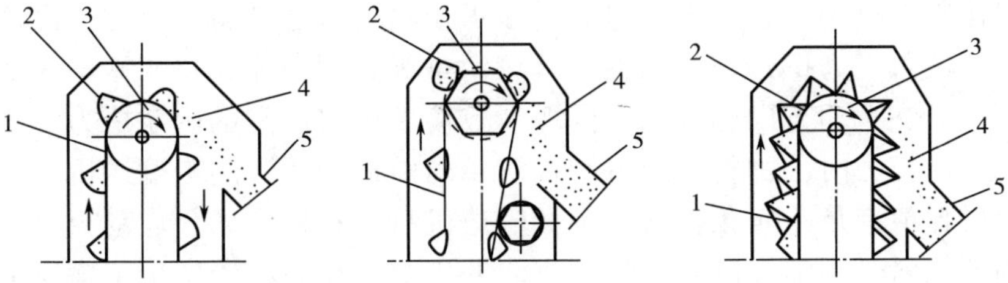

（1）离心式　（2）重力自流式　（3）离心重力式

图1－9　斗式升运机卸料方式

1—牵引带　2—料斗　3—驱动滚筒　4—物料　5—出料口

离心重力式卸料法是同时利用物料的离心力和重力进行卸料。它的工作速度一般为0.7～1.0m/s，适用于流动性差的大块物料。

3. 斗式升运机主要技术特性

斗式升运机主要技术特性见表1－2。

表1－2　　斗式升运机主要技术特性

项目		指标					
型号		26/15	36/18	36/23	36/28	41/23	41/28
料斗规格/mm		150×125	180×125	230×125	280×140	230×140	280×140
处理量/（m^3/h）	颗粒	15.06	25.1	37.42	51	55.82	67.8
	粉料	13.06	21.73	32.4	44.1	48.17	58.65
转速/（r/min）	颗粒	81					
	粉料	70					
料斗间距/mm		350				300	
提升高度/m		10～40					
电机/kW		2.2～22					

4. 斗式升机运的操作要点

（1）斗式升运机应空负荷开车　每次停机前应排尽所有料斗内的物料，然后再停车。不能倒转，倒转可能发生链条脱轨现象，排除脱轨故障很麻烦。

（2）均匀喂料　禁止突然增大喂料量。喂料量不能超过升运机的输送能力，否则容易造成底部的物料堆积严重，发生“闷车”事故。开机前应对各运动部件及时适量补充润滑油。升运机的链条和料斗严重磨损或损坏时应及时更换。

三、刮板输送机

1. 概述

刮板输送机常用于水平输送颗粒和粉状物料，也能在150°范围内做倾斜输送。

在单点进出料基础上，也可多点进料、多点出料，输送有毒、易爆、高温和易飞扬的物料，改善工人操作条件和减少环境污染等。刮板输送机水平输送时，物料受到刮板链条在运动方向的推力。当埋刮板输送机料层间的内摩擦力大于物料与槽壁间的外摩擦力时，物料就随着刮板链条向前运动。当刮板输送机料层高度与机槽宽度的比值满足一定条件时，刮板输送机料流是稳定的。埋刮板输送机在垂直提升时，物料受到刮板链条在运动方向的压力，在物料中产生了横方向的侧面压力，形成了物料的内摩擦力。同时由于下水平段的不断给料，下部物料相继对上部物料产生推移力。这种摩擦力和推移力足以克服物料在机槽中移动而产生的外摩擦阻力和物料自身的重量，使物料形成了连续整体的料流而被提升。该机具有整机寿命高、运行平稳、结构尺寸小、输送量大、能耗低、物料破损率低等特点。缺点是刮板和输送槽磨损较大。

2. 刮板输送机的构造

刮板输送机结构如图 1－10 所示，主要由刮板、牵引链、驱动链轮和驱动装置等组成。

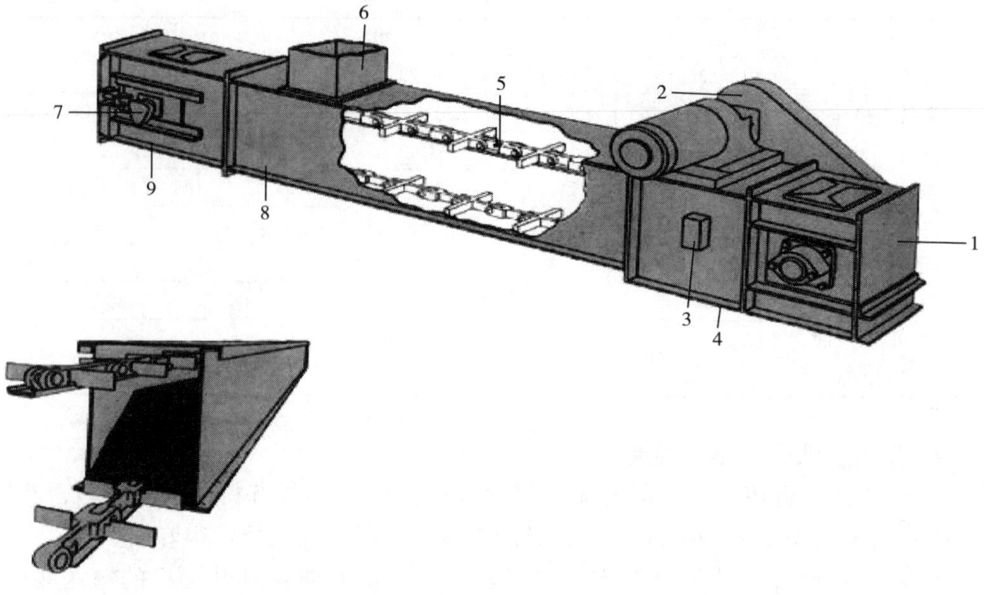

图 1－10　刮板输送机

1—头部　2—驱动装置　3—堵料探测器　4—卸料口　5—刮板链条
6—加料口　7—断链指示器　8—中间段　9—尾部

刮板输送机工作时由牵引链带动刮板运动，刮板推动物料向前输送。输送物料时有上刮式和下刮式。上面行程为工作面时为上刮式，反之为下刮式。

刮板输送机的主要工作部件是刮板和牵引链。刮板一般用不锈钢、木材等材料制作，用螺栓或铆钉固定在牵引链上。当刮板的尺寸和重量较大时，在刮板上还装有行走滚轮，如图1－11所示。

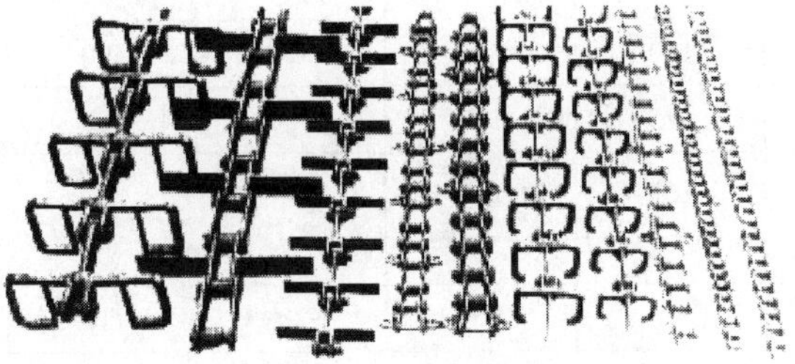

图1－11　刮板与链条

牵引链常用的有套筒滚子链、钩形链等。刮板的尺寸较小时，一般用一根链条作为牵引构件与刮板连接。刮板尺寸较大时，就需要两根链条作为牵引构件。在单链式刮板输送机上，链条位于刮板的中部。双链式刮板输送机链条固定在刮板两侧，如图1－11所示。刮板在链条上的间距为250～300mm。

刮板输送机的工作速度在输送颗粒及粉状物料时为0.5～1.0m/s，输送小块状物料时为0.3～0.5m/s。

张紧装置安装在张紧链轮轴承座上，采用螺旋式张紧（参见带式输送机张紧装置）。当输送机工作一段时间后，应检查牵引链的松紧度，并及时进行调整。

刮板输送机的主要形式有三种类型，如图1－12所示。

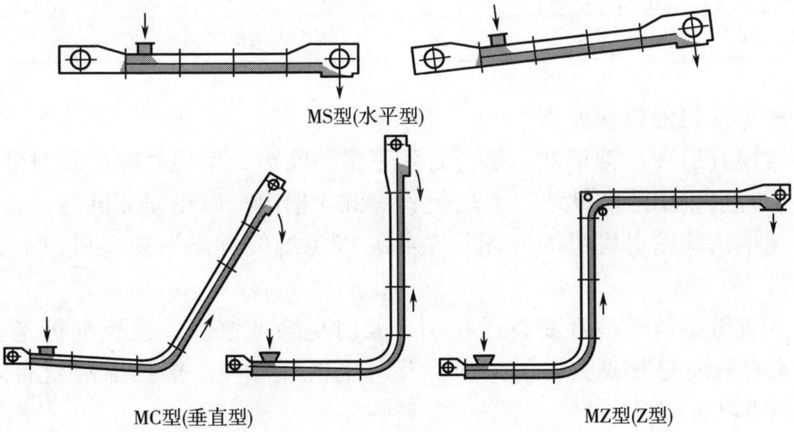

图1－12　刮板输送机的形式

3. 刮板输送机的主要技术特性

普通刮板输送机技术特性见表1－3，埋刮板输送机技术特性见表1－4。

表 1-3 普通刮板输送机技术特性

项目		指标					
型号		18	25	32	40	50	63
机槽宽度/mm		180	250	320	400	500	630
刮板链条	节距/mm	125	160	200	200	200	250
	线速度/(m/s)	0.167～0.192	0.183～0.245	0.266～0.3			0.275～0.35
输送量/(m^3/h)		20	35	80	110	135	250
输送距离/m		10～50					
电机/kW		2.2～22					

表 1-4 埋刮板输送机技术特性

项目		指标					
型号		18	25	32	40	50	63
机槽宽度/mm		180	250	320	400	500	630
刮板链条	节距/mm	125	160	200	200	200	250
	线速度/(m/s)	0.133～0.183	0.283～0.25	0.21～0.26	0.26～0.306		0.25～0.35
输送量/(m^3/h)		15	35	40	70	100	150
输送距离/m		垂直 20　水平 25					
电机/kW		2.2～22					

4. 刮板输送机的操作要点

(1) 常检查运转是否正常，是否有不正常的噪声，发现故障应及时停车排除。

(2) 运行过程中严防铁块、大块硬物等混入槽内，以免损坏机器。

(3) 定期清除输送机里的麻绳等杂物，以免缠绕链条后使电机过载，损坏电机和减速器。

(4) 检查链条销子是否断裂或松出，及时更换或修复；检查刮板是否损坏或磨损。如果有弯曲变形或丢失的刮板，及时更换或修补。聚乙烯刮板有划痕或沟槽也许表示有其他问题。

(5) 检查链条、滚筒和链轮是否过度磨损。

(6) 严格按照制造商的产品说明书，定期润滑轴承、齿轮和减速器等。

(7) 定期检查所有安全保护装置，确保它们能可靠工作。

(8) 定期检查所有螺栓联接的紧固程度，如发现松动应及时拧紧。

(9) 经常检查和调整驱动皮带或链条的张紧度。

四、 螺旋输送机

1. 概述

螺旋输送机是利用旋转的螺旋叶片将物料推移而进行螺旋输送的一种装置。螺旋输送机旋转轴上焊有螺旋叶片，叶片的面型根据输送物料的不同有实体面型、带式面型、叶片面型等型式。螺旋输送机的螺旋轴在物料运动方向的终端有止推轴承，以随物料给螺旋的轴向反力，在机长较长时，应加中间吊挂轴承。螺旋输送机结构简单，工作可靠，具有防尘性能，但消耗功率较大，输送距离短。适用于输送各种粉料、粒料及小块状物料。

我国已定型生产的 GX 型螺旋输送机，螺旋直径为 150 ~ 600mm，共有七种规格，长度为 30 ~ 70m。

2. 螺旋输送机的构造

螺旋输送机主要由螺旋、壳体、支座和螺旋轴等组成，如图 1 – 13 所示。

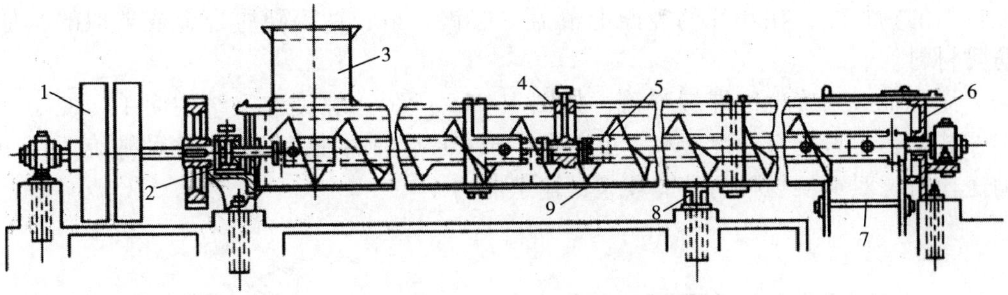

图 1 – 13　螺旋输送机

1—离合器　2—轴承　3—喂料口　4—中间轴承　5—螺旋
6—支持架　7—卸料口　8—支架　9—壳体

螺旋是螺旋输送机的主要工作部件，它的功用是通过螺旋的旋转运动向前推送物料。螺旋按结构特点分为有心轴式和无心轴式；按旋向分为右旋螺旋和左旋螺旋；按螺距分为等螺距螺旋和变螺距螺旋；按螺旋头数分有单头、双头和三头。

有心轴式螺旋的叶片形状有实体螺旋、环带式、叶片式和齿形螺旋，如图 1 – 14 所示。当输送干燥的小颗粒和粉状物料时，宜采用实体螺旋；输送块状或黏滞性的物料时，宜采用环带式螺旋；输送韧性或可压缩的物料时，宜采用叶片式或齿形螺旋，这两种螺旋在输送物料的同时，还对物料有搅拌、揉捏及混合等工艺操作。

螺旋叶片是由 4 ~ 8mm 厚的薄钢板或不锈钢、黄铜、铝等材料制成。输送腐蚀

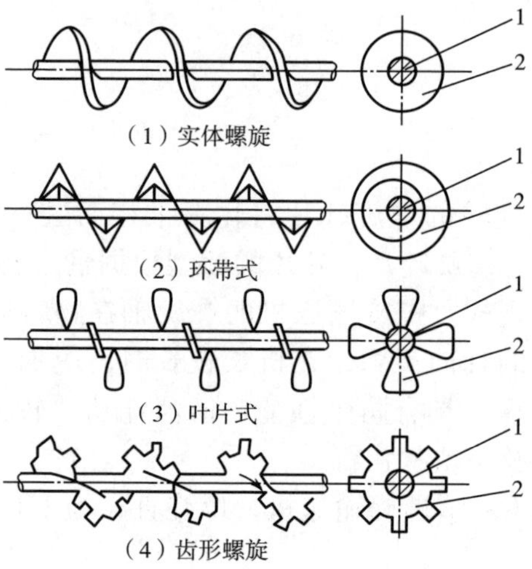

图 1－14　螺旋形状

1—螺旋轴　2—螺旋叶片

性较大的物料时，在叶片的表面上覆盖一层钨、铬、钴等硬质合金或类似的其他防腐材料。

无心轴式螺旋也称螺旋弹簧，如图 1－15 所示。螺旋弹簧结构简单，便于加工、装配，质量比有轴螺旋小，可以在小于 90°范围内任意转弯。这种螺旋适用于输送粉料，对颗粒物料的破碎较大，输送能力小。

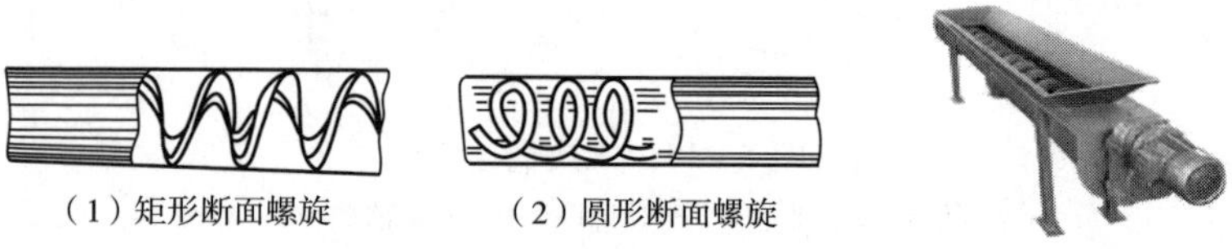

图 1－15　螺旋弹簧输送器

螺距相等的输送机主要用于输送物料；变螺距输送机在用于输送的同时又可产生挤压力，如在绞肉机、榨汁机、膨化机等机械中作供料、挤压螺旋用。

螺旋轴的功用是固定螺旋叶片，并带动叶片一起旋转。螺旋轴可以是实心轴，也可以是空心轴。通常采用钢管制成的空心轴，它一般由 2 ~ 4m 长的节段装配制成。

螺旋轴的各节段连接通常采用轴节或法兰连接。图 1－16 是利用轴节插入空心轴的衬套内，用螺钉固定连接起来。这些轴节还可作为中间轴承和头部轴承的颈部。这种连接方式结构紧凑，但装卸较困难。大型的螺旋输送机，则是采用法兰连接，如图 1－17 所示。用一段两端带法兰的短轴与螺旋轴端的法兰连接起来，这种连接装卸容易，但径向尺寸较大，对物料的阻力也较大。

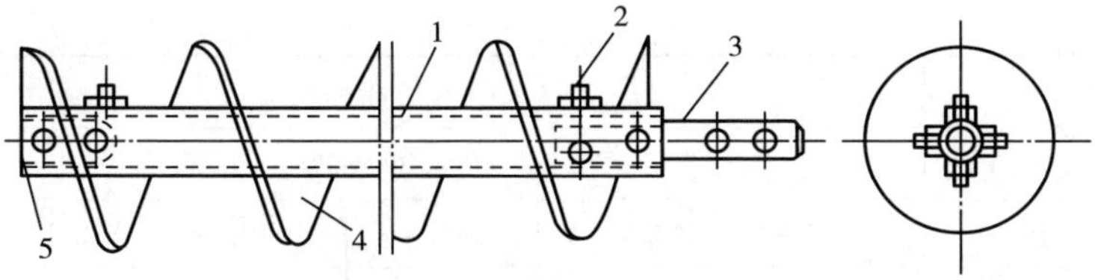

图 1-16　轴与轴节的连接

1—螺旋轴　2—紧固螺钉　3—轴节　4—螺旋叶片　5—衬套

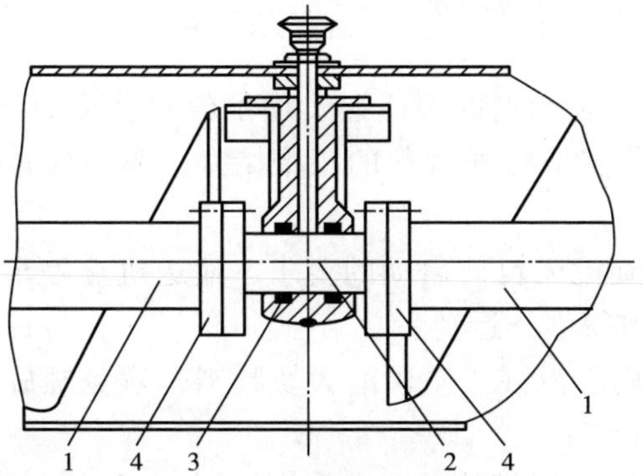

图 1-17　轴的法兰连接

1—螺旋轴　2—连接轴　3—滑动轴承　4—连接法兰

壳体的功用是构成输送管道，并与螺旋共同输送物料。壳体用 3～8mm 厚的不锈钢板或薄钢板制成，有 U 形、V 形和圆管形等几种外壳。壳体的内径稍大于螺旋直径，使两者之间有一定的间隙。间隙越小，磨损和动力消耗越少。一般间隙为 6.0～9.5mm。

3. 螺旋输送机主要技术特性

螺旋输送机主要技术特性见表 1-5。

表 1-5　　螺旋输送机主要技术特性

项目	指标					
型号	LSY140	LSY160	LSY200	LSY250	LSY300	LSY400
螺旋体直径（Φ_1）/mm	135	163	185	237	285	362
螺旋体转速/(r/min)	300	308	260	200	170	170
机壳外径（Φ_2）/mm	159	194	219	273	325	402
生产能力/(t/h)	15	25	40	60	90	120
最大输送长度（L）/mm	12	15	18	25	25	25

续表

项目		指标					
工作位置角度（α）		0～60°					
电动机	型号	Y112M－4	Y132M－4	Y160M－4	Y180L－6	Y180L－4	Y180L－4
	功率/kW	4	7.5	11	15	22	22

4. 螺旋输送机的操作要点

（1）螺旋输送机应无负荷启动，即在壳内没有物料时启动，启动后开始向螺旋机给料。

（2）螺旋输送机初始给料时，应逐步增加给料速度直至达到额定输送能力，给料应均匀，否则容易造成输送物料的积聚堵塞，驱动装置的过载，使整台机器加速损坏。

（3）为了保证螺旋机无负荷启动的要求，输送机在停车前应停止加料，等机壳内物料完全走空后方得停止运转。

（4）被输送物料内不得混入坚硬的大块物料，避免螺旋卡死而造成螺旋机的损坏。

（5）在使用中经常检视螺旋机各部件的工作状态，注意各紧固件是否松动，如果发现机件松动，则应立即拧紧螺钉，使之重新紧固。

（6）应该特别注意螺旋连接轴间的螺钉是否松动、掉下或者折断，如发现此类现象，应该立即停车，并矫正之。

（7）螺旋输送机的机盖在机器运转时不应取下，以免发生事故。

（8）螺旋输送机运转中发生不正常现象均应加以检查，并消除之，不得强行运转。

（9）螺旋输送机各运动机件应经常加润滑油。

项目二　流体物料输送机械

本项目将围绕液体物料的特征对常用的离心泵、螺杆泵、滑片泵、齿轮泵及水力喷射泵等的工作原理、主要结构和操作要点加以介绍。

一、离心泵

1. 概述

离心泵是食品加工中应用比较广泛的流体输送设备。离心泵构造比较简单，便于拆卸、清理、冲洗和消毒，机械效率较高。它适用于输送水、乳品、冰淇淋、糖蜜和油脂等，也可用来输送带有固体悬浮物的料液。

离心泵的工作原理如图1－18所示，它是借离心力的作用来抽送液体的。当叶轮高速旋转时，叶槽中的液体在离心力的作用下，从叶轮中部被高速甩离叶轮射向四周。液流经过断面逐渐扩大的蜗壳，流速逐渐变慢而压力增加，压向出液管。此时，在叶轮的中心部位形成真空，料液槽内的料液在大气压力作用下，通过进液管被吸入泵内。叶轮连续转动，液体就源源不断地由一个位置被输送到另一个位置。

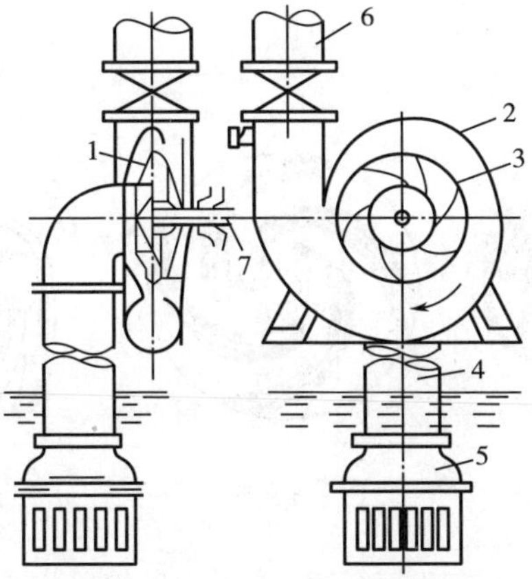

图1－18　离心泵工作原理

1—叶轮　2—泵壳　3—叶片　4—吸入管　5—底阀　6—压出管　7—泵轴

2. 离心泵的构造

离心泵的结构如图1－19所示，主要由叶轮、泵体及密封装置等组成。

图1－19　离心泵

1—泵体　2—泵盖　3—吸入口　4—叶轮

(1) 叶轮　叶轮是离心泵的主要工作部件，它的功用是使被抽送的水获得能量，使其具有一定的流量和扬程。

离心泵的叶轮有封闭式、半封闭式和敞开式三种，如图 1－20 所示。封闭式叶轮叶片两端有前、后轮盖，在前轮盖中部有吸料口。在两轮盖之间有 6～8 片叶片，与轮盖构成弯曲的流道，称为叶槽。封闭式叶轮叶槽窄小，适于输送清水及黏度小的液体；半封闭式叶轮仅一边有轮盖，叶片数较少，叶槽较宽，适于抽送黏度较大的流体；敞开式叶轮两边没有轮盖，叶片数少，叶槽宽大，适于抽送含有固体物料的流体。

（1）封闭式　　（2）半封闭式　　（3）敞开式

图 1－20　离心泵叶轮

（2）泵体　泵体的功用是把液体引向叶轮，并汇集由叶轮流出的液体，流向出液管，同时将液流的部分动能转化成压力能。离心泵的泵体形状为蜗壳形，如图 1－21 所示。叶轮装在泵体里，与泵壳形成了由小到大的蜗壳形流道（蜗道），液流在蜗道里实现能量的转换。在泵体上部有充液放气螺孔，下部有放液螺栓。

图 1－21　离心泵泵体

1—蜗道　2—叶轮　3—出液口

（3）密封装置　密封装置的功用是密封泵轴穿出泵壳的缝隙，防止液体从泵壳内流出和空气窜入泵内。目前采用较多的是不透性石墨端面密封结构，如图 1－22 所示。

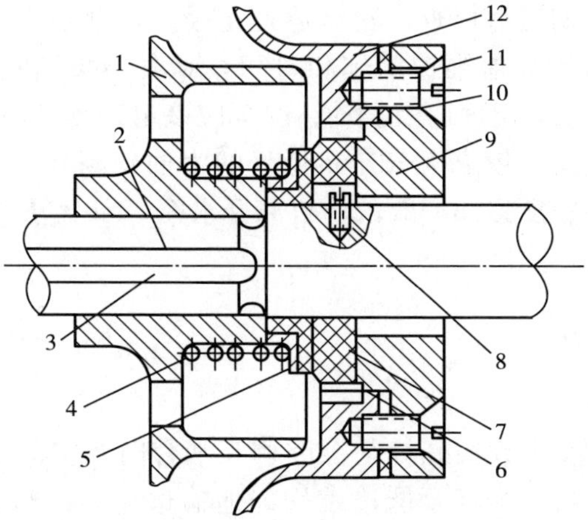

图 1－22　离心泵密封装置

1—叶轮　2—泵轴　3—键　4—弹簧　5—不锈钢挡圈　6—橡胶挡圈　7—不透性石墨
8—螺钉　9—压盖　10—垫圈　11—压盖螺钉　12—泵壳

3. 离心泵的主要技术特性

常用单级离心泵主要技术特性见表 1－6。

表 1－6　单级离心泵主要技术特性

型号	流量/(m^3/h)	扬程/m	转速/(r/min)	电机功率/kW	口径/mm	
					吸入	排出
IS50－32－250	12.5	80	2900	11	50	32
IS65－40－250	25	80	2900	15	65	40
IS80－50－315	50	125	2900	37	80	50
IS100－80－160	100	32	2900	15	100	80
IS100－65－315	100	125	2900	75	100	65
IS125－100－400	100	50	1450	30	125	100
IS150－125－250	200	20	1450	18.5	150	125
IS200－150－315	400	32	1450	55	200	150

4. 离心泵的操作要点

（1）禁止离心泵无液体运行，不要调节吸入口来降低排量，禁止在过低的流量下运行。

（2）监控运行过程，彻底阻止填料箱泄漏，更换填料箱时要用新填料。

（3）确保机械密封有充分冲洗的水流，水冷轴承禁止使用过量水流。

（4）润滑剂不要使用过多。

（5）按推荐的周期进行检查。建立运行记录，包括运行小时数、填料的调整和更换、添加润滑剂及其他维护措施和时间。对离心泵抽吸和排放压力、流量、输入功率、洗液和轴承的温度以及振动情况都应该定期测量记录。

（6）离心泵的主机是依靠大气压将低处的水抽到高处的，而大气压最多只能支持约 10.3m 的水柱，所以离心泵的主机离开水面 12m 无法工作。

二、 螺杆泵

1. 概述

螺杆泵是利用一根或数根螺杆与螺腔相互啮合时，空间容积的变化来输送流体的一种回转式容积泵。螺杆泵能连续均匀地输送流体，脉动小，运转平稳，无振动和噪声，自吸性能和排出能力较好。通过改变螺杆的旋向，就可改变液流的方向。适于输送高黏度的液体和带有固体物料的液体。

2. 螺杆泵的构造

螺杆泵的构造如图 1－23 所示，主要由螺杆、螺腔、填料函和机座等组成。

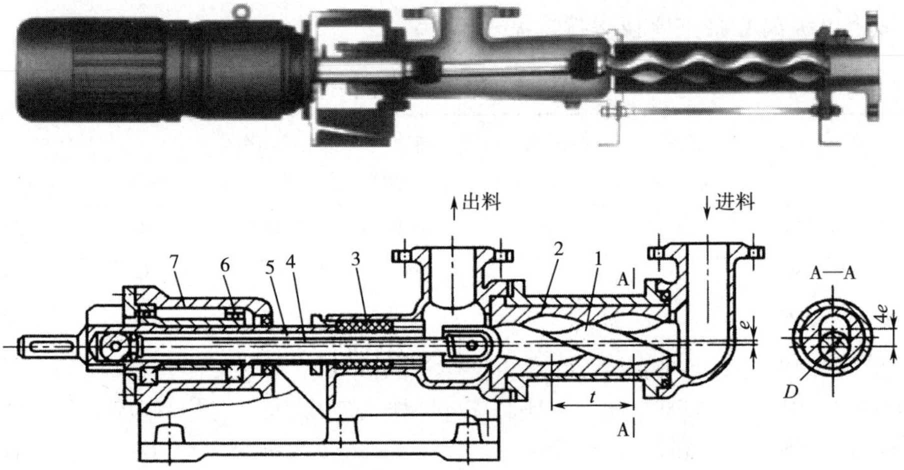

图 1－23　螺杆泵

1—螺杆　2—螺腔　3—填料函　4—连接杆　5—轴套　6—轴承　7—机座

螺杆的功用是与螺腔形成封闭腔并向前推移物料。螺杆用不锈钢制造，偏心安装在螺腔内，偏心距 e 为 3～6mm，螺距 t 为 50～100mm，图 1－23 中 D 为螺杆直径。

螺腔是具有双头螺线的橡皮衬套，它的功用是与螺杆形成许多互不相通的封闭腔。螺腔的内径比螺杆直径约小 1mm，这样可保证在输送料液时起密封作用。螺腔的螺距是螺杆螺距的 2 倍。螺杆在螺腔内作行星运动，它是通过平行销联轴节

（或偏心联轴器）与电动机连接来传动的。

螺杆泵工作时，螺杆与橡皮衬套（螺腔）相配合形成一个个互不相通的封闭腔。当螺杆转动时，封闭腔沿轴向由吸入端向排出端方向移动，并在吸入端形成新的封闭腔。形成的封闭腔容积增大，压力减小，把物料吸入封闭腔内，然后沿着转动的螺杆，轴向移动至排出端。在排出端封闭腔逐渐消失，容积减小，压力增大，使物料排出泵外。由于螺杆作行星运动，使吸入端不断形成封闭腔，并向前运动以至消失，将流体向前推进，从而产生连续抽送流体的作用。

螺杆泵吸入力一般为83kPa。排出压力与螺杆长度有关，一般螺杆的每个螺距可产生202kPa的压力。

3. 螺杆泵的主要技术特性

单螺杆泵主要技术特性见表1－7。

表1－7　单螺杆泵主要技术特性

型号	转速/(r/min)	流量/(m^3/h)	压力/MPa	电机/kW	扬程/m	进口/mm	出口/mm
G25－2	960	2	1.2	2.2	120	Dy32	Dy25
G30－2	960	5	1.2	3.0	120	Dy50	Dy40
G35－2	960	8	1.2	4.0	120	Dy65	Dy50
G40－2	960	12	1.2	5.5	120	Dy80	Dy65
G50－2	960	20	1.2	7.5	120	Dy100	Dy80
G60－2	960	30	1.2	15	120	Dy125	Dy100
G70－2	720	45	1.2	18.5	120	Dy150	Dy125
G105－1	500	100	0.6	22	60	Dy200	Dy200

4. 螺杆泵的操作要点

螺杆泵不能空转，开泵前应灌满液体，否则橡皮套发热会使橡皮变为浆糊状，使泵不能正常工作。为满足不同流量的要求，可通过调速装置来改变螺杆转速，以符合生产需要。泵的合理转速为750～1500r/min。转速过高易引起橡皮衬套发热而损坏，过低会影响生产能力。对填料函密封装置应定期检查调整。每班工作结束后，应对泵进行清洗。对轴承要定期进行润滑。

三、滑片泵

滑片泵流量较均匀，运转平稳，噪声小，转子和壳体之间的密封好，可以产生高压。它可用于输送液体、肉糜及抽吸真空等。

1. 滑片泵的结构

滑片泵主要由泵体、转子、滑片和端盖等组成，如图1－24所示。泵体上有进料口和出料口。这种泵用于输送肉糜时，为了使肉糜中的空气尽可能排出，以减少肉糜中的气体和脂肪的氧化，从而保证肉糜的外观及色、香、味，一般在泵体中部有连接真空系统的接口，并在出口处安装有防止肉糜进入真空管道的滤网。由于泵体与真空系统相连，使肉糜在自重和真空吸力作用下进入泵内。

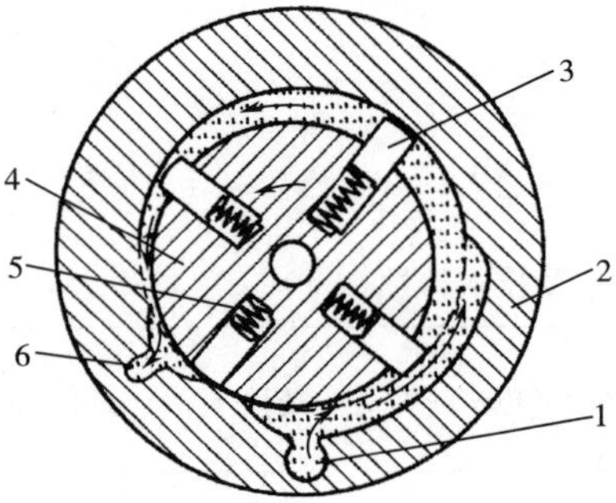

图1－24　滑片泵

1—进料口　2—泵壳　3—滑片　4—转子　5—弹簧　6—出料口

转子的功用是安装滑片，并带动滑片一起旋转。它是具有径向槽的圆柱体，滑片安装在径向槽内，可以在槽内自由滑动。转子偏心地安装在泵体内，偏心距为20mm。

当转子旋转时，滑片在离心力和弹簧的作用下，紧压在泵体内壁上。转子在进料区时，相邻的两滑片所包围的空间逐渐增大，形成局部真空而吸入物料，并推移到出料区。在出料区，两滑片之间的空间逐渐减小，对吸入的物料产生压力，使物料从出料管排出。转子不断地转动，物料便被不断地输送出去。

2. 滑片泵的主要技术特性

滑片泵的主要技术特性见表1－8。

表1－8　　滑片泵主要技术特性

型号	流量/(m^3/h)	排出压力/MPa	转速/(r/min)	自吸高度/m	配用功率/kW	电机型号
50YPB－8	8	0.4	960	6	1.5	YB100ML1－6－1.5
50YPB－12	12	0.4	1450	6.5	3	YB112M－4－4

续表

型号	流量/ (m^3/h)	排出压力/ MPa	转速/ (r/min)	自吸高度/ m	配用功率/ kW	电机型号
60YPB－16	16	0.6	960	6.5	4	YB132M1－6－4
60YPB－24	24	0.4	1450	7	5.5	YB132S－4－5.5
65YPB－35	35	0.6	960	6.5	5.5	YB132M2－6－5.5
80YPB－60	60	0.4	960	6.5	7.5	YB160M－6－7.5

3. 滑片泵的操作要点

（1）更换易损件，打开泵盖，卸出旧滑片，插入新滑片。只需几分钟，泵就可以重新投入工作。日常检查同样容易。

（2）安全灵敏的压力保证，泵中设置安全溢流阀，在出口系统突然关闭时，出口压力上升量不超过0.15MPa，这一方面保证泵和系统的安全，另一方面，保证电机不过载。

（3）控制输送物料的连续性，经常检查转动部件的润滑情况。

四、 齿轮泵

1. 概述

齿轮泵是依靠泵缸与啮合齿轮间所形成的工作容积变化和移动来输送液体或使之增压的回转泵。由两个齿轮、泵体与前后盖组成两个封闭空间，当齿轮转动时，齿轮脱开侧的空间的体积从小变大，形成真空，将液体吸入，齿轮啮合侧的空间的体积从大变小，而将液体挤入管路中去。吸入腔与排出腔是靠两个齿轮的啮合线来隔开的。齿轮泵的排出口的压力完全取决于泵出口处阻力的大小。

齿轮泵属容积式回转泵的一种，一般用于输送有润滑性能的黏稠液体。如食品工厂用于输送油类和糖浆等。其种类很多，按齿轮的啮合方式可分为外啮合齿轮泵和内啮合齿轮泵。按齿轮的轮齿形式可分为正（直）齿轮泵、斜齿轮泵和人字齿轮泵。

齿轮泵具有结构简单紧凑、体积小、质量轻、工艺性好、价格便宜、自吸力强、对油液污染不敏感、转速范围大、能耐冲击性负载、维护方便、工作可靠等优点。缺点是径向力不平衡、流动脉动大、噪声大、效率低、零件的互换性差、磨损后不易修复、不能做变量泵用。

2. 齿轮泵的结构

齿轮泵主要有主动齿轮、从动齿轮、泵体、泵盖等组成。齿轮靠两端面密封。主动齿轮和从动齿轮由两端轴承支承（见图1－25）。齿轮与泵体及端盖间的间隙很小，径向为0.1~0.25mm，端向为0.04~0.1mm。

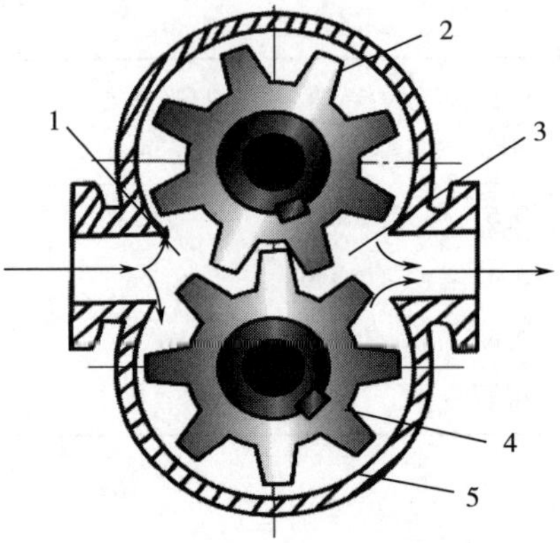

图 1－25　齿轮泵示意图

1—负压腔　2—主动齿轮　3—正压腔　4—从动齿轮　5—泵体

3. 齿轮泵主要技术特性

常用 CY 型齿轮泵主要技术特性见表 1－9。

表 1－9　　CY 型齿轮泵主要技术特性

型号	流量 Q		转速/	排出压力/	电动机	
	m^3/h	L/min	(r/min)	MPa	功率/kW	型号
2CY－1. 08/2. 5	1. 08	18	1420	2. 5	2. 2	Y100L1－4
2CY－2. 1/2. 5	2. 1	35	1420	2. 5	3	Y100L2－4
2CY－3/2. 5	3	50	1440	2. 5	4	Y112M－4
2CY－4. 2/2. 5	4. 2	70	1440	2. 5	5. 5	Y132S－4
2CY－7. 5/2. 5	7. 5	125	1440	2. 5	7. 5	Y132M－4
2CY－12/2. 5	12	200	1460	2. 5	15	Y160L－4

4. 操作要点

（1）使用齿轮泵的过程中要经常加脂，润滑脂比较容易挥发，所以必须注意添换，其次保持好轴承处的清洁。

（2）使用或者是使用完的情况下要把电动抽油泵放在比较干燥、没有腐蚀性、比较洁净的环境中。

（3）齿轮泵在使用的过程中要经常检查并且维修，应该注意检查电动油桶查看里面的电源线；内接线，插头，开关是不是还能正常的使用；轴承的零部件是否有损坏的地方等。

（4）在拆检齿轮泵的过程中，应该保存好每一个零部件，并且保持洁净。

五、 水力喷射泵

1. 概述

水力喷射器是一种具有抽真空、冷凝、排水等三种有效能的机械装置。它是利用一定压力的水流通过对称均布成一定侧斜度的喷嘴，聚合在一个焦点上，由于喷射水流速度较高，于是周围形成负压使泵室内产生真空、另外由于二次蒸汽与喷射水流直接接触，进行热交换，绝大部分的蒸汽凝结成水，少量未被冷凝的蒸汽与不凝结的气体亦由于与高速喷射的水流互相摩擦，混合与挤压，通过扩压管被排除，使泵室内形成更高的真空。主要用于真空与蒸发系统，进行真空抽水，真空蒸发、真空过滤、真空结晶、干燥、脱臭等工艺，是制糖、制药、化工、食品、制盐、味精、牛乳、发酵以及一些轻工、国防部门广泛需求的设备。

2. 水力喷射真空泵的结构

水力喷射器由泵体、泵盖、喷嘴、喷嘴座板、导向盘、扩压管及单向阀等部件组成，如图1－26所示。喷嘴用不锈钢制造，喷嘴座板由优质钢加工，其余零件则系铸铁铸造，喷嘴采用多喷嘴的结构形式，以便得到较大的水－气接触面积，有利于热交换的进行，获得较好的真空效果。喷嘴座板加工精密，精度较高，以便喷射水流准确地聚集在同一个焦点。导向盘用于减慢空气的流速，使空气均匀地导入泵室以免喷射水流偏斜，降低抽射效能。整个装置结构紧凑精密，强度亦较高，用于真空蒸发系统中，由于能把冷凝器的冷凝作用与真空泵的抽气作用合并在一个设备中同时大大地简化了工艺流程，与原来用真空往复泵与配套冷凝器的装置相比，可以节省真空往复泵、冷凝器、分水器等设备，并且还有下列优点：水力喷射体积小、重量轻、结构紧凑。而效能又比较高，耗电量低于真空系统，投资省。操作简单维修方便，不用专职人员管理，由于无机械传动部分，所以噪声低，不需消耗润滑油。可以室外低位安装，占地面积小，可以节省厂房建筑面积与安装费用。

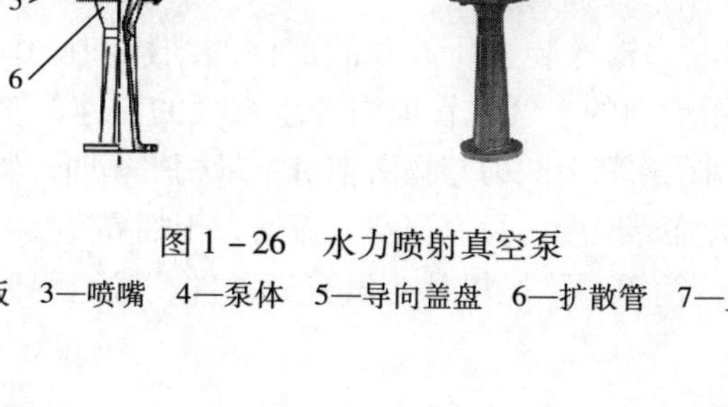

图1－26　水力喷射真空泵

1—泵盖　2—喷嘴座板　3—喷嘴　4—泵体　5—导向盖盘　6—扩散管　7—止逆阀阀体　8—阀板

3. 水力喷射真空泵的技术特性

W 型水力喷射真空泵主要技术特性见表 1－10。

表 1－10　　W 型水力喷射器真空泵主要技术特性

型号	蒸发量/(L/h)	真空度/MPa	扬程/m	流量/(m^3/h)	配泵型号
W－200L	200	0.097	45	18	50D8×5
W－400L	400	0.097	45	18	50D8×6
W－600L	600	0.097	18	32	80D12×4
W－800L	800	0.097	50	32	80D12×5
W－1000L	1000	0.097	50	32	80D12×5
W－1200L	1200	0.091	50	32	80D12×6
W－1500L	1500	0.091	50	108	125D25×2
W－1800L	1800	0.091	50	108	125D25×2
W－2000L	2000	0.091	50	108	125D25×3

注：上述各种型号，安装高度>4.5m，泵体水压试验 0.6MPa 无泄漏。

4. 水力喷射真空泵的安装与使用

（1）从供水泵至喷射器的冷水进入管路，应尽量减少管件，使阻力损失减小。

（2）排水管要求垂直而无弯头，如必须曲折时，折角不大于 45°，常用 30°，并转折不得多于两次。接好蓄水罐管路，清理蓄水罐内杂物，注入洁净水至蓄水罐溢流管处。

（3）接好工艺管路，使被抽吸容器出口与真空泵的真空罐进口法兰连接，中间应设阀门，并保证各对接口处密封不漏气。接好电源启动离心泵即可抽吸。

（4）安装时，用户按照扩散管出口管径自配钢管一段作尾管，长度一般应在 2m 以上，但不伸入循环水池之水中。

（5）故障：真空度达不到。原因：安装管道连接渗漏，喷嘴堵塞，水泵流量压力不足，真空表失灵。

（6）启动后应检查工作状况是否良好，方法是关闭工艺管路中阀门，真空度应达到 0.098MPa 否则应检查并排除故障。请将设备妥善接地。

项目三　气力输送装置

本项目主要介绍气力输送装置所涉及的部件的结构和操作要点。

气力输送就是利用流动的空气在管道内产生很大的流速，使物料悬浮于空气中来输送物料。当气流作用在物料上的力与物料本身重量相平衡时，物料处于悬浮状态，这时空气流动的速度称为临界速度。只有当空气流速大于临界速度时，才能输送物料。

气力输送装置结构简单，除风机外，没有运动件，输送距离长（最长可达 300～

500m)，输送路线可任意安排。但这种输送装置所需的功率较大，它适用于输送粉料和粒料。

1. 概述

气力输送装置常用的有吸气式、压气式和混合式三种类型，如图1－27所示。

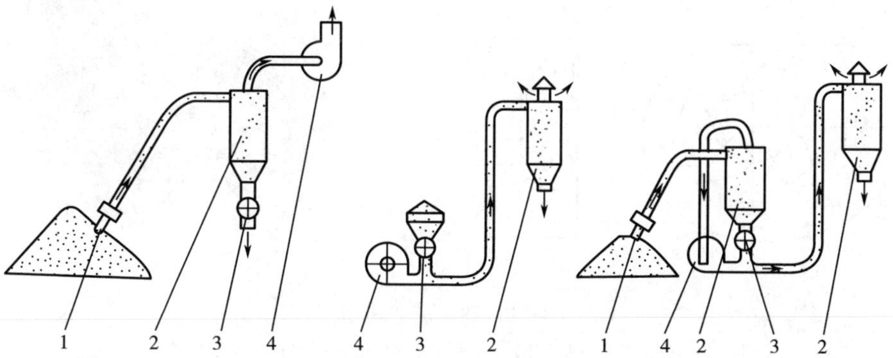

图1－27　气力输送装置的类型
1—吸料嘴　2—分离筒　3—闭风器　4—风机

吸气式气力输送装置是利用负压来吸取物料并加以输送的一种输送装置，如图1－27（1）所示。气流和物料通过吸嘴吸入管道输送，最后送入分离筒，在分离筒内进行物料与空气的分离。分离后的物料从闭风器中卸出，空气由风机的出口排出。吸气式气力输送装置可以从几处向一处集中输送，也可以在一个气力输送系统中完成几个作业机的输送任务，但它的输送距离较短。

压气式气力输送装置是利用气流产生的压力来输送物料，如图1－27（2）所示。料斗内的物料经闭风机送入管道，与风机送来的高速气流相混合后，通过管道输送到分离筒内。分离后的物料由分离筒下方排出，空气从上部排出。压气式输送装置可以将物料从一个位置输送到几个不同的位置，输送距离最长可达500m。

混合式气力输送装置既利用风机入口的吸力来吸取物料，又利用风机出口的压力来输送物料，如图1－27（3）所示。物料通过吸嘴吸送到分离筒。分离后的物料由闭风器送入压气式输送管道，由风机产生的高速气流通过管道进行输送，最后送到终端分离筒，物料由分离筒下方排出。这种方式输送距离长。

2. 气力输送装置的主要工作部件

（1）风机　风机是气力输送装置中的动力设备，它的功用是在输送管道内产生一定真空度或压力与流速的气流。在气力输送装置中使用较多的是离心风机。

离心风机根据风压（H）大小可分为低压风机（$H<9.8$kPa）、中压风机（$H=9.8\sim29.4$kPa）和高压风机（$H=29.4\sim148$kPa）。

离心风机的构造如图1－28所示。它主要由叶轮和壳体等组成。风机的叶轮一般用薄钢板制造。叶片的形式有前向叶片、后向叶片、径向叶片等。气力输送装置中一般都采用后向叶片。这种叶轮效率高，噪声小，流量增大时动力机不易过载。

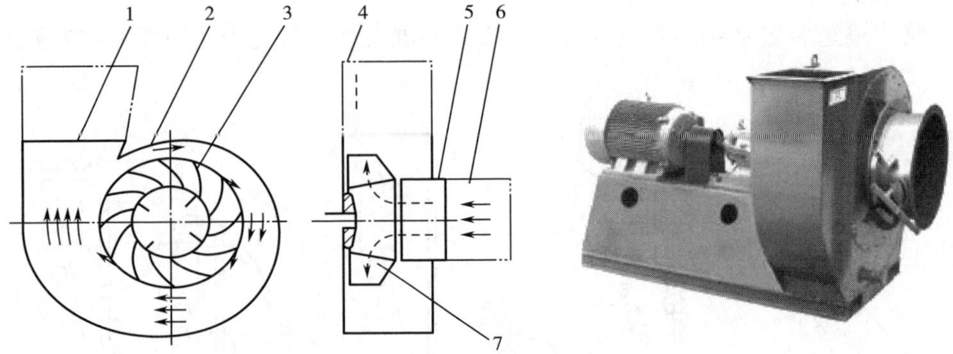

图 1－28　离心风机

1—出风口　2—风机壳体　3—叶轮　4—扩压管　5—避风口　6—进气室　7—叶片

工作时风机由电动机带动叶片高速旋转，叶轮旋转时带动气体一起旋转而产生离心力，使气体高速进入蜗壳形机壳内，从出风口流出。叶轮内气体被甩出后形成一定真空度，从而使气体源源不断地从进风口吸进风机。

(2) 供料装置　供料装置的功用是把物料送入输送管道内，并防止管道内的高压空气从喂料口逸出。常用的供料装置有喷嘴式、螺旋式和闭风器等几种形式，如图 1－29、图 1－30 所示。喷嘴式和螺旋式供料器适用于压力在 49kPa 以下的压气式气力输送的供料。

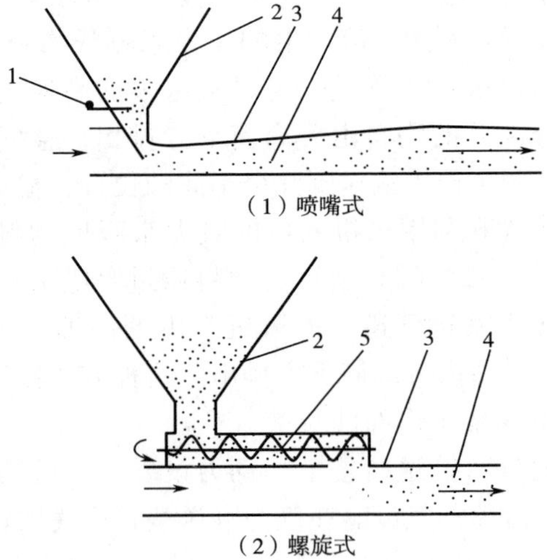

图 1－29　供料装置

1—调节板　2—喂料斗　3—输送管道　4—物料　5—螺旋

闭风器又称鼓形阀、旋转阀、星形阀、锁气排料阀等，主要用于高压压气式的供料以及离心分离器和喷雾干燥塔底部的卸料。它将管道内的高压或分离筒内的负压（吸气式卸料）与大气隔离而进行排料。闭风器主要由转子和壳体组成，如图 1 – 30 所示。当转子以 20 ~ 60r/min 回转时，将闭风器上方的物料排入管道内。转子与外壳间隙为 0. 1 ~ 0. 2mm，因此可以上下隔绝，避免空气流通。当闭风器用来隔绝下面管道的高压空气时，在外侧有一高压空气逸出管，逸出凹槽内的高压空气，以免影响装料。

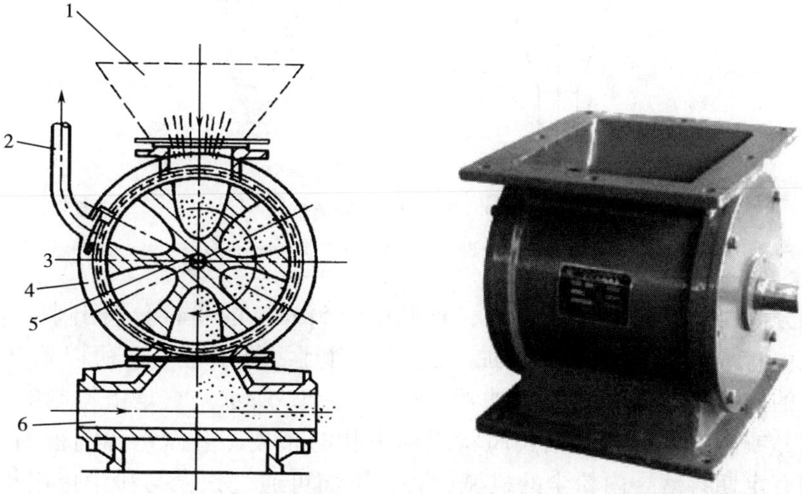

图 1 – 30　闭风器

1—喂料斗　2—高压空气逸出管　3—喂料轮　4—壳体　5—喂料轮轴　6—输送管道

（3）输送管道　管道的功用是输送气流和物料。对管道的要求是内壁尽量光滑、耐磨，管道的断面最好制成圆形，这样压力损失少，便于制造，质量轻而且坚固。

气流输送管道是用厚度为 0. 6 ~ 2. 5mm 的铜板卷制焊接而成，高压工作的压出式输送管道则采用无缝钢管。当管道直径大于 400mm 时，必须在管道上每隔一定距离安装一个刚性套环，以防止管道断面发生变形。一般管道每段的长度不超过 5m，以便于安装制造，两段管道之间的连接方式可采用咬口接头（用于比较薄的钢板管）、法兰接头、对接焊接头（管口不要留有焊液滴块）。输送粒料和粉料时，管道内径一般为 75 ~ 250mm。

（4）卸料装置　卸料装置的功用是将被输送的物料从空气中分离出来。常用的卸料装置有离心分离器和布袋过滤器。

离心分离器又称旋风分离器或集料筒，如图 1 – 31 所示，一般用薄钢板制成。工作时，带有物料的气流沿切向进入，在分离器内做螺旋运动。到达圆锥部分后，旋转半径减小，其转速逐渐增加，使气流中的物料受到更大的离心力。由于离心力的作用，使物料与器壁碰撞、摩擦失去原来动能，物料便沿着圆锥的内壁面下落，从排料口排出。气流到达圆锥部下端附近就开始反转，在中心部逐渐上升，从排风管排出。

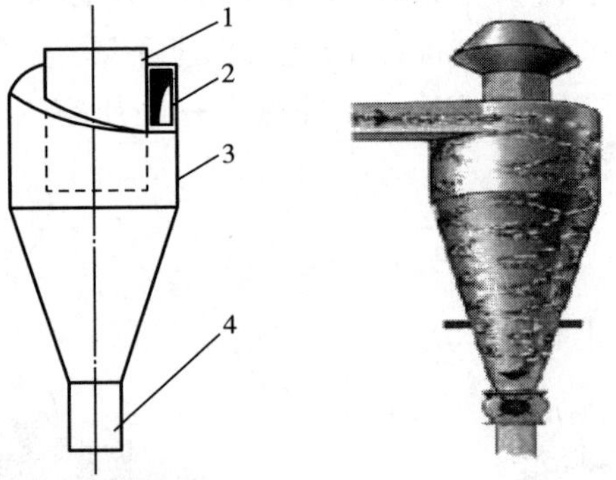

图 1－31　离心分离器

1—排风口　2—进风口　3—分离筒　4—排料口

离心分离器一般不能将很细微（直径小于 5μm）的粉粒分离出来，这些粉粒将随空气由排风管排出，不仅增加了损失，而且污染了空气。所以输送粉料时，在分离筒的排风管处安装布袋过滤器，如图 1－32 所示。它是由特制的滤布（棉布、毛织品或涤纶）缝合成细长筒状或扁平状的布袋，上面是薄钢板制成的金属壳，中间有定期抖落袋内粉尘的机械设备，下面可通过铁壳与粉尘排出机构相连。工作时带粉尘的空气流入各布袋内，空气透过布袋后排入大气，粉尘被阻止在布袋内，定期由机械抖落，用人工或排粉装置排出。

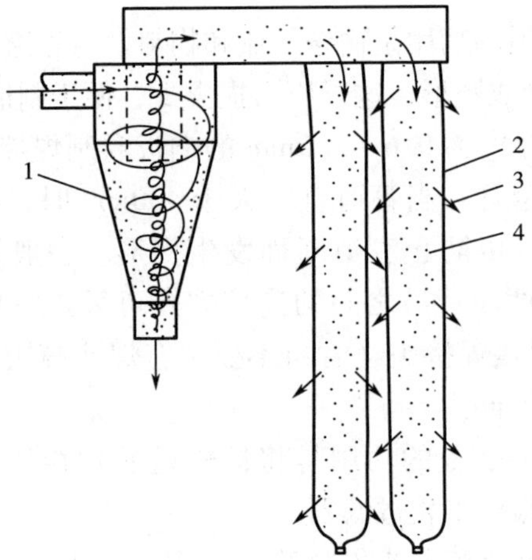

图 1－32　布袋过滤器

1—分离筒　2—布袋　3—排风　4—物料

3. 气力输送装置的主要技术特性

离心风机主要技术特性见表1－11。

表1－11　离心风机主要技术特性

机号	功率/W	转速/(r/min)	流量/(m^3/h)	全压/Pa
4－72－4A	5.5	2900	4012～7419	2014～1320
4－72－5A	15	1450	7728～15455	3187～2019
4－72－6A	4	1450	6677～13353	1139～724
4－72－7A	11	1450	10602～21204	1550～984
4－72－6C	15	2240	10314～20628	2734～1733
	11	2000	9209～18418	2176～1380
4－72－7C	18.5	1800	13161～26322	2395～1519
	15	1600	11698～23397	1890～1199
4－72－8C	37	1800	28105～36427	2920～2302
	30	1800	19646～25240	3143～3032

4. 气力输送装置操作要点

（1）各管道、接头连接处要紧密，防止泄漏。

（2）根据输送的物料选择相应的输送速度，不能过快或过慢。供料要均匀一致。

（3）输送原料时，对空气可以不处理，输送成品时，必须用空气滤清器对空气进行过滤，以免污染食品。空气滤清器应定期保养。

（4）对风机运动部件应定期进行油滑和检修。

（5）保证布袋过滤器畅通，及时抖落布袋内粉料。

思考与练习

一、选择题

1. 以下哪些是带式输送机的组成部分？（　　）

A. 封闭的输送带　　B. 螺旋带　　C. 张紧装置　　D. 清扫装置

E. 传动和改向滚筒

2. 带式输送机上设张紧装置的目的是（　　）。

A. 增大运行阻力　　B. 避免输送带在滚筒上打滑

C. 减小输送带在两组托辊间的垂度　　D. 清洁输送带

E. 减少振动

3. 闭风器的作用是（　　）。

A. 输送物料　　　B. 关闭风道　　　C. 清除灰尘　　　D. 减小风阻

二、判断题

1. 带式输送机的输送带既是牵引件又是承载件。（　　）
2. 带式输送机的输送带对耐磨性能没有要求。（　　）
3. 作为带式输送机的输送带，延伸率越大越好。（　　）
4. 离心式卸料适用于粒度较小、流动性好而磨蚀性小的物料。（　　）
5. 重力式卸料适用于流动性不太好的粉状物料及潮湿物料。（　　）
6. 挖取法装料运行阻力较小，故料斗的速度较高。（　　）
7. 刮板输送机是输送流体物料的。（　　）
8. 真空吸料装置可以长距离地输送流体物料。（　　）

三、填空题

1. 固体物料输送机械有________、________、________、________等。
2. 带式输送机常用的输送带有________、________、________、________等。
3. 斗式升运机的装料方式有________和________两种。
4. 斗式升运机的卸料方式有________、________和________三种。
5. 螺旋输送机主要由________、________及________组成。

四、简答题

1. 食品工厂用于输送食品的输送带有哪些要求？
2. 张紧装置的作用是什么？
3. 确定带式输送机带速的原则有哪些？
4. 斗式升运机的装料和卸料方式各有哪几种？选用时必须正确选择哪几个参数？
5. 试述斗式升运机的使用与维护过程中应注意的问题。
6. 真空吸料装置有何优缺点？
7. 气力输送设备可分为几类？各有何优缺点？
8. 简述螺旋输送机的组成及特点。

实训一　输送带跑偏的调整

一、目的要求

通过实训，使学生熟悉常用调整工具的使用，掌握带式输送机、斗式升运机和刮板式输送机的正确调整方法，在生产中能正确调整输送机。

二、设备与工具

（1）带式输送机、斗式升运机或刮板式输送机 4 台。

（2）调整工具 4 套。

三、实训内容及步骤

（1）检查带式输送机或斗式升运机橡胶带（或输送链）及刮板输送机链条的

松紧程度，并做好记录。

（2）打开保护罩，用扳手旋松锁紧螺母。

（3）用扳手旋转一边的调整螺母，使张紧滚筒进行移动，橡胶带（或输送链）一边发生变化。再用同样方法调整另一侧的调整螺母。调整时，不能一次调整到位，应分几次调整，使张紧滚筒（或输送链）平行移动；滚筒两边的张紧量应相同。

（4）调整结束后，将锁紧螺母拧紧。

（5）启动输送机，观察输送机运行是否平稳，有无跑偏现象。如出现不正常现象，应重新进行调整，直至正常为止。

（6）安装好保护罩及其他附属部件，调整结束。

实训二 离心泵的拆装和使用

一、目的要求

通过实训，使学生熟悉离心泵的构造，掌握离心泵密封装置的检查调整，在生产中能正确使用离心泵。

二、设备与工具

（1）离心泵 4 台。

（2）工具 4 套。

（3）电源两处，水源两处。

三、实训内容及步骤

（1）观察离心泵的整体结构。

（2）按照先外后里的方法，逐步拆卸离心泵，并对拆下的零部件及拆卸顺序进行记录。拆卸密封装置时，应细心认真，防止损坏密封填料。

（3）观察离心泵的内部结构、叶轮的构造和填料密封装置的装配关系。

（4）按照先拆后装，后拆先装的原则，装配离心泵，并对密封装置进行调整。

（5）对安装好的离心泵接上电源和水源，并启动离心泵，观察离心泵的工作情况。如水源位置低于离心泵轴心线，则在启动离心泵前，应向泵内灌水，排气后再启动离心泵。

模块二

原料预处理机械与设备

学习目标

1. 了解原料预处理设备。

2. 掌握清洗机械、分级分选机械和果蔬及肉类原料预处理设备的主要原理及适用范围。

项目一 清洗机械

本项目主要以原料清洗和容器清洗为主线，介绍清洗机械的主要结构、技术特性和操作要点。

一、 原料清洗机械

食品原料在其生长、成熟、运输及贮藏过程中，会受到尘埃、砂土、微生物及其他污物的污染。因此，加工前必须进行清洗。

（一）浮洗机

1. 概述

浮洗机主要用来洗涤水果类原料，该设备一般配备流送槽输送原料，目前果汁生产线上常配此设备。它主要由洗槽、滚筒输送机、机架及传动装置构成，如图2－1所示。

2. 浮洗机的主要结构

水果原料经流送槽预洗后，由提升机送入洗槽的前半部浸泡，然后经翻果轮拨入洗槽的后半部分，此处装有高压水管，其上分布有许多距离相同的小孔，高

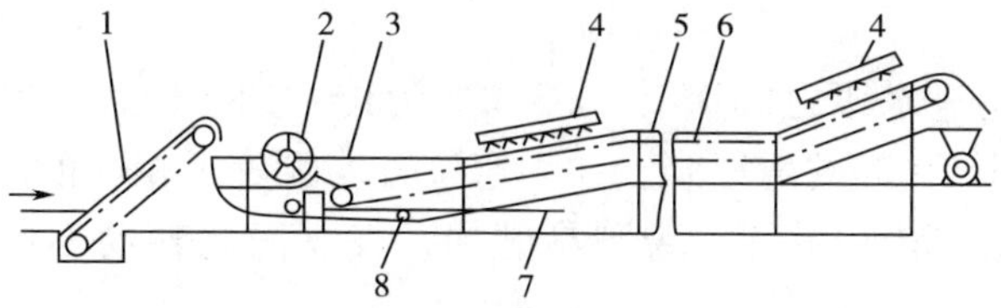

图 2－1　浮洗机

1—提升机　2—翻果轮　3—洗槽　4—喷淋水管　5—捡选台

6—滚筒输送机　7—高压水管　8—排水口

压水从小孔中喷出，使原料翻滚并与水摩擦，原料间也相互摩擦，从而洗净表面污物，由滚筒输送机带着离开洗槽，经喷淋水管的高压喷淋水再度冲净，进入捡选台捡出烂果和修整有缺陷的原料，再经喷淋后送入下道工序。

滚筒输送机与带式输送机结构类似，只是其输送带是在两根链条中间安装了许多直径为 76mm 的圆柱滚筒，滚筒间距为 10mm 左右，当驱动链轮带动链条运动时，物料便在滚筒上向前滚动。输送机分为三段，下倾斜段下部没在洗槽 3 中，上倾斜段接入破碎机，中间水平段作为捡选段。在倾斜段各装有四根喷淋水管，每根喷淋管各有两排成 90°的喷水孔。

3. 浮洗机的主要技术特性

浮洗机主要技术特性见表 2－1。

表 2－1　　FX50 型浮洗机主要技术特性

项目		指标
生产能力/(t/h)		50
耗水量	水力冲洗/(t/h)	120～180
	喷淋清洗/(t/h)	15～20
功率/kW		10.6
外形尺寸/mm		8800×2700×2530

4. 浮洗机操作要点

(1) 开车前，应将整个浮洗机清洗干净，减速机、轴承等传动部件加足润滑油，并检查捡选台上是否有工具等，避免开机时将硬物带入破碎机而损坏设备，并且在工作时，应旋松减速机排气孔。槽钢导轨上的橡胶垫条是用螺栓固定的，螺栓不应露出垫条表面，否则就容易磨坏不锈钢滚筒的表面；发现不锈钢滚筒破损应及时修补或更换；当发现垫条被不锈钢滚筒磨损时，应更换垫条。

(2) 当物料进入水力冲洗槽内时，不允许夹带任何杂草、木条、铁器等类杂物，否则会对不锈钢滚筒输送带造成缠绕、卡死等破坏现象。输送链在运行时，不得超负荷，也不允许在捡选台上加料，应经常检查输送链的链条磨损状况，及时更换及维修。

(3) 喷淋机构进水压力以0.2～0.3MPa为佳，如水压过低喷洗不佳可配用一台扬程20m、流量30t/h的增压泵。在拐弯位置均配置了相应的压板，起固定及支撑作用。链条滚轮应转动灵活，否则易磨损，发现滚轮转动不灵活时应及时更换及维修。

(二) 洗果机

1. 概述

洗果机是中小型企业较为理想的果品清洗机，其结构紧凑，清洗质量好，造价低，使用方便。

2. 洗果机的主要结构

洗果机主要由洗槽、刷辊、喷水装置、出料翻斗及机架、传动装置等组成，结构如图2－2所示。

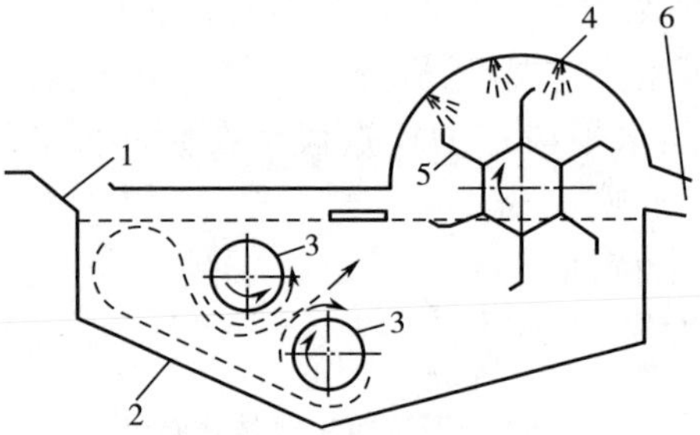

图2－2 洗果机

1—进料口 2—洗槽 3—刷辊 4—喷水装置 5—出料翻斗 6—出料口

物料从进料口进入洗槽内，装在清洗槽上的两个刷辊旋转，使洗槽中的水产生涡流，物料便在涡流中得到清洗。同时由于两刷辊之间间隙较窄，故液流速度较高，压力降低，被清洗物料在压力差作用下通过两刷辊间隙，在刷辊摩擦力作用下又经过一次刷洗。接着，物料被顺时针旋转的出料翻斗捞起，出料，在出料过程中又经高压水喷淋得以进一步清洗。

3. 洗果机的主要技术特性

洗果机主要技术特性见表2－2。

表2－2 CXJ系列洗果机主要技术特性

项目	CXJ－2	CXJ－5	CXJ－10
生产能力/(t/h)	1～2.5	3～5	8～10
功率/kW	3.75	5.15	7.25
外形尺寸/mm	2353×910×1600	2540×1140×1800	3000×1400×2000

4. 洗果机操作要点

（1）在使用机器前要先检查设备各部件是否完好，检查结束后打开进水阀门，使水到时达回流水位，关小阀门，启动循环水泵、刷辊和出料翻板，根据物料不同调节循环水泵压力来保证物料在水中的停留时间，使物料清洗更彻底。

（2）操作时，刷辊的转速需调整到能使两刷辊前后造成一定的压力差，以迫使被清洗物料通过两刷辊刷洗后能继续向上运动到出料翻斗处，被捞起出料。

（3）毛刷辊长期运转，刷辊易磨损，如发现磨损或损坏，应及时更换毛刷，使毛刷辊能正常运转。

（4）在使用的过程中要根据物料不同定期清理过滤器，定期排污；适当调节进水和喷淋给水量使清洗更节水。

（5）根据不同物料调节传动速度使物料喷淋清洗、滤水更彻底以提高设备利用率。

（三）鼓风式清洗机

1. 概述

鼓风式清洗机适合于果蔬原料的清洗。其清洗原理是用鼓风机把空气送进洗槽中，使洗槽中的水产生剧烈的翻动，对果蔬原料进行清洗。由于利用空气进行搅拌，因而既可加速污物从原料上洗除，又能在强烈的翻动下保护原料的完整性。

2. 鼓风式清洗机的主要结构

鼓风式清洗机的结构如图 2－3 所示，主要由洗槽、输送机、喷水装置、空气输送装置、支架及电动机、传动系统等组成。

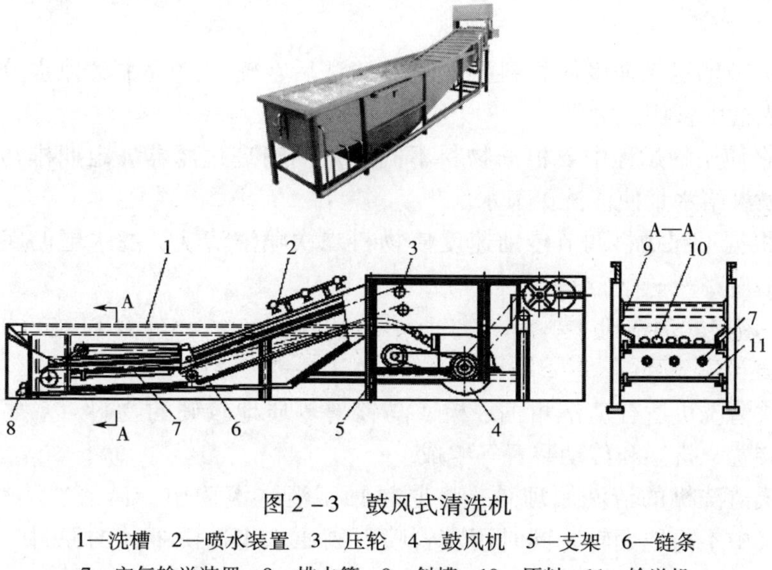

图 2－3　鼓风式清洗机

1—洗槽　2—喷水装置　3—压轮　4—鼓风机　5—支架　6—链条
7—空气输送装置　8—排水管　9—斜槽　10—原料　11—输送机

洗槽的截面为长方形，送空气的吹泡管设在洗槽底部，由下向上将空气吹入洗槽中的清洗水中。原料进入洗槽，放置在输送机上。输送机的两边有链条，链条之间承载原料的输送带形式因原料而异，有采用滚筒形式的（如番茄等），有采用金属丝网的（如块茎类），有用平板上装刮板的（如水果类）等。输送机设计为两段水平输送，一段倾斜输送，第一段水平段处于洗槽的水面之下，用于浸洗原料，原料在此处被空气搅动，在水中上下翻滚，洗除泥垢；倾斜部分设置在中间，用于清水喷洗原料；第二段水平段处于洗槽之上，用于检查和修整原料。由洗槽溢出的水顺着两条斜槽排入下水道，污水从排水管排出。

3. 鼓风式清洗机的主要技术特性

鼓风式清洗机主要技术特性见表 2 - 3。

表 2 - 3　　鼓风式清洗机主要技术特性

项目	CQX - 3000	CQX - 4000	CQX - 5000
生产能力/(kg/h)	500	1000 ~ 1500	2000 ~ 2500
功率/kW	1.87	2.57	3.37
外形尺寸/mm	3000 × 1020 × 1350	4130 × 1010 × 1550	5200 × 1010 × 1550
机重/kg	160	220	260

4. 鼓风式清洗机操作要点

(1) 在使用机器前要先检查设备各部件是否完好，检查结束后打开进水阀门、使水到时达回流水位、关小阀门，打开鼓风、循环水泵、输送带，将物料倒入筛板上，根据物料不同调节循环水泵压力来保证物料在水中的停留时间以保证物料清洗更彻底。

(2) 调节输送带速度使物料再次喷淋清洗后在输送过程中滤掉水分；物料经输送带流入框中备用。

(3) 在使用的过程中要根据物料不同要定期清理过滤器，定期排污；适当调节进水和喷淋给水量使清洗更节水。

(4) 根据不同物料调节传动速度使物料二次喷淋清洗、滤水更彻底以提高设备利用率。

(四) 滚筒式清洗机

1. 概述

滚筒式清洗机适合清洗柑橘、橙、马铃薯等质地较硬的物料，主要由清洗滚筒、喷水装置、机架和传动装置等组成。

滚筒式清洗机的清洗原理是：将原料置于清洗滚筒中，借清洗滚筒的转动，使原料在其中不断地翻转，同时用水管喷射高压水来冲洗翻动的原料，达到清洗的目的。

2. 滚筒式清洗机的主要结构

滚筒式清洗机的结构见图2－4，传动轴用轴承支承在机架上，其上固定有两个传动轮。在机架上另装有两根与传动轴平行的轴，其上有两个与传动轮对应的托轮，托轮可绕其轴自由转动。清洗滚筒用钻有许多小孔的薄钢板卷制而成，或用钢条排列焊成筒形，滚筒两端焊有两个金属圆环作为摩擦滚圈。滚筒被传动轮和托轮经摩擦滚圈托起在整个机架上。工作时，电动机经传动系统使传动轴和传动轮逆时针回转，由于摩擦力作用，传动轮驱动摩擦滚圈使整个滚筒顺时针回转。由于滚筒与水平线有5°的倾角，所以在其旋转时，物料一边翻转一边向出料口移动，并受高压水冲刷而清洗。污水和泥沙由滚筒的网孔经底部集水斗排出。

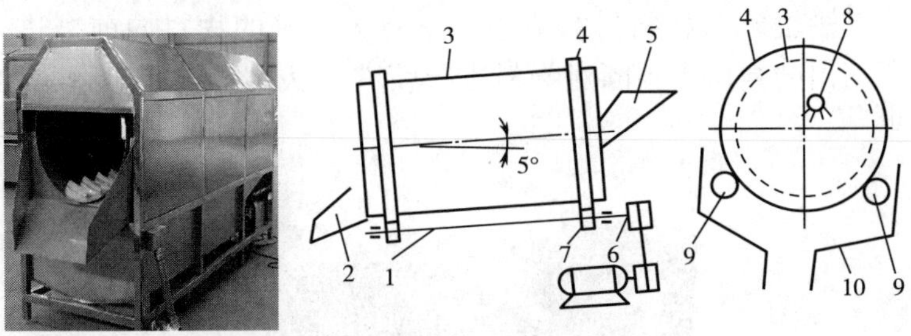

图2－4　滚筒式清洗机

1—传动轴　2—出料槽　3—清洗滚筒　4—摩擦滚圈　5—进料斗　6—传动系统　7—传动轮　8—喷水管　9—托轮　10—集水斗

3. 滚筒式清洗机的主要技术特性

滚筒式清洗机主要技术特性见表2－4。

表2－4　GX滚筒式清洗机主要技术特性

项目	GX100	GX150
生产能力/(t/h)	1000	1500
功率/kW	1.1	1.5
耗水量/(kg/h)	1200	1500
外形尺寸/mm	2800×1000×2200	4050×1200×1530

4. 滚筒式清洗机操作要点

（1）运行前先启动清水开关，调整喷水流量，启动滚筒运转，待运行平稳后，开始加料并调整物料流量和清水喷入量。

（2）要经常检查滚筒与滚轮接触情况、滚轮与滚筒磨损情况，经常加注润滑油。

（3）根据被洗物料的特性随时调整水管喷射压力，以便达到理想的清洗效果。而冲洗下来的污水和泥沙等，要及时通过网孔，净化处理。

（五）毛辊清洗机械

1. 概述

毛辊清洗机采用毛刷原理，广泛适用于圆形和椭圆形果蔬，如生姜、胡萝卜、白萝卜、山芋、马铃薯、红薯、猕猴桃等根薯类蔬菜的清洗。该机具有外形美观、操作方便、清洗容积大、效率高、耗能小、可连续清洗、使用寿命长等特点；刷辊材料经特殊工艺处理（采用尼龙线绳轧制而成），经久耐用，耐磨性能好。

2. 毛辊清洗机的主要结构

毛辊清洗机（见图2－5）主要由机架、毛刷辊、清洗系统和传动部件等部分组成。工作时物料由前道工序进入机内，普通毛刷辊对物料表面进行初级刷洗，然后采用螺旋毛刷辊既对物料进行刷洗，又将去了脏的物料向前推进。在此过程中，由清洗泵喷出的高压水不断对物料进行喷洗，从而完成了对物料的整个刷洗，确保刷洗效果。

图2－5　毛辊清洗机示意图

箱体采用优质不锈钢材质，不锈蚀，清洁卫生。采用螺旋式毛刷，清洗干净，速度快；高级尼龙刷丝，精工毛刷，耐磨不倒毛，可使清洗品更干净、更具有光泽；整机加厚钢板制作，坚固耐用；滚轮四点支撑，移动方便；双排工业链条驱动，耐磨损，承受能力更大，安全可靠；一体式减速电机，噪声更低，寿命更长；黄油管供油，轴承加注黄油更方便。

3. 主要技术特性

毛辊清洗机主要技术特性见表2－5。

表2－5　毛辊清洗机主要技术特性

项目	MQT－800	MQT－1500	MQT－2000
生产能力/(kg/h)	500	1500	2000
功率/kW	1.1	2.2	3
毛刷数量/支	7	7	9
外形尺寸/mm	1540×780×650	2400×910×900	2900×910×900

4. 毛辊清洗机操作要点

（1）整机应安装在水平的地面上，检查各处的连接螺栓。

（2）检查传动链条松紧并做适当调整，检查清洗泵和毛刷辊转向，使之符合要求。

（3）空载启动，正常运转5min后，方可正式投料工作。

（4）及时清理毛刷辊下方的集水槽，防止杂物堵塞，及时检查清洗水储罐，防止泵无水空转。

（5）经常检查轴承润滑情况。

（6）每班结束后对整机进行清洗，保持洁净。

（六）谷物清洗机械

1. 概述

洗麦机是粮食加工过程中精选小麦的主要设备之一。洗麦机是采用水对小麦进行洗涤的设备，通过洗涤主要实现对小麦的表面清理。目前常用的洗麦机大多具有去石功能，故也称之为去石洗麦机。洗涤的同时，还可兼顾小麦水分调节着水工作。本设备系利用水洗方法来清除小麦中砂石及麦粒表面的污物，对小麦去杂具有良好的性能，小麦经水洗后进入甩干器甩干。

2. 谷物清洗机械的主要结构

去石洗麦机（见图2－6）主要由进料装置、洗槽、甩干机、传动机构和供水系统组成。进料装置包括进料管和进料箱，进料管下部做成球形，装于进料箱上，进料箱起缓冲减速和分流作用，并可在洗槽上移动以调节洗程长度；洗槽箱体用钢板焊接而成，洗槽主要是分离石子和洗涤小麦；甩干机有基座、筛面圆筒、甩板叶轮、顶盖、立柱和金属外壳组成；供水系统由水泵、水阀、喷水管、集砂斗、喷淋管等部件组成。主要作用保持洗槽内水的清洗，除去漂洗在水面上的轻杂质，排除污水，补充净水，冲洗甩干机的筛板圆筒。

图2－6　去石洗麦机示意图

洗麦机淘麦绞龙与去石绞龙由于转向相反，所以输送方向相反。淘麦绞龙将小麦送入甩干器，去石绞龙则将石子向相反方向送出，淘麦绞龙部分浸在水中，去石绞龙则全部浸在水中，由于绞龙的转动使水箱中的水搅动，当小麦落入水流中时，因相对密度较小，不能立即下沉而呈悬浮状态，被淘麦绞龙的叶片逐渐推送进入甩干器，小麦中所含的砂石和洗下的较重泥沙等杂质则因相对密度较大在水中迅速下沉，被下面的去石绞龙朝着与小麦流动相反的方向逐渐送出，这样使小麦和混入的砂石得到分离。

升运甩干部分就是将小麦在水箱内淘洗后由淘麦绞龙输送到甩干器里，通过螺旋甩板而升运，升运的同时由于甩干器高速旋转产生的离心力，将洗后的小麦甩干（满足制粉中的工艺要求），再从出麦嘴排出进入下步工序。甩干部分结构是由机座通进立柱连接顶盖。内由主轴联甩干轮及甩干器角铁组成，甩干器周围有花铁筛（鱼鳞板），洗过的潮湿小麦经甩干器底部进入高速旋转的甩板间时，甩板一面将带水分的小麦抛向花铁筛，一面将小麦向上运送，小麦在高速旋转所产生的离心力作用下被甩去表面水分，水分自花铁筛孔流出；并由甩板旋转引起的加速通风气流使麦粒表面脱水干燥，经甩干后的小麦，从顶盖上的出口排出。

3. 洗麦机的主要技术特性

去石洗麦机主要技术特性见表2－6。

表2－6　　去石洗麦机主要技术特性

项目	XMS30	XMS50	XMS80
生产能力/(kg/h)	600	2000	5000
主轴转速/(r/min)	720	600	470
甩干片规格/mm	300	500	800
功率/kW	1.1	5.5	7.7
外形尺寸/mm	1560×480×1340	2400×900×710	3050×1200×2040

4. 洗麦机操作要点

（1）开机时，应待空转正常后，才将喷淋机构的喷头打开放水，并往小麦进口进料，进料流量应稳定均匀。停机时，应先停进料，切断水源，待机内物料排净后，再关停机器。

（2）根据小麦的干湿程度、软硬品质、颗粒大小等因素来调节洗程（也称淘程）及水槽中的水位，达到调节水量的目的，一般情况下，含水分较高的小麦洗程短一些，含水分较低的小麦洗程应长一些。水位一般保持在送麦绞龙轴中心线以上2/3处为宜。

（3）洗麦机着水洗麦的过程其耗水量一般为0.4～0.8kg（水）/kg（小麦），但也可根据小麦的污染程度和水槽内水的脏混程度来掌握洗麦机的耗水量。

（4）应定时检查出机小麦的水分、含砂量、破碎率等，如不符合工艺效果的要求，应对洗程、水位高低小麦流量的大小等方面进行检查，并及时予以调整。

（5）每个班次结束后，应及时将洗槽内积存的砂石和轻杂质清除干净。排水口放出的污水应加以过滤，以防止有用麦粒随水流失。

（6）定期检查甩板、筛面圆筒以及各部位的轴承磨损情况，对磨损严重的部件及时更换。

二、 容器清洗机械

（一）概述

容器清洗的方法基本分为浸泡、喷射和刷洗三种。

1. 浸泡

浸泡是将瓶子浸没于一定浓度、一定温度的洗涤剂或烧碱液中，利用它们的化学能和热能来软化、乳化或溶解黏附于瓶上的不清洁物，并加以杀菌。浸泡过程中浸瓶时间对清洗效果的影响较大。

浸瓶操作时应注意两点：①利用 NaOH 浸泡玻璃容器时，NaOH 的最高浓度为 5%，温度 65 ~75℃，超过此温度和浓度则会对玻璃瓶有损害；②当用多个浸泡槽浸泡玻璃容器时，各浸泡槽之间温度差必须在 25℃以下。如温差过大，玻璃容器可能破损。

2. 喷射

洗涤剂或清水在一定的压力（0.2 ~0.5MPa）下，通过一定形状的喷嘴对容器的内外进行喷射，利用洗涤剂的化学能和运动能去除污物。在用洗涤剂喷射时，若洗液流量太大，洗涤剂会发泡，此时要添加消泡剂。

3. 刷洗

用旋转洗刷将污物刷洗掉。此法是用机械方法直接接触污物，去污效果好。刷洗易出现的问题是：①较难实现连续式洗瓶；②转刷遇到油污瓶，会污染刷子；③若遇到破瓶，会切断转刷的刷毛，使毛刷失效并污染其他净瓶；④须经常更换毛刷。

（二）半机械式洗瓶装置

1. 概述

半机械式洗瓶装置主要用于饮料、食品、调味品等领域的玻璃瓶清洗烘干和塑料瓶清洗烘干。替代传统的人工洗瓶擦瓶等方式，降低成本，效率高。设备采用优质不锈钢制造加工，加热分为蒸汽加热或电加热。

2. 半机械式洗瓶装置的主要结构

半机械式洗瓶机是由浸泡槽、刷瓶机、冲瓶机、沥干器等单机组成的。

（1）浸泡槽　浸泡槽是用来浸泡脏瓶的。在一定温度（40 ~50℃）、一定浓度（4% ~5%）的碱液中浸泡一定时间后，玻璃瓶中的绝大多数脏物松散、脂肪乳化，瓶外的旧标签易脱落，有利于下一步的刷瓶操作。

浸泡槽结构见图2－7，在水槽上设一转轴，其上装有5～6个无底的转斗，瓶子不断被放进转斗中，当转斗被装满时，用力在左边将转斗往下压，转斗转过一个角度，其中的瓶也随之往下浸入碱液中。然后将右边已露出水面的转斗中的瓶子拿出，倒出碱液。进入下道工序，空转斗则被翻到左边，继续放瓶。槽中的碱液将会被瓶子带走一些。当液面下降至一定程度时，需补充碱液。浸泡槽中的碱液靠通入蒸汽来加热。

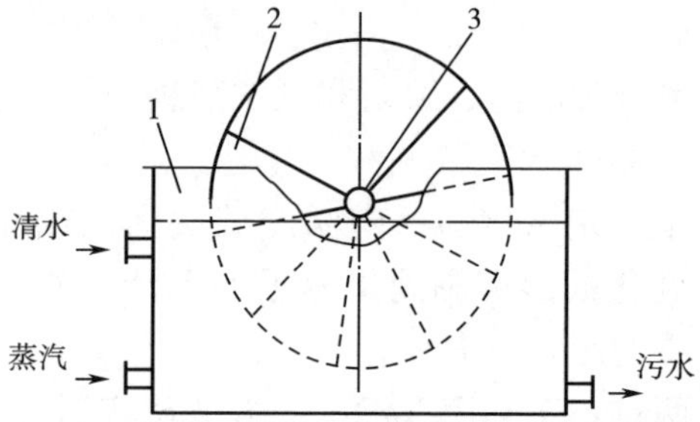

图2－7　浸泡槽

1—碱水槽　2—浸瓶转斗　3—转轴

(2) 刷瓶机　刷瓶机用来进一步刷去残留在瓶内的污物（图2－8）。毛刷一般成对地安装在机头两边，毛刷杆插入转刷套的孔中。然后用转刷套上径向安装的螺钉将毛刷杆压紧，固定毛刷。为了保护操作人员，刷瓶机上设置有防护罩。

这种刷瓶机结构简单，制造方便。但使用时毛刷损坏较多，且要求操作人员注意力集中，以免出现瓶子被甩出的情况。

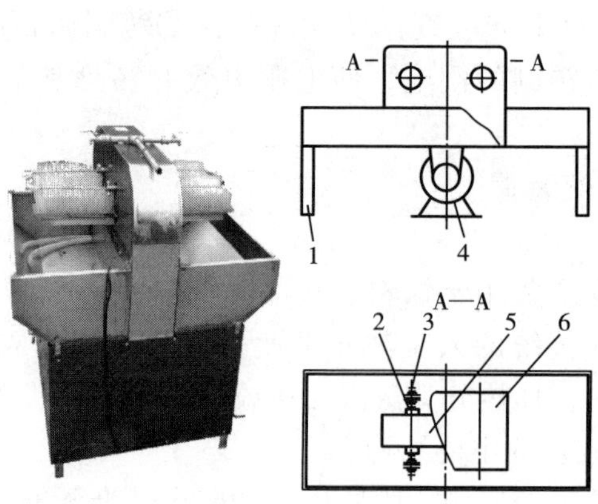

图2－8　刷瓶机

1—机架　2—转刷套　3—毛刷　4—电机　5—转刷机头　6—防护罩

（3）洗液槽　洗液槽主要是将经刷洗后的瓶子再进行氯水浸泡。此种浸泡的目的是消毒和去除刷下的污物，浸泡时间较短。洗液槽为一矩形槽，在其适当位置设置进水管和排水管，使用中定时、定量投放漂白粉。

（4）冲瓶机　冲瓶机的作用是将瓶中的洗液冲净，其结构如图2－9所示。将瓶子手工倒置于冲瓶机圆盘架的锥孔中，并使锥孔下的喷嘴伸入瓶口部。工作时，喷水管与圆盘架一起缓慢转动，并在分配器的控制下使喷嘴在一定的转动角度范围对瓶进行喷射冲洗。冲净后手工将瓶子取出。

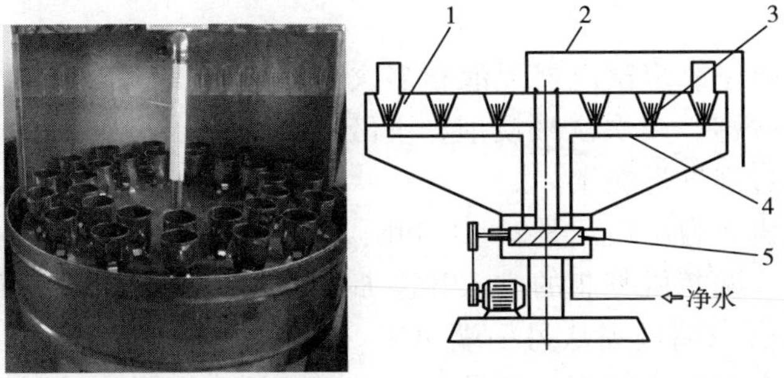

图2－9　冲瓶机

1—转动圆盘　2—防水罩　3——喷头　4—水管　5—蜗轮蜗杆减速器

（5）沥干器　冲净的瓶子倒置于沥干器上，使瓶内残留水分控制在一定范围内。沥干器比较简单，一般有两种形式：一种为圆盘式，在一根立柱上置一圆盘，圆盘上开有与冲瓶机圆盘上相同的锥孔，圆盘可手工或利用机械转动，瓶子在转动过程中沥干；另一种是输送式，水平输送机的传送链条上连接塑料制成的瓶托，瓶托中间为锥孔，瓶子倒置在瓶托上，边输送边沥干。

3. 半机械式洗瓶机的技术特性

半机械式洗瓶机主要技术特性见表2－7。

表2－7　　半机械式洗瓶机主要技术特性

项目		TSXP
生产能力/（瓶/h）		1500～2000
适应规格	瓶直径/mm	45～85
	瓶高/mm	65～200
功率/kW		10
外形尺寸/mm		6000×650×1300

4. 半机械式洗瓶机操作要点

（1）使用前首先检查各种部件是否安装牢固，蓄水桶出水口是否接好下水管，再把进水管接好，确认电机接线完好。

（2）接通电源，启动机器运行，并同时上瓶和打开进水开关（或启动水泵）。

（3）通过调整进水量得到合适的冲瓶压力，当发现冲瓶机喷头个别压力不足或无压力时，拿铁丝捅几下喷水嘴，如果还是不行就卸下喷水嘴进行清理。

（4）随时检查冲瓶机各坚固件的坚固程度，电动机皮带是否松动打滑，当发现整机冲瓶效果不好，首先检查水压是否正常，然后检查管理路是否堵塞。

（5）停机时，关闭进水开关（或水泵），然后切断电源。

（三）全自动洗瓶机

1. 概述

全自动洗瓶机是靠多次洗液浸泡和多次喷射来获得满意的洗净效果的。瓶子一般需要经过预浸泡、多次洗液浸泡、洗液喷射、热水喷射、温水喷射、冷水喷射及净水喷射等过程进行洗涤。

全自动洗瓶机多为箱式，图 2－10 和图 2－11 所示分别为单端式和双端式全自动洗瓶机。单端式洗瓶机脏瓶的进入和净瓶的输出都在洗瓶机的同一侧；双端式洗瓶机，瓶子是由一端进去从另一端出来。两种进出瓶方式的洗瓶机各有特点：单端式的脏瓶与净瓶距离较近，容易造成净瓶的污染，影响洗瓶质量；双端式的瓶套自出瓶处回到进瓶处为空载，洗瓶空间的利用不及单端式的充分。洗瓶的流程为：进瓶→预喷淋→预浸泡→第 1 碱液浸泡→第 2 碱液浸泡→热水喷淋→温水喷淋→冷水喷淋→出瓶。

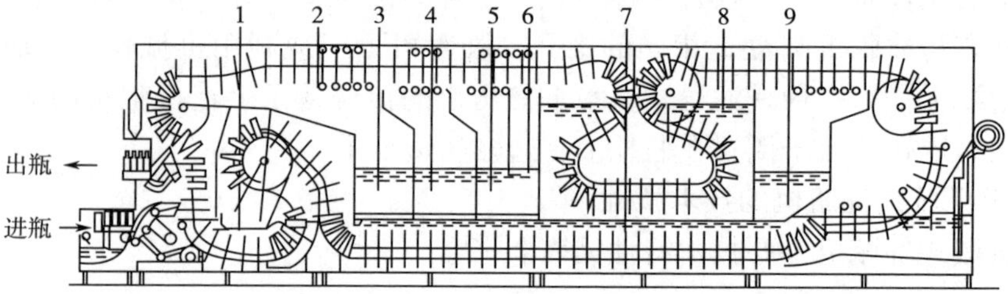

图 2－10　单端式洗瓶机

1—预泡槽　2—新鲜水喷射区　3—冷水喷射区　4—温水喷射区　5—第二次热水喷射区
6—第一次热水喷射区　7—第一次洗涤剂浸泡槽　8—第二次洗涤剂浸泡槽　9—第一次洗涤剂喷射槽

2. 全自动洗瓶机的主要结构

在全自动洗瓶机内，瓶子是套在输瓶链带上的瓶套里完成洗瓶的。洗瓶机输瓶链带一般设计成匀速连续运动，这样所需的驱动力低，同时能够避免间歇运动造成的瓶子在瓶罩内来回地碰撞，从而减少瓶子母线的磨损及瓶子破裂，但其结构较为复杂。下面以单端连续式全自动洗瓶机为例介绍其主要结构。

（1）进出瓶装置　进出瓶装置可以使从输送带来的瓶子能平稳顺利、准确无

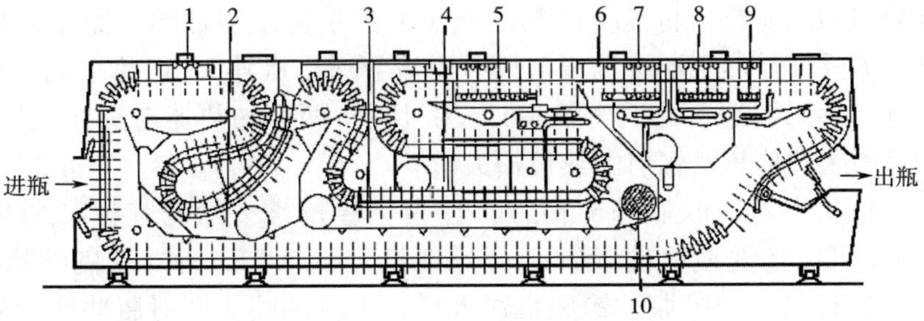

图 2-11　双端式洗瓶机

1—预洗区　2—预泡槽　3—洗涤剂浸泡槽　4—洗涤剂喷射槽　5—洗涤剂喷射区
6—热水预喷区　7—热水喷射区　8—温水喷射区　9—冷水喷射区　10—中心加热器

误地进入瓶罩，或者使瓶从瓶罩出来，没有冲击地（或很少冲击地）进入输送带上，避免损坏瓶子。

（2）瓶套　瓶套是使瓶子在洗瓶机中运动并保持正确和准确清洗位置的装置，常见的有肩承式和口承式两大类，如图 2-12 所示。

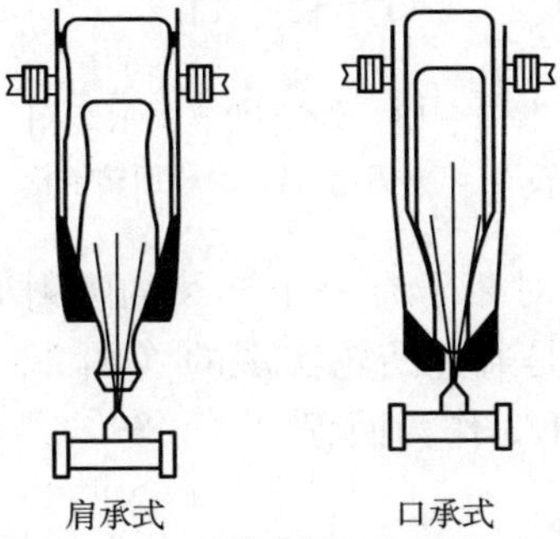

图 2-12　瓶套形式

（3）滤标装置　洗瓶中，浸泡槽及某些接受槽中会留下大量的废商标，这些废标必须随时去除，以免堵塞管道，影响洗瓶效果。滤标装置就是为这一目的设置的。

（4）水及热能的回收利用　在全自动洗瓶机中，水的循环使用及热能的回收是很重要的，要最大限度地降低水耗量及蒸气耗量。对水和热能的利用率取决于该机中水（洗液）分配机热量传递系统。

水的循环使用一般是采用与瓶子逆向流动的方法。净水从机外泵入，对瓶子进行最后喷射，回收后，作为对瓶子的冷水喷射，再回收进入热水池。而该水经滤标处理及对瓶进行热水喷射后，一部分经热水回收回流到预浸泡槽内，另一部分仍回到热水池。浸泡槽两端的洗液喷射及热水喷射，也是循环使用洗液。

热能的利用主要是指将需要冷却的瓶子的热量传给需加热的瓶子，如预浸泡槽中的热量主要来自热水池（预浸泡槽有溢流管通出机外）。而热水池的热量主要来自瓶本身（第二浸泡槽的温度较高）。另外，将两个加热器布置在机器中心部，可以减少对周围的传热及辐射的热量损失。

（5）外洗机　若回收瓶外部很脏，且为一些较难去除的脏物（如粘得很牢的泥沙等），可以在洗瓶机前设置一台外洗机。图 2－13 为外洗机结构示意图。外洗机工作过程是：当脏瓶被输瓶机送入后，上方的喷头即对瓶冲洗，同时，侧面的旋转刷不断地将脏物刷下。这种外洗机可利用洗瓶机后道清洗水作为清洗水来源。

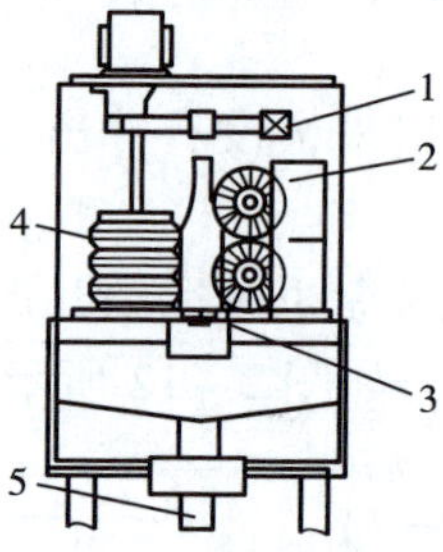

图 2－13　外洗机结构示意图

1—喷嘴　2—旋转刷　3—固定导轨　4—回转带轮　5—污水排放管

（6）跟踪喷射机构　为对瓶子有一个连续的喷射时间，要求喷嘴与连续移动的瓶罩有一段同步运动，它是通过凸轮实现的（图 2－14）。实际上，喷射时间占工作循环的 2/3，而剩下的 1/3 作为回程。

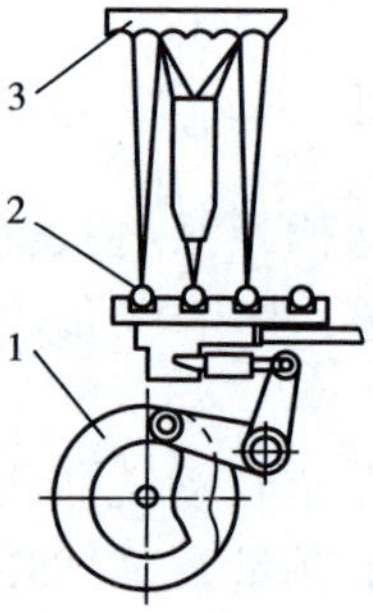

图 2－14　跟踪喷射装置

1—凸轮　2—喷头　3—折射板

3. 全自动洗瓶机的技术特性

全自动洗瓶机主要技术特性见表 2－8。

表 2-8　全自动洗瓶机主要技术特性

项目		XP42B（单端）	SXP404D（双端）
生产能力/(瓶/h)		39000	39600
瓶型规格	瓶身外径/mm	55~82	56~64
	瓶身高度/mm	160~295	140~220
瓶盒总排数/载瓶排数		352/344	518/414
瓶子在机内停留时间/min		21.67	36.36
碱槽浸泡时间/min		12	15.03
装机容量/kW		104.3	114.8
运行重量/t		282	295

4. 全自动洗瓶机操作要点

(1) 开机前检查各转动部件的润滑是否正常，并对各转动易损件按设备所需润滑剂进行润滑。

(2) 检查进、出瓶安全离合器和各行程开关是否灵敏、有效。

(3) 开启相关水阀向机内各槽注水，第一浸泡槽以液位接近溢流孔时即可，以避免加碱和进瓶后引起溢流浪费；第二浸泡槽、温热水槽注水至视镜的中间位置；预浸泡槽注水至排水管有溢流即可。

(4) 开启机器电源，待排尽蒸汽管内冷凝水后，缓慢开启蒸汽阀门对碱液浸泡槽1#、2#进行加热，并启动碱液泵1#、2#进行循环，观察泵压（1#泵压0.03~0.08MPa，2#泵压0.07~0.1MPa）；待温度达到30~40℃后加入洗瓶剂及液碱再升温至洗瓶工艺要求［Ⅰ浸槽（85±8)℃、Ⅱ浸槽（78±10)℃］；碱液浓度据进瓶情况而定，新瓶0.7%~1%，正常瓶子1.5%~3.2%，洗瓶剂与液碱使用比例按1:(10~12)，即加洗瓶剂1kg，液碱30~38kg；启动碱液泵，再启动1#、2#除标装置、风机、抽风机，然后启动主传动电机，让链条慢速运行。

(5) 运行中要根据液碱、洗瓶剂生产用量及时添加，每小时填写一次泵压、温度、瓶子感官洗涤情况、喷淋情况等。

（四）三片罐清洗机

1. 概述

三片罐空罐清洗机是饮料灌装线上与灌装机配套使用的空罐清洗设备，可以清洗能用磁力进行输送的空罐。

2. 三片罐清洗机的主要结构

三片罐空罐清洗机为一箱式结构，主要由磁力输送机、清洗喷嘴、进出罐圆盘及传动系统和机架箱体等组成，其结构见图2-15。

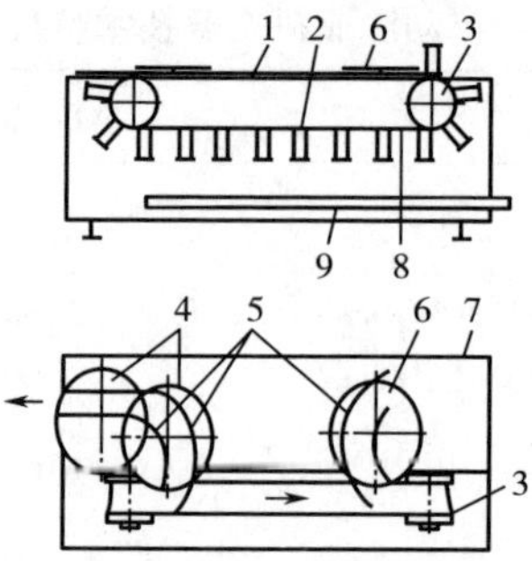

图 2－15　三片罐冲洗机

1—托板　2—磁铁板　3—磁性转鼓　4—出罐圆盘　5—空罐导向板
6—进罐圆盘　7—机架箱体　8—尼龙带　9—喷水管

该设备主体为磁力输送机，由尼龙带和两个磁性转鼓构成，尼龙带张紧在转鼓上，输送机上部设有承托尼龙带的托板，下部有一与尼龙带等宽的磁铁板，紧贴尼龙带的内表面，托板和磁铁板均固定在箱体的侧面。

清洗时，待洗空罐由进罐圆盘经导向板导向，进入磁力输送机的尼龙带上，并随带移动，当空罐到达右边磁性转鼓时，即被磁力吸在尼龙带上绕转鼓移动，当空罐带转至下方时，由于磁铁板的作用，仍被吸在尼龙带的下表面随带一起由右至左移动。此时喷嘴对着罐口喷水，冲洗空罐内部。当罐被输送到左边转鼓上方时，由导向板、出罐圆盘拨出送至灌装机前方的输送机上，以待装罐。冲洗水由箱体收集、排出。磁力输送机由传动系统驱动运行，通过电子调速开关控制电动机运转速度可调节其运行速度，以便与后面的灌装机速度一致。

3. 三片罐清洗机的主要技术特性

三片罐清洗机主要技术特性见表 2－9。

表 2－9　　三片罐清洗机主要技术特性

项目		SXJ
生产能力/(罐/h)		1800～10000
适用罐型	罐径/mm	52～105
	罐高/mm	60～133
功率/kW		1.5
外形尺寸/mm		1900×1100×1200

4. 三片罐清洗机操作要点

（1）开机前检查各转动部件的润滑是否正常，并对各转动易损件按设备所需润滑剂进行润滑。

(2) 检查进、出瓶安全离合器和各行程开关是否灵敏、有效。

(3) 运行中要根据液碱、洗瓶剂生产用量及时添加，每小时填写一次泵压、温度、瓶子感官洗涤情况、喷淋情况等。

(4) 注意观察冲洗水的排出状况，经常检查磁力输送机运转速度和其他相关工序的协调一致。

(五) 实罐表面清洗机

1. 概述

实罐表面清洗机又称洗油污机，是罐头生产设备之一。它的清洗对象是经装罐、排气、封口和杀菌后的实罐。罐头生产中，装罐前空罐虽然已经过清洗，但在装罐操作时常会在表面黏附很多油脂、汤汁及罐头的内容物，经过高压杀菌后会呈暗黑色或黏性油腻的条纹和斑点，在杀菌过程中还可能出现坏罐，其内容物及汤汁渗出罐外会弄脏很多完好的罐头表面。因此，实罐必须进行清洗，否则会引起油商标等质量事故。

2. 实罐清洗机的主要结构

图 2－16 是一种带烘干机的实罐表面清洗机，主要由水洗罐机、三刷擦罐机、擦干机和实罐烘干机组成。工作过程如下：实罐以滚动方式连续经过洗涤剂溶液浸洗、三刷擦洗、热水冲淋去污、布轮擦干和蒸汽烘干等过程处理，以去除实罐表面的油污和黏附物。整个机组由一个电气控制柜控制。

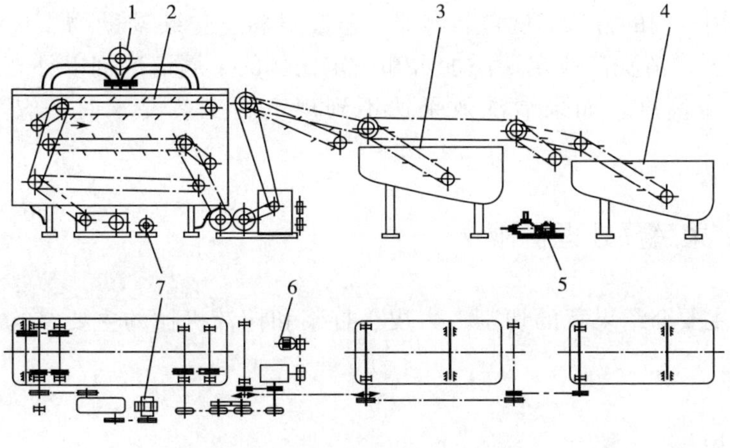

图 2－16　实罐表面清洗机

1，5～7—电动机　2—烘干机　3—清水池　4—碱液池

该设备的清洗时间和烘干时间可以调整，以适应不同罐头的清洗需要。该设备具有机械性能好、生产能力大、去污能力强、操作管理方便、罐型适应性好、结构比较紧凑、清洗过程连续化、改变罐型时调整比较方便、造价较低等优点；其缺点是需要人工进出罐，碱液浓度和温度未实现自控而波动较大，烘干效率有

待进一步提高等。

3. 实罐表面清洗机的技术特性

实罐表面清洗机的主要技术特性见表2-10。

表2-10　　实罐表面清洗机的主要技术特性

项目		GCM350	GCM200
生产能力/(罐/min)		80~100	40~50
适用罐型	罐径/mm	52~108	52~108
	罐高/mm	54~124	54~124
功率/kW		3.7	2.2
外形尺寸/mm		9500×840×11500	4000×1200×1200

4. 实罐清洗机操作要点

（1）检查管路系统有无漏液的情况，如有这种情况，应通知维修人员修理。检查清洗液是否足够，如果不够，及时增加清洗液。

（2）空载启动，然后空运转2~3min，检查传动系统（电动机、联轴节、减速器）和运输带的运动是否平稳，确认一切正常后，方可进行生产。

（3）运行中经常观察：在运输带上被清洗的零件不能堆得过多，以免影响清洗效果；采用不同的方法清洗包装容器、包装材料、包装辅助物、包装件，达到预期清洁程度；清洗液应定期添加水和一定比例的金属清洗剂以补充消耗，使液面保持在一定高度，如果清洗效果达不到规定的工艺要求时，应全部更换清洗液。

项目二　果蔬预处理机械

本项目主要介绍果蔬的切割、去皮、打浆和榨汁机械的主要结构、技术特性和操作要点。

一、切片机械

（一）蘑菇定向切片机

1. 概述

蘑菇定向切片机用于预煮后蘑菇的切片，可将外形小而质地柔软的蘑菇，切成厚薄均匀、切向一致的薄片，供生产蘑菇罐头用。该机具有切片效果好、工作可靠、操作方便等特点。

2. 蘑菇定向切片机的主要结构

蘑菇定向切片机构造如图 2－17 所示，它主要由圆刀切片装置、定向定位装置、电动机、机架等组成。切片装置由装在刀片轴上的几十片圆刀组成，刀片轴带动圆刀旋转，进行切片。圆刀之间的距离可以调节，以适应切割不同厚度蘑菇片的需要。与圆刀相对应的一组挡梳板，安装在每两刀之间，挡梳板固定不动。圆刀嵌入橡胶垫棍之间，当圆刀和垫辊转动时即对蘑菇进行切片。切下的蘑菇片由挡梳板挡出，落入下料斗中。

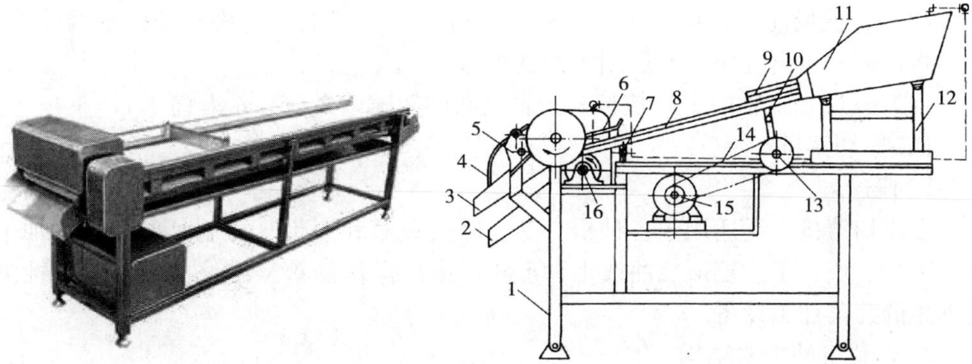

图 2－17　蘑菇定向切片机

1—机架　2—边片出料斗　3—正片出料斗　4—护罩　5—挡梳板轴座　6—下压板
7，10—铰链　8—定向滑料板　9—控制压板　11—进料斗　12—进料斗支架　13—摆偏轴
14—供水管　15—电动机　16—垫辊轴承

定向滑料板为一弧形斜槽，当蘑菇沿弧槽下滑时，菇盖的体积和重量均大于菇柄，在一定的条件下，较重的一头应该朝下或朝前运动，而在水力作用和具有轻微振动条件下，菇盖很容易朝下或朝前运动。在定向滑料板底部设有偏摆装置，使弧形斜槽产生轻微振动，并利用水管供水，使蘑菇在漂移过程中菇盖朝下定向。

3. 蘑菇定向切片机的技术特性

蘑菇定向切片机主要技术特性见表 2－11。

表 2－11　　蘑菇定向切片机主要技术特性

项目	TY650
生产能力/(kg/h)	300～500
功率/kW	0.55
机重/kg	130
外形尺寸/mm	1770×630×910

4. 蘑菇定向切片机操作要点

（1）首先开启水管阀门，向弧形斜槽供水，然后开动机器，最后启动升运机送料。送料时要求送料均匀，以减少堵塞现象。蘑菇在定向滑料板中下滑时，由于水流和振动作用，使菇盖向下进入圆盘切刀的刀片中，将蘑菇切割成片。通过挡梳板和边板将正片与边片分开，正片从正片出料斗排出，边片从边片出料斗排出。

（2）在工作前，根据切片厚度调整圆刀之间的距离，以适应加工工艺要求。圆刀片间的间距小且刀片又薄，故工作中不能掉进硬物，以免损坏刀片。

（3）在使用前、后均应认真对机器进行清洗，清洗时先松开挡梳轴两端的螺栓，将挡梳片退出洗净，然后用水冲洗机器。

（4）安装挡梳轴时，挡梳板和刀轴之间的间隙以2~5mm为宜。

（二）切菜机

1. 概述

多用切菜机广泛适用于各种根、茎、叶类蔬菜和海带、豆制品等的切制加工，可加工片、块、丁、菱形、曲线多种形状。该机操作简单，维修方便，适应性强，是理想的蔬菜加工设备。

2. 切菜机的主要结构

切菜机（见图2-18）主要由机架、输送带、压菜带、切片机构、调速箱或塔轮调速机构组成。工作过程是离心式切片机构用于瓜薯类硬菜的切片，片厚可在一定范围内自动调节，竖刀部分可将叶类软菜或切好的片加工成不同规格的块、丁、菱形等各种形状。切菜长度通过可调偏心轮在一定范围内任意调整。竖刀模拟手工切菜原理，加工表面平整光滑，成型规则，被切蔬菜组织完好，保持新鲜。

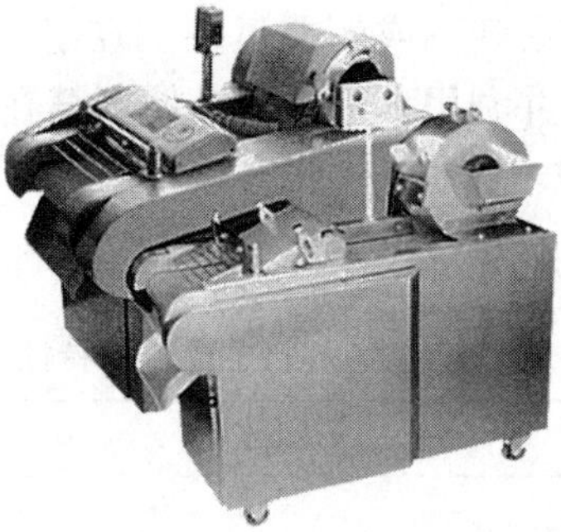

图2-18　切菜机示意图

3. 切菜机的主要技术特性

切菜机主要技术特性见表2-12。

表 2－12　　切菜机主要技术特性

项目	YQC110	YQC110
生产能力/(kg/h)	300～1000	600～1500
功率/kW	0.75	1.1
外形尺寸/mm	750×560×960	1100×860×110
机重/kg	70	110

4. 切菜机操作要点

（1）安装时将机器放在水平的工作场地，确保机器放置平稳可靠。

（2）使用前对各部位进行检查，紧固件是否在运输途中松动，开关及电源线是否因运输而破损，如有异常应及时采取相应措施。

（3）检查旋转料筒内或输送带上是否有异物，如有异物必须清理干净，以免引起刀具损坏。

（4）工作前先试切，观察所切蔬菜规格与要求规格是否一致，不一致应调节切片厚度或切菜长度，符合要求后进行正常工作。

①智能切菜机安装竖刀：把竖刀放在定刀板上，刃口与定刀板下端平行接触，定刀板销在刀架上，紧固切刀螺母，拆下定刀板即可。

②其他切菜机安装竖刀：先转动可调偏心轮，使刀架行至下死点后，再使刀架向上抬起 1/2mm，使竖刀与输送带接触后，紧固螺母把竖刀紧固在刀架上。

③切菜长度调整：观察控制面板上显示的长度数值与要求长度是否相符，增加长度时按增长按钮，缩短长度时按减小按钮。

④其他切菜机调整：转动可调偏心轮，松开连杆紧固螺钉，切细丝可移动支点，由外向里；切粗丝时可移动支点，由里向外，调好后紧固调整螺钉。

⑤切片厚度调整：根据切片机构的结构，选择合适的调整方法将片刀刀刃与拨料盘之间的间隙控制在 0.5～1mm 为宜，否则影响切菜质量。

⑥速度调整：根据变速机构不同选择相应的调整方法。

（5）机器运转中切勿将手靠近切刀或伸进安全防护网下，以免发生危险。机器运转中切勿将手置于输送带或压菜带上，以免发生危险。机器维修中切勿启动开关，以免发生危险。机器运转中不要进行任何形式的维修和保养，以免造成人身伤亡。

（三）青刀豆切端机

1. 概述

切端机专门用于对油豆、青刀豆进行去头切尾处理的一种机械。具有切尾效率高，成品率高、结构简单、运行稳定可靠等特点，可替代繁重的人工劳动，大幅提高生产效率，大量节省劳动力成本，是速冻蔬菜加工厂的理想设备，主要适用于速冻蔬菜加工厂、冷冻厂、脱水蔬菜加工厂、净菜加工厂等。

2. 青刀豆切端机的主要结构

青刀豆切端机结构如图 2 - 19 所示，主要由三部分组成：第一部分为送料装置，包括刮板式提升机和进料斗；第二部分是主体部分，由转筒、刀片和导板等组成；第三部分由出料输送带和传动系统组成。

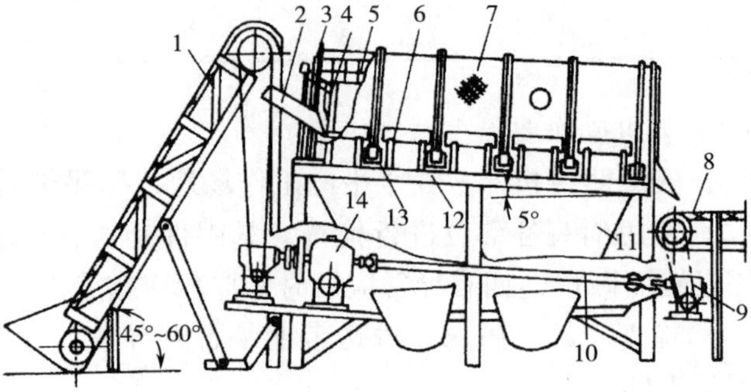

图 2 - 19 青刀豆切端机

1—刮板提升机 2—进料斗 3—传动齿轮 4—挡板 5—铅丝网 6—刀片 7—转筒 8—出料输送带 9—变向器 10—传动轴 11—漏斗 12—机架 13—托轮 14—蜗轮减速器

全机由一台电动机驱动，通过蜗轮减速器和两台变向器使各部分运转。转筒的转动是靠一对齿轮齿圈传动，齿圈安装在进料端的转筒圆周上。转筒用钢板卷成，焊上法兰后，里外车光，再进行钻孔和铰孔。转筒内装有两块可调节角度的木制挡板，靠近转筒内壁焊上一些薄钢板，每块铜板互相平行，在其上钻有小孔。在转筒内还有铅丝网，铅丝穿过平行钢板上的小孔而固定。相邻两个铅丝孔高度不同，相邻两块铜板上的小孔错开，由此形成不同平面上和错开的铅丝网，使青刀豆竖立起来插进转筒的孔中。

转筒上钻有带锥度的孔，每节转筒外部下侧对称安装有两把刀片，由于弹簧的压力，刀片的刀口始终紧贴转筒的外壁，从而保证露于锥孔外的豆端被顺利切除。在运行中，如果在第 4 节转筒上基本完成切端，则第 5 节转筒上的直刀可卸去，以避免重复切端，提高原料利用率。

3. 青刀豆切端机主要技术特性

青刀豆切端机主要技术特性见表 2 - 13。

表 2 - 13　　青刀豆切端机主要技术特性

项目	QD240	QD320
生产能力/(kg/h)	450	600
功率/kW	1.5	1.5

续表

项目	QD240	QD320
机重/kg	300	450
外形尺寸/mm	2500 × 500 × 1500	2700 × 800 × 1700

4. 青刀豆切端机操作要点

（1）使用前对各部位进行检查，紧固件是否在运输途中松动，开关及电源线是否因运输而破损，如有异常应及时采取相应措施。

（2）检查旋转料筒内或输送带上是否有异物，如有异物必须清理干净，以免引起刀具损坏。

（3）工作前先试切，观察所切青刀豆切端规格与要求规格是否一致，否则应调节切端长度，符合要求后进行正常工作。

（4）机器运转中切勿将手靠近切刀或伸进安全防护网下，以免发生危险。机器维修中切勿启动开关，以免发生危险。机器运转中不要进行任何形式的维修和保养，以免造成人身伤亡。

二、原料去皮机械

去皮机一般包括两类：一类是用于块根类原料去皮的擦皮机，另一类是用于果蔬原料去皮的碱液去皮机。除此之外，还有一些专用去皮机，如大蒜脱皮机、稻谷砻谷机等。

（一）擦皮机

1. 概述

用机器代替手工去皮的机械统称为擦皮机，是可以将马铃薯、芋头、茨菇等球状类蔬菜去除表皮的电动炊事机械，主要由传动系统、剥皮磨盘、水路系统、贮皮器、定时控制机构、壳体等部分组成。工作时，通过表面粗糙不平的剥皮磨盘的旋转，擦去蔬菜的表皮，同时由水路系统不断喷水冲洗，搓掉下来的皮屑便顺水流入贮皮器。擦皮机具有外形美观和操作方便，清洗脱皮容积大、效率高，耗能小，可连续清洗，操作简单，使用寿命长等特点。

2. 擦皮机的主要结构

擦皮机的结构如图 2 – 20 所示，由料桶、旋转圆盘及传动系统等部分组成。

料桶是内表面粗糙的圆柱形不锈钢桶。旋转圆盘表面呈波纹状，波纹角为 20° ~ 30°，采用金刚砂黏结表面。旋转圆盘波纹状表面除有擦皮功能外，主要用来抛起物料。当物料从加料斗落到圆盘波纹状表面时，因离心作用被抛向四周，与桶壁粗糙表面摩擦，从而达到去皮的目的。擦去的皮被喷水嘴喷出的水从排污口冲走，去过皮的物料，利用本身的离心力，从打开的舱门自动排出。为了保证

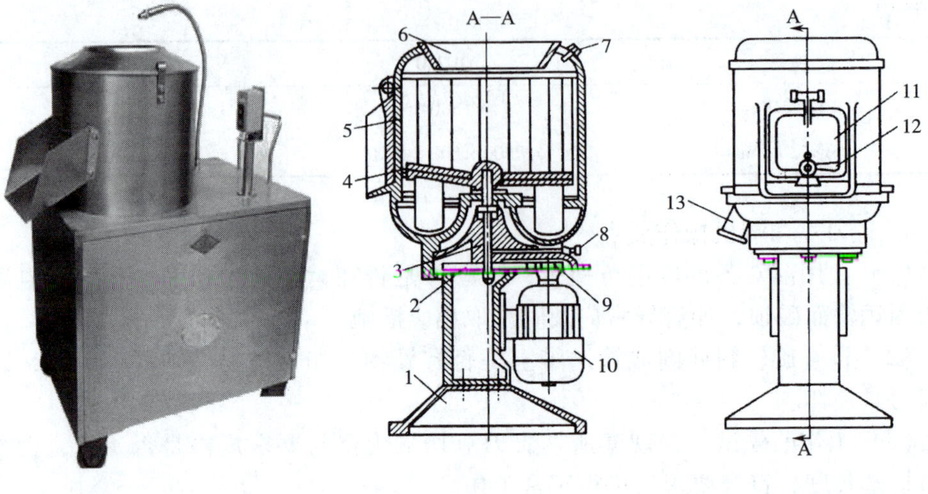

图 2-20 擦皮机

1—机座 2，9—齿轮 3—主轴 4—旋转圆盘 5—料桶 6—进料口 7—喷水嘴 8—加油孔 10—电动机 11—出料舱门 12—舱门手柄 13—排污口

机器的正常工作，擦皮机在工作时，既要能将物料抛起，使物料在桶内呈翻滚状态，又要保证物料被抛至桶壁，物料表面被均匀擦皮，因而旋转圆盘必须保持较高的转速，料桶内物料不能过多，一般物料填充系数为0.5~0.65。

3. 擦皮机的主要技术特性

擦皮机主要技术特性见表2-14。

表2-14　　擦皮机主要技术特性

项目	CP350	CP450
生产能力/(kg/h)	240	360~750
功率/kW	0.75	1.5
机重/kg	75	120
外形尺寸/mm	460×500×770	850×530×800

4. 擦皮机操作要点

（1）将机械放置在水平地面上确保机械平稳。对各部件进行检查，尤其是传动部位及紧固件的检查。

（2）机械开动前，打开进水开关，向料筒内冲1/3筒的水，关闭进水开关，将物料从盖口放入，把筒盖压紧，启动开关。机械工作约4min关闭开关，检查物料脱皮状况。

（3）连续脱洗物料十次后，在旋转筒底部将积存一部分物料皮和泥土，这时将筒盖取下，提出旋转圆盘，用水冲洗干净，然后依次安装即可。

（4）清洁时不得使用锐利器具清洁料筒。轴承内每半年更换一次润滑油。

（二）碱液去皮机

1. 概述

碱液去皮机广泛用于桃、李、巴梨等水果的去皮。碱液去皮是将原料在一定温度的碱液中处理适当的时间，果皮即被腐蚀，取出后立即用清水冲洗或搓擦，使外皮脱落，并洗去碱液，达到去皮的目的。碱液处理后的果实不但果皮容易去除，而且果肉的损伤较少，可提高原料的利用率。缺点是碱液去皮用水量较大，去皮过程产生的废水多，尤其是产生大量含有碱液的废水。

2. 碱液去皮机的结构

碱液去皮机常用的有喷淋去皮机和干法去皮机。喷淋去皮机的结构如图 2 - 21 所示，主要由输送带、淋碱、淋水装置和传动系统等组成。输送带有网状带和履板带两种，用不锈钢制造。碱液去皮机总体分为进料段、热稀碱喷淋段、腐蚀段和冲洗段。该机的特点是碱液隔离效果较好，去皮效率高，结构紧凑，操作方便，但是需人工进料。

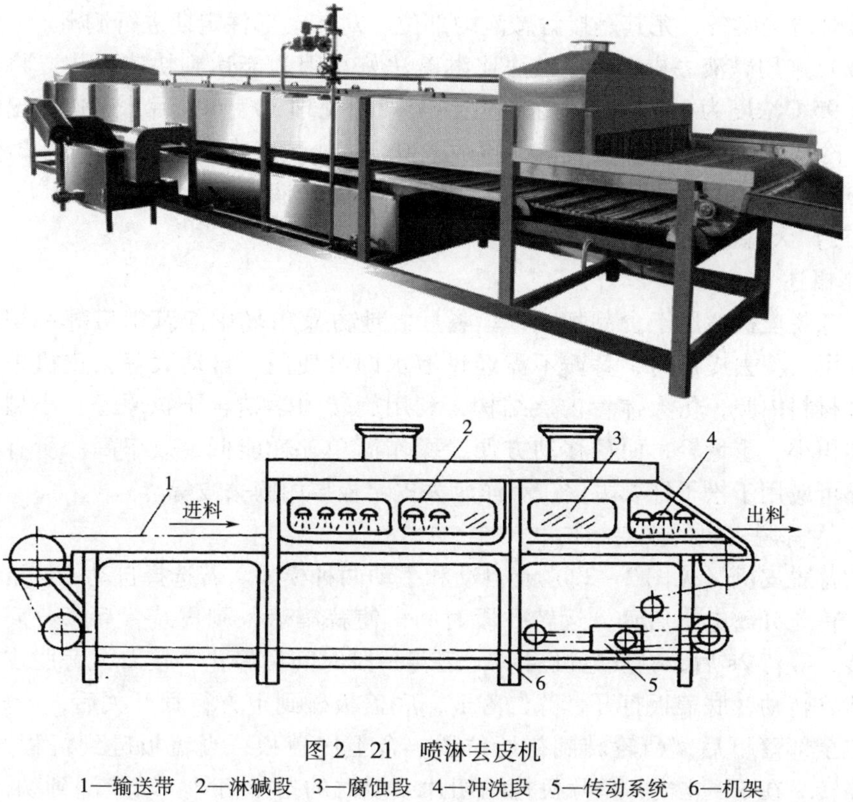

图 2 - 21　喷淋去皮机

1—输送带　2—淋碱段　3—腐蚀段　4—冲洗段　5—传动系统　6—机架

碱液去皮机的碱液都要进行加热和循环使用。将调整好浓度的碱液，放入碱液池内，由循环泵送到加热器中进行加热。具有一定温度的碱液送入碱液去皮机的淋碱段，与原料接触后的碱液从碱液去皮机流回碱液池循环使用。

3. 碱液去皮机的技术特性

碱液去皮机技术特性见表2－15。

表2－15　　碱液去皮机技术特性

项目	LJJ－10	LJJ－5
生产能力/(kg/h)	2000～3000	800～1000
功率/kW	4.12	3.5
机重/kg	1800	1200
外形尺寸/mm	10000×1400×1900	8500×1000×1600

4. 碱液去皮机操作要点

（1）碱液去皮机在使用前，要根据去皮物料配制碱液，碱液的浓度可由试验确定。工作一段时间后，碱液浓度下降，要及时补充烧碱，调整浓度。工作结束后，及时清洗设备，尤其是接触碱液的部位。对传动部件定期进行润滑。

（2）采用碱液去皮，以浸碱法比淋碱法好，因为能达到快速去皮。将桃子放入90～95℃浓度为3%～5%的氢氧化钠溶液中处理30～60s后，迅速捞出放入流动水中冷却，并手搓使表皮脱落，再放入0.3%盐酸液中浸泡，中和2～3min。再用1.5%的食盐水中护色10min，随后用清水冲净盐液。

（三）大蒜脱皮机

1. 概述

大蒜脱皮机适用于食品加工厂、餐厅、地方菜市场中净蒜销售等一切用蒜场合。使用大蒜去皮机时，蒜瓣不需经过泡水即可使用。自动大蒜去皮机采用高分子复合材料内胆，仿人体胃内层结构，利用旋转力学结合干扒原理；小型大蒜去皮机体积小、重量轻，而且移动方便、操作简单、耗能低、效率高。所有大蒜脱皮机亦可应用于松子红衣去皮、小洋葱去皮、板栗内膜去皮等。

2. 大蒜脱皮机的主要结构

大蒜脱皮机（见图2－22）有自动和手动两种模式。若选择自动，按下启动按钮后，首先分瓣电机启动，运转一段时间，使蒜瓣落入剥皮装置后，分瓣电机停止运转，等待2s后，剥皮电机启动，运转一段时间后停止。接着大蒜脱皮机电机带动凸轮转动，底盖板打开，蒜仁落下，底盖板碰到下方行程开关后，凸轮停转，待蒜仁全部落下后，凸轮转到初始位置，合上底盖板，当盖板碰到行程开关后，凸轮停转。在30s之内，单片机检测切片或搅泥的指令信号：若检测到切片指令，则切片电机工作，压板向下运动，碰到行程开关后，电机反转，压板向上运动，碰到行程开关后，流程结束；若检测到搅泥指令，则搅泥电机按设定的时间工作，时间到就结束，返回初始菜单；若没有检测到切片或搅泥指令，则流程结束。若采用手动模式，在程序运行前，先检测开关处于切片还是搅泥的位置。若为切片，按下启动按钮后，切片电机工作，运行同自动模式；若为搅泥，按下启动按钮后，搅泥电机工作，运行同上。

图 2－22　大蒜脱皮机示意图

3. 大蒜脱皮机的主要技术特性

大蒜脱皮机主要技术特性见表 2－16。

表 2－16　　大蒜脱皮机主要技术特性

项目	STP100	STP200
生产能力/(kg/h)	100	200
功率/kW	1.7	3.0
机重/kg	350	500
外形尺寸/mm	600×600×1250	1000×1000×1550

4. 大蒜脱皮机操作要点

（1）使用前检查机器四周应无杂物堆放，电器线路、管件无损坏。

（2）空运转机器应无异常，若有异常现象，应立即停机，并通知维修人员排除故障。

（3）在停机状态下，按规定装好需脱皮的物料，并盖好安全保护盖，确认无误后，方可开启机器。

（4）机器运转中，严禁人体头、手、脚以及其他器具进入机器转动部位。

（5）密切关注机器的运转情况，不能随意离开操作现场，如发现异常应立即切断电源，通知维修人员及时维修，以确保机器正常生产。

（6）生产完后，切断电源，清洗机器内外面，保证清洁无残留物存在。

（四）稻谷砻谷机

1. 概述

脱除稻谷颖壳的工序称为脱壳，俗称砻谷。脱去稻谷颖壳的机械称为砻谷机。使用的砻谷设备多为胶辊砻谷机，其主要工作构件是一对并列的、富有弹性的胶辊。工作的过程中胶辊做不等速相向旋转运动。稻谷进入两辊间，受到胶辊的挤压、摩擦、搓撕等作用，使稻壳破坏与糙米分离。其特点是产量大、脱壳率高、出碎率低。

2. 稻谷砻谷机的主要结构

MLGT 36 型压砣胶辊砻谷机的结构如图 2－23 所示，主要由进料机构、辊筒、辊间距调节机构、传动装置、谷壳分离装置等部分组成。

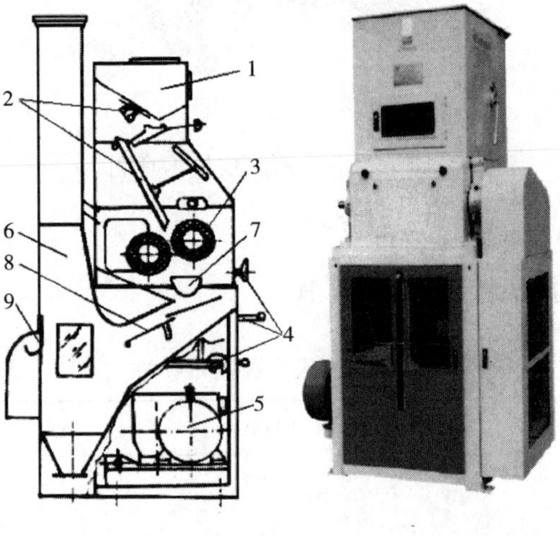

图 2－23　MLGT 36 型压砣胶辊砻谷机

1—进料斗　2—进料机构　3—辊筒　4—辊间距调节机构　5—电动机
6—吸风管　7—缓冲槽　8—排料淌板　9—风量调节闸门

（1）进料机构　进料机构的作用是控制进机物料的流量，并能够匀料、整流、导向和加速。由进料斗、流量控制装置和喂料装置等组成。流量控制装置采用齿轮齿条闸板形式。喂料采用短、长淌板结合倾斜喂料装置。

（2）辊筒　辊筒是在圆形铁筒上覆盖一层弹性材料而制成。常用的弹性材料有橡胶和聚氨酯，其胶辊根据橡胶颜色的不同分为黑色胶辊、白色胶辊和棕色胶辊等。聚氨酯是一种高分子合成材料，白色半透明，既具有橡胶的高弹性，又具有塑料的高强度，其物理性能优于橡胶。辊筒为双支承座式结构，通过辊筒两边的轴承、轴承座固定在机架上。辊筒用锥形压盖紧定套将其固定在轴上便于拆装更换。

（3）辊间距调节机构　辊间压力调节及松紧辊是采用机械自动松紧辊系统，由压砣式辊压调节装置和自动松紧辊装置组成，通过改变压砣的质量改变辊间压力。自动松紧辊装置失灵可通过手动操纵杆改用人工操作。

（4）传动装置　该 MLGT 型压砣胶辊砻谷机为齿轮变速箱和三角带相结合的多级变速传动机构，可根据原料的加工品质改变线速差，以获得合理的搓撕长度。

（5）谷壳分离装置　谷壳分离装置主要由进料口、可调节淌板、调风门和吸风管等部分组成。砻下物由进料口通过缓冲槽落到淌板上进行自动分级。淌板为鱼鳞板，且可以根据要求改变其倾斜度。由于淌板表面粗糙，又有自下而上气流的作用，所以物料能形成良好的自动分级，使稻壳浮于上层，为稻壳分离创造了有利的条件。当物料进入谷壳分离区时，由于吸风口为喇叭形且具有较适宜的分离长度和风速，可达到完全分离的效果。

3. 砻谷机的主要技术特性

砻谷机的主要技术特性见表 2－17。

表 2－17　MLGT 型砻谷机主要技术特性

项目	MLGT 36	MLGT 25
生产能力/(kg/h)	5000	2500
功率/kW	7.5	5.5
机重/kg	1000	800
外形尺寸/mm	1400 × 1268 × 2200	1264 × 942 × 2083

4. 砻谷机操作要点

（1）使用砻谷机前请检查机器，将下料斗安装好，检查各部位的螺丝是否完全，紧固，砻谷室内是否有异物，机座与地面是否平稳，在确认正常后接通电源，机器空转 5min 未出现异常噪声，剧烈升温，激烈轰动便可预备进行物料加工。

（2）砻谷机运转正常后，应渐渐抽开进料拨板，逐步添加机器负荷，待正常出米后，再仔细调整，使米质符合要求。运行时，操作人员请勿脱离机器，切勿让小孩接近或操作，人脱离请断电。

（3）砻谷机半途停机，应先关闭进料口，让打米室的谷打完再停机。

（4）砻谷机开端打米从出米口处检查剥壳状况，如未完全剥壳的比例较高，可以拨动剥壳设备上的小手轮，往小的方向渐渐拧直至到达剥壳作用。如发现剥出的碎米粒比例增加，则需要向大的方向拨动小手轮，扩大打米胶辊的空隙。

(5) 禁止用水清洗主机，使用时要留意防止水洒落在机身上，避免电机漏电。

三、打浆机

(一) 卧式打浆机

1. 概述

卧式打浆机主要用于番茄酱、果酱罐头的生产中，它可以将水分含量较大的果蔬原料破碎为浆状物料。

2. 卧式打浆机的主要结构

卧式打浆机的结构如图 2-24 所示，主要由机架、料斗、破碎桨叶、粉碎刀板、筛筒和传动装置等组成。

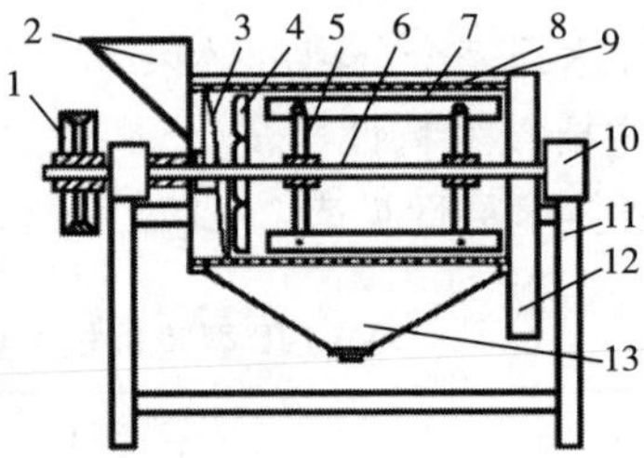

图 2-24　卧式打浆机

1—皮带轮　2—进料斗　3—螺旋推进器　4—粉碎桨叶　5—夹持器　6—轴　7—粉碎刀板
8—筛筒　9—壳体　10—轴承　11—机架　12—出渣口　13—浆汁出口

筛筒用不锈钢板弯曲成圆筒后焊接制成，水平安装在机壳内。在圆筒上冲有 0.4~1.5mm 的小孔。为增加强度，在筒身两端焊上加强圈。也有用两块钢板冲压成两个半圆，用螺钉连接成筛筒的。在传动轴上安装有两块破碎物料用的刮板。粉碎刀板用不锈钢板制造，与轴线有一夹角，称为导程角。刮板通过夹持器和螺栓安装在传动轴上，刮板与圆筒筛内壁之间的距离可通过螺栓调节。为了防止圆筛与刮板碰撞，在刮板上还装有耐酸橡胶板。在进料端装有螺旋推进器和粉碎桨叶。

圆筛固定在机架上，物料由进料斗进入筛筒。电动机通过传动系统带动刮板转动。由于刮板转动和导程角的存在，使物料在刮板和筛筒之间沿着筒壁向出口端移动，移动轨迹为一条螺旋线。物料在刮板与筛筒之间移动的过程中，受到刮板冲击力和挤压力作用而被擦破。汁液和浆状肉质从圆筒筛孔眼中流出，由出料漏斗的下端流入贮液桶。物料的皮和籽等则从圆筒筛靠近传动系统一端的出渣口排出，从而达到分离的目的。

3. 卧式打浆机的主要技术特性

打浆机的主要技术特性见表2-18。

表2-18　　打浆机主要技术特性

项目	SDJ50	SDJ70
生产能力/(kg/h)	5000	7000
功率/kW	12	15
机重/kg	150	175
外形尺寸/mm	3200×1000×1200	4500×1200×1300

4. 卧式打浆机操作要点

(1) 机器必须安装水平，并用地脚螺钉固定。紧定好整机上各个螺栓，检查轴内所有的螺钉是否松动。清洗整机内外，保持洁净。

(2) 接通传动机电源，确定机器旋转方向与方向指示牌一致。试运行5min，确认机器一切正常后，即可正常进料。

(3) 然后均匀加进物料，切勿冲击。视出渣、出浆具体情况，停机后适当调整刮板的螺旋角及刮板与筛网的间隙，使渣滓的含汁率达到工艺要求。

(4) 停机时，直接切断电机电源即可。当转子未停止转动时，切勿打开筒前盖。逆时针转动手轮即可打开筒前盖。在每班工作后必须用水和刷子刷过滤网。清洗时，打开筒前盖，拧下花键一端的拉紧螺钉，即可方便地抽出转子部件，刷网可直接取出。

(5) 定期检查电机是否过载发热，轴承部位是否需要加油。

(二) 立式打浆机

1. 概述

立式打浆机主要用于灌制各种肠类，如火腿肠、肉泥肠、大众肠、红肠、菜肠、粉肠及松江肠等。打浆机采用不锈钢制作，料桶采用保温双层式，使桶内浆料温度不容易上升，确保肉浆新鲜。具有料筒外罩和桶底放冰装置，起到制冷保温作用，采用大扭矩低速重载传动设计，工作稳定，马力强悍，接触部位和整桶采用304不锈钢制造，符合卫生条件，清洗方便，扭肋刀板精简设计，具有打浆顺畅、搅打均匀、升温低、出产效益高等特点。

2. 立式打浆机的主要结构

立式打浆机（见图2-25）采用电磁调速及变频螺旋齿轮箱输出变速两种设计，特有的无级调速功能和独特的搅拌叶（扭肋拍打）设计使拌出的肉馅纤维细化，并使动物蛋白能游离析出，以保证肉馅拌和均匀并使之呈蓬松状态，加入调味汁液能充分吸收饱和。机器接触食品的部位均采用304不锈钢制造，操作方便，稳定可靠。

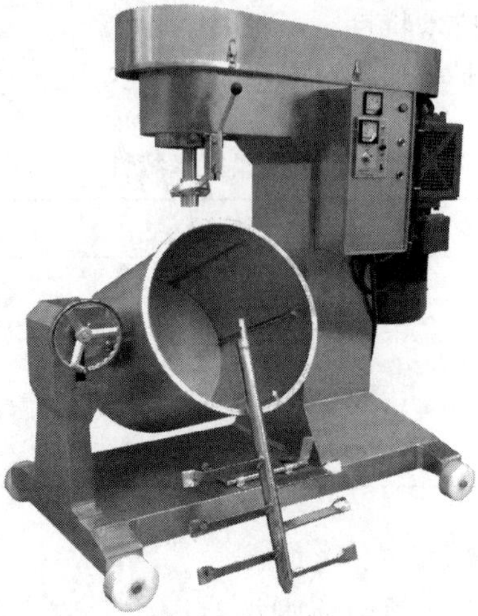

图 2－25　立式打浆机示意图

3. 立式打浆机的主要技术特性

立式打浆机的主要技术特性见表 2－19。

表 2－19　　立式打浆机主要技术特性

项目	DJ50	DJ100
生产能力/(kg/罐)	50	100
功率/kW	5	11
机重/kg	110	150
外形尺寸/mm	1150×480×600	1540×630×1660

4. 立式打浆机的操作要点

（1）机器放置于室内后，调平四处地脚锁住并锁紧。空载运行观察其桨叶旋向，从料筒上部看为顺时针。

（2）加入适量冰屑至置冰室。加入肉料（第一次使用及每次使用完需清理料筒内部卫生），盖上筒盖。

（3）打开电源开关，缓慢调节变频器速度旋钮至合适转速（显示数字除 1.6 即为桨叶转速），一般肉糜状馅料转速调至 600r/min，桨叶实际转速为 375r/min。下次开机时，可打开电源开关，桨叶会在 20s 内匀速升至所调转速。

（4）当机器运作时，严禁将手及其他物品伸进桶内。

（5）工作完毕，将转速调至较低，打开出料口压盖，肉料会在桨叶旋转下推至出料口。完全关闭电源，将剩余肉料清理出筒内。工作完成，清理筒内及各部件卫生。

四、 榨汁机械

在外力的作用下，将经过一系列处理后的物料中的液体通过旋转的螺旋体挤压出来的一种机械。榨汁机械有通用榨汁机和专用榨汁机。通用榨汁机当用于多种果蔬原料的榨汁时称为螺旋榨汁机械，当用于植物油料的榨汁时称之为螺旋榨油机。其工作原理是相同的，只是榨笼不同而已。

（一）螺旋榨汁机

1. 概述

螺旋榨汁机属于连续式榨汁机械，是利用压力把含在固体中的液体压榨出来的一种机械，具有结构简单、外形小、榨汁效率高、操作方便等特点。在农产品加工中主要用作从果蔬中榨取果蔬汁，从糟粕、滤饼、污泥中把液体进一步分离出来。

2. 螺旋榨汁机的主要结构

螺旋榨汁机在压榨过程中，进料、压榨、卸渣等工序均是连续进行的，主要用于压榨葡萄、番茄、菠萝、苹果、梨等果蔬原料的汁液。

螺旋榨汁机如图2－26所示，主要由压榨螺杆、压力调整机构、传动装置、圆筒筛、离合器和机架等部分组成。

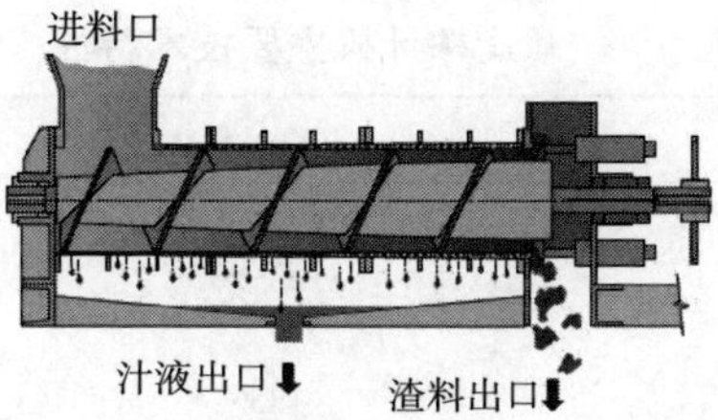

（1）螺旋榨汁示意图

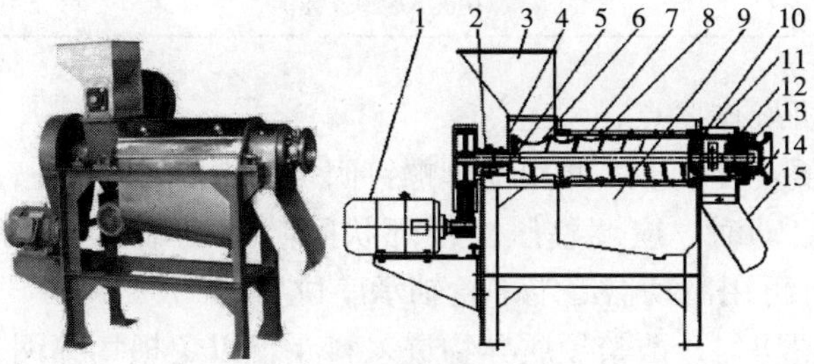

（2）螺旋榨汁机结构

图2－26 螺旋榨汁机

1—电机 2—轴承座 3—进料斗 4—前支座 5—主轴 6—螺旋 7—过滤圆筛 8—骨架 9—集汁器 10—调压头 11—后支座 12—压紧座 13—制动销 14—手轮轴承座 15—出渣斗

破碎后的果肉、汁、皮通过进料斗进入螺旋榨汁机，由于螺旋沿着料渣出口方向底径逐渐加大而螺距逐渐减小，当物料被螺旋推进时，因螺旋腔体积缩小，形成对物料的压榨。螺旋主轴的转动方向从进料斗向渣槽方向看去，为顺时针方向。原料加入进料斗中，在螺旋的推进下受压，其压榨的汁液通过过滤网流入底部的盛汁器，而废料则通过螺旋及调压的锥形部分之间形成的环状空隙排出，调压头沿轴向的移动可调整空隙的大小。用于顺时针（从设备的出渣槽向进料斗端看转动手轮轴承座时，调压头向左，空隙即缩小，反之则空隙变大）改变空隙的大小，即调整排渣的阻力，即可改变出渣率，但如果空隙过小，在强力挤压下，部分渣的颗粒会和汁一起通过过滤网被挤出，尽管出汁增加，但汁的质量相对下降，空隙的大小应视工艺要求而定，从而达到汁与渣自动分离的目的。

压榨螺杆用不锈钢制造，由两端的轴承支承在机架上。皮带轮通过离合器带动螺杆在圆筒筛内转动。螺杆各段的螺距不等，由进料口向出料口逐渐减小，而螺杆直径逐渐增大。圆筒筛一般用不锈钢板钻孔后卷成。为了便于清洗及维修，圆筒筛通常做成上、下两半，用螺栓连接安装在机壳上。筛孔孔径一般为0.3～0.8mm，开孔率既要考虑榨汁的要求，又要考虑筛体的强度。螺杆挤压产生的压力可达1.2MPa以上，筛筒的强度应能承受此压力。

3. 螺旋榨汁机的主要技术特性

螺旋榨汁机主要技术特性见表2－20。

表2－20　　螺旋榨汁机主要技术特性

项目	TK 0.5	TK 2.5
生产能力/(kg/h)	100～500	1000～2500
功率/kW	0.75	11
机重/kg	185	480
外形尺寸/mm	1000×320×980	2200×600×1560

4. 螺旋榨汁机操作要点

（1）机器必须安装水平，并用地脚螺钉固定。

（2）当设备启动时，应调整压头使环状间隙达到最大，其后间隙逐渐减小，达到工艺要求后，再用制动器固定手轮轴承座位置。

（3）进料必须均匀，严禁硬质异物进入料斗，以免损坏筛网。

（4）在每班工作之后必须用水和刷子洗刷过滤网。如果精滤纤维质较多的果汁时，须视生产情况，间增一次洗网，在压榨完毕之后用热水清洗全部机器。

（二）螺旋榨油机

1. 概述

螺旋榨油机是一种对植物油料进行连续挤压榨油的机械。其形式很多，然而所有螺旋榨油机都有类似的结构和工作原理，其区别仅在于主要组成部件的形式。

2. 螺旋榨油机的主要结构

螺旋榨油机的工作过程，概括地说，是由于旋转着的螺旋轴在榨膛内的推进作用，使榨料连续地向前推进，由于螺旋轴上榨螺螺距的缩短和根圆直径的增大，以及榨膛内径的减小，使榨膛空间体积不断缩小而对榨料产生压榨作用。榨料受压缩后，油脂从榨笼缝隙中挤压流出，同时榨料被压成饼块从榨膛末端排出。螺旋榨油机的主要工作部件是螺旋轴、榨笼、喂料装置、调饼装置及传动变速装置等。其结构如图 2－27 所示。

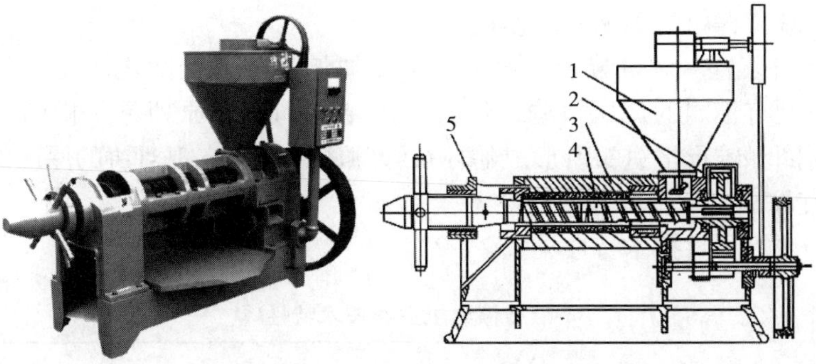

图 2－27　ZX10 型螺旋榨油机结构

1—进料部分　2—齿轮箱部分　3—榨笼部分　4—榨螺部分　5—机架部分

（1）喂料装置　除极少数的小型螺旋榨油机采用自然进料外，绝大多数机型都采用强制进料结构。其优点是喂料均匀，可防止“搭桥”，有利于进料段榨膛内榨料的预压，同时也有利于生产量的提高。

（2）螺旋轴　工作时螺旋轴不断地把榨料推向前进并对其进行压榨。由于螺旋轴对榨料的强烈挤压摩擦，所以很容易磨损。螺旋轴的结构型式有为整体式和套装式。绝大多数榨油机采用套装式螺旋轴，即将一节节榨螺（或榨螺和距圈）顺序套装在转动轴上拼装成的螺旋轴。套装式螺旋轴根据榨螺的连续与否又分为连续螺旋式和配置距圈的断续螺旋式两种。前者的特点是压榨时间短，榨膛压力大，回料少，适于冷榨和整籽压榨。如 ZX10 型螺旋榨油机即采用连续式套装螺旋轴。后者的特点是利用距圈与榨膛中刮刀的配合，使榨料在榨膛内进行翻动，避免了榨料随轴转动和油路闭塞的不良现象，同时，相对延长了压榨时间，有利于提高出油效果。

当螺旋轴与榨笼配合时将形成一个螺纹通道形式的空间，俗称榨膛。榨膛的结构和几何尺寸将影响压榨过程，诸如榨机生产能力、榨膛压力、压榨效果等。榨螺的螺纹高度决定了螺旋轴上螺纹顶面和榨笼配合所形成缝隙的大小。若此缝隙大小适宜则可保证榨机的正常工作，若缝隙增大，将使榨料“回流”增加，缝隙减少则导致榨料通过这一缝隙时产生部分过热。实践证明，榨机中最适宜的缝隙大小为1.25~1.5mm。

（3）榨笼　它通常由装笼板、榨条、凸形榨条、压板、刮刀、垫片、横梁、螺栓等部件组成。将榨条按一定的顺序装砌在装笼板的内圆面上，形成两个结构和尺寸完全相同的半圆筒，再将两个半圆筒装合起来，外面用四根横梁和若干根螺栓将其锁紧，即形成榨笼。装砌榨条时要在榨条间安放垫片，以形成榨条间纵向的流油缝隙。榨条间的垫片厚度应依据压榨工艺（压榨或预榨）、榨料的含油量、榨条的新旧程度进行选择。若选择不当，会影响出油效果和压榨毛油中的含渣量。榨条需按一定的方向装砌，装好后应使榨笼内表面具有"棘性"且使"棘性"顺着螺旋轴旋转的方向。榨条的"棘性"安装是为了增大榨料与榨笼内壁间的摩擦力，减少榨料的随轴旋转作用。

（4）调饼装置　调饼装置是用来调节出饼厚度，并能随之改变榨膛压力的部件。不同机型有不同的调饼机构，但其基本结构和工作原理是一样的，即通过调整锥形出饼圈和锥形抵饼头所形成的环行缝隙的大小，实现对饼的厚度的调节。

3. 螺旋榨油机的主要技术特性

螺旋榨油机主要技术特性见表2-21。

表2-21　螺旋榨油机主要技术特性

项目	ZX10	ZX18	ZX28
生产能力/(kg/h)	200	500	1000
动力/kW	7.5	18.5	70
机重/kg	550	5000	9160
外形尺寸/mm	1600×900×1300	2900×1850×3240	3740×1920×3843

4. 螺旋榨油机的操作要点

（1）各润滑部位及齿轮箱应按规定加注润滑油。用手扳动各传动部位，要求空载时转动轻便无异声，传动皮带应松紧适度。放松夹饼器，加大出饼间隙，以免因进料过多而造成榨膛堵塞。

（2）启动电动机，空载运转几分钟后检查运转是否正常、轴承是否发烫、齿轮声音是否正常，待运转正常后才能进料。先少量进料进行暖车，待榨膛升温后才能正常进料。因榨膛温度低时进料，榨膛压力会突然增加，引起堵塞，甚至使榨条爆裂。正常进料后，须经常注意出油、出渣、出饼及负荷情况，运转正常时，电流稳定在16A左右。

（3）停车前将所有的存料全部喂入榨膛。存料出清后，榨膛内不致结成硬块。放松夹饼器，使饼厚增大2~3倍。

（4）平时的维护保养要定时、定点、定量、定质地加注润滑油。齿轮箱每年更换5~6次润滑油，要经常注意使螺旋轴上的铜轴瓦及进料斗的轴瓦保持正常的注油润滑。

项目三 肉类预处理机械

本项目主要介绍切割机械、盐水注射机、滚揉机、填充机械的主要结构、技术特性和操作要点。肉类原料的预处理主要是对原料肉进行初步的加工，使其满足后续工艺的加工要求。原料预处理设备主要包括肉切割、腌制和灌装等机械。

一、切割机械

（一）绞肉机

1. 概述

绞肉机的功用是将大块的原料肉切割、破碎成细小的肉粒（一般为2～10mm），便于后续工艺的加工（如斩拌、混合、乳化等）。绞肉机是加工各种香肠和乳化型火腿肠的必备设备。

绞肉机按处理的原料分为普通绞肉机和冻肉绞肉机两类。普通绞肉机用于鲜肉（冷却至3～5℃）；冻肉绞肉机可以直接绞制－25～2℃的整块冻肉，也可绞制鲜肉。按绞肉机的孔板数量分为一段式（1个孔板1组刀）和三段式（3个孔板2组刀）。先进的绞肉机带有搅拌或剔骨功能。

2. 绞肉机的主要构造

绞肉机由进料斗、变径变螺距螺旋供料器、绞刀、孔板等构成，如图2－28所示。绞刀固定在螺旋供料器上随螺旋一起转动。孔板用紧固螺母固定在机壳上。

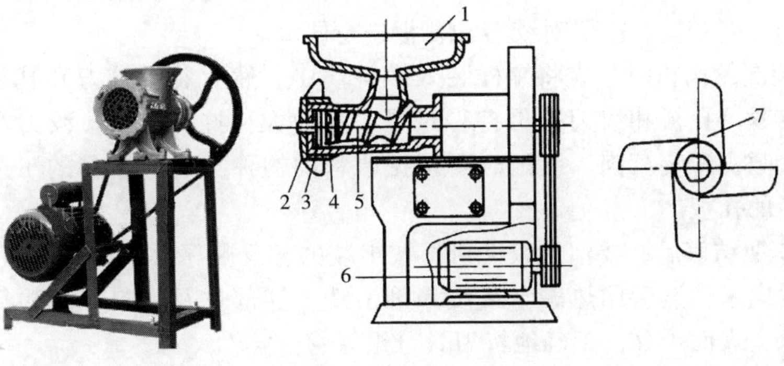

图2－28 绞肉机结构图

1—进料斗 2—紧固螺母 3—孔板 4—绞刀 5—螺旋供料器 6—电动机 7—绞刀

工作时，将经过修整（去皮、去骨、去筋膜）并切成适当大小的肉块，从进料斗加入。随着螺旋供料器的旋转，将肉从螺旋小直径端往螺旋大直径端推送。通过螺旋的推送作用使肉从孔板的孔中挤出，然后经过绞刀和孔板之间的剪切作用，将肉切断，被切断的肉粒被挤出孔板。

绞肉机的孔板可以自由拆换，使用不同孔径的孔板，可以加工出不同直径的肉粒。绞肉机的孔板孔径通常有粗孔（9～10mm）、中孔（5～6mm）和细孔（2～3mm）三种。

用细孔孔板绞制较大的肉块时，工作阻力较大，而且可能将肉中的肉汁或脂肪挤出，严重影响肉馅的质量，电动机还容易过载。如果先用粗孔孔板绞一次，然后用中孔或细孔孔板继续绞碎，既费时又费力。而用三段式绞肉机，只需一次投料，就能依次通过粗、中、细孔孔板绞出细肉馅。

3. 绞肉机的主要技术特性

绞肉机的主要技术特性见表2－22。

表2－22　　绞肉机主要技术特性

项目	JRJ－510	JRJ－500
生产能力/(kg/h)	300	500
功率/kW	3.0	5.5
机重/kg	130	85
外形尺寸/mm	800×510×960	680×500×1020

4. 绞肉机操作要点

（1）在绞肉前，要检查孔板和刀刃是否吻合。方法是将刀刃放在孔板上，横向观察有无缝隙。如有缝隙，在绞肉过程中，肌肉膜和结缔组织就会缠绕在刀刃上，妨碍肉的切断，破坏肉的组织细胞，削弱了添加脂肪的包含力，导致结着不良。使用时要把绞刀和孔板编成组，避免混用。由于经常使用造成磨损，使刀刃和孔板的吻合度变差，需要对绞刀和孔板进行研磨。

（2）装配绞肉机时，先将螺杆装入螺旋筒中，然后装上绞刀和孔板，最后用紧固螺母拧紧。孔板和绞刀螺母拧得过紧，阻力大；拧得过松，绞刀和孔板之间就会产生缝隙，影响绞肉。装配时要根据原料肉的种类和肉制品的工艺要求，选择不同孔径的孔板。

（3）作业结束后，要清洗绞肉机。按组装的相反顺序拆下孔板、绞刀和螺杆，清理表面的肉末，然后用热碱水或洗涤剂清洗上述部件及进料斗和机筒等。清洗干净后，擦去表面水分，正确地将刀具分组保管。

（4）绞肉前要对肉块适当切割，而且要剔除骨、筋、脂肪和肉皮，这样才能使绞肉速度快，质量好。脂肪要单独绞切，喂入量不能过大。投料后用填料棒喂料，严禁用手喂料，以免发生事故。

（二）斩拌机

1. 概述

斩拌机的功用是对经过绞制的肉馅进行斩切，使肉馅产生黏着力，并将肉馅与各种辅料（冰屑、香辛料、调味剂等）进行搅拌混合，形成均匀的乳化物。通过乳化处理，使灌肠类产品的细密度与弹性大大增强。因此，斩拌机是加工乳化型产品或肉糜－肉块结合型产品的关键设备之一。

斩拌机分为普通型和真空型两类。真空斩拌机的优点是：避免空气打入肉糜中，防止脂肪氧化，保证产品风味；可释放出更多的盐溶性蛋白，得到最佳的乳化效果；可减少产品中的细菌数，延长产品贮藏期，稳定肌红蛋白颜色，保护产品的最佳色泽。

2. 斩拌机的主要构造

斩拌机由盛装物料的斩肉盘、高速旋转的切割刀具和出料机构组成。这三部分分别用一台或两台电动机驱动。真空斩拌机还配有真空泵、真空盖和密闭系统等。真空斩拌机的结构如图 2－29 所示。

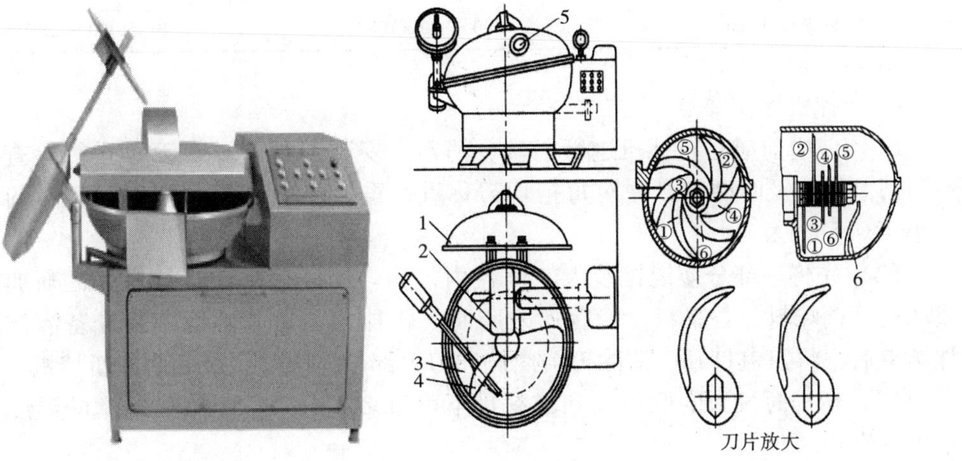

图 2－29　真空斩拌机

1—机盖　2—刀具　3—斩肉盘　4—出料转盘　5—视孔　6—刮板

①～⑥为刀片编号

斩肉盘用不锈钢制造。电动机的动力通过三角皮带和蜗轮蜗杆减速后，由棘轮机构带动斩肉盘轴，驱动斩肉盘单向旋转，转速为 6～10r/min。斩肉盘逆时针方向转动。

切割刀具由 3～6 把刀片组成，安装在刀轴上。刀具上方有保护和防止肉料飞溅的刀盖。刀轴由一台电动机通过三角皮带带动高速旋转，转速可以调节（2～3 挡）。打开刀盖时，刀具自动停止转动，以保证安全。

出料机构由一台电动机通过齿轮减速机带动转轴和出料圆盘转动，整个机构可自由活动。斩拌时将出料盘向上抬起，圆盘不转。出料时，将出料机构放入斩肉盘内，接通电源，出料圆盘转动进行出料。

斩拌机工作时，先加入一部分瘦肉馅，开动刀具调整斩拌转速。然后开动转盘低速转动，按斩肉盘的容量逐渐加入其他肉馅、冰屑、调味料等。一般2～5min就可以把肉馅斩成肉糜。斩拌后整机转入搅拌速度状态，由出料机构将肉糜从斩肉盘内排出。

3. 斩拌机的主要技术特性

斩拌机的主要技术特性见表2－23。

表2－23　斩拌机主要技术特性

项目	ZB－40	ZB－80
生产能力/(kg/锅)	30	60
功率/kW	5.1	13.98
机重/kg	1000	1400
外形尺寸/mm	1100×830×1080	1820×1380×1260

4. 斩拌机操作要点

(1) 使用前应对斩拌机进行清洗、消毒。安装刀具前要对刀具进行检查，如果刀刃磨损应及时磨利，并对每把切刀称重，重量差小于1g。切刀与转盘的间隙应小于0.5mm。

(2) 先将一部分瘦肉馅装入斩肉盘内，均匀铺开。开动斩拌机，逐渐加入水或冰屑、调味料、香辛料，然后加入脂肪。斩拌均匀后立即取出，准备灌制。斩拌结束后，将刀盖打开，清除刀盖内侧和刀刃部位的肉糜，最后清洗斩拌机。

(3) 斩拌时投入的原料量和辅料量不可过多或过少，否则对肉糜的温度和保水力有影响。

(4) 斩拌时应先启动刀轴电动机，待转速正常后，再启动斩肉盘电动机。工作中途停机时，应先使斩肉盘停止转动，再使刀轴停止转动。

二、 盐水注射机

1. 概述

盐水注射机的功用是将腌制液迅速均匀地注射到肌肉组织中，这样可以加快腌制速度，使盐水均匀扩散、渗透，可缩短2/3的腌制时间，提高肉制品的质量，改善肉制品的保水性和出品率。盐水注射机有常压式和真空式两类。真空式盐水注射机的贮肉槽处于真空状态，可加速盐水在肉中的渗透和扩散。国产的盐水注射机多为常压式。

2. 盐水注射机的主要结构

盐水注射机的构造如图2－30所示，由电动机、曲柄滑块机构、针板、注射针、输送链板、盐水泵等组成。

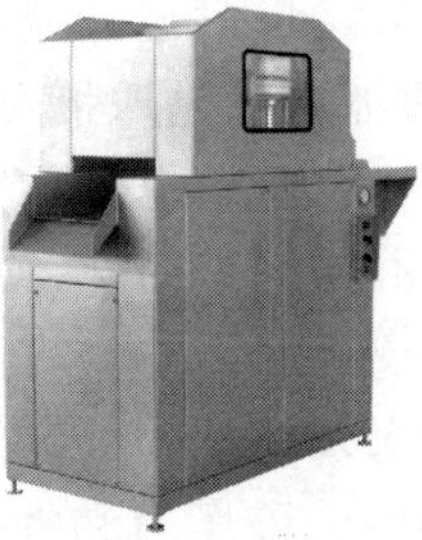
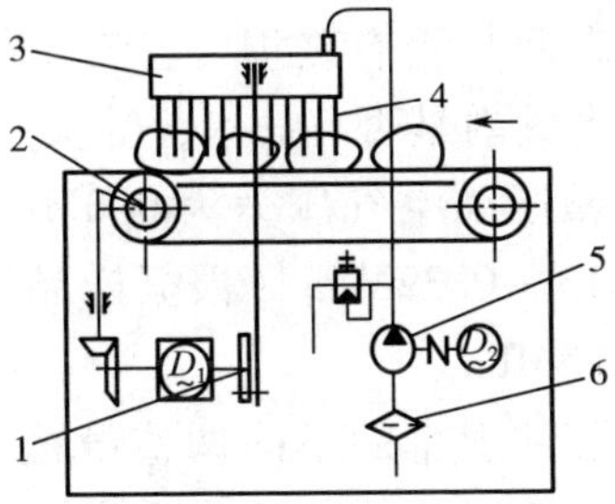

图 2－30　盐水注射机工作原理图

1—曲柄滑块机构　2—棘轮机构　3—针板　4—注射针　5—盐水泵　6—过滤网

盐水注射针由管径为 3～4mm 的不锈钢无缝管制造，长度 180～200mm。针的顶端堵死，并磨出锋利的针尖，在离针尖 5～10mm 的管壁上，开有 1～1.5mm 的小孔 3～4 个，最多可达 20 个。

注射针的安装方法有两种：一种是固定安装，即将针座上的螺纹拧进针板的螺孔内。这样所有注射针随针板上下同步运动，主要适用于去骨肉的注射。另一种安装方法是弹性安装，即针头通过弹簧座安装在针板上，注射时所有的注射针除随针板一起上下运动外，每支针还可以相对针板独立运动。这样，当一个或几个针头遇到硬物而不能下降时，不会影响整个针板的继续下降，也不会损坏注射针，因而可以用于带骨肉和鸡等原料的注射。

盐水注射针（几十个）固定在针板上，由曲柄滑块机构带动针板上下、往复运动。腌制液由盐水泵送入针板，由针板分配到各个注射针上，将腌制液迅速均匀地注射到肌肉组织中去。棘轮机构带动输送链板间歇向前运动，放到输送链板上的肉块，由输送链板将肉块逐步向前输送。注射盐水后的肉块从输送链板上滑入肉车中。

3. 盐水注射机的主要技术特性

盐水注射机的主要技术特性见表 2－24。

表 2－24　　盐水注射机主要技术特性

项目	GT 80	GT 160
生产能力/(kg/h)	600	1000
功率/kW	5.1	7.0
机重/kg	480	620
外形尺寸/mm	1350×900×1620	1650×950×1620

4. 盐水注射机的操作要点

(1) 机器运行之前，需首先检查盐水管道、压缩机管道是否连接牢靠，电源线是否连接正常，表面是否有破损，各安全开关、控制按钮是否完好，各安全门是否关闭到位，盐水槽内是否有盐水，针头、过滤网、输送带安装是否到位。

(2) 检查、调整压缩空气压力为0.6MPa，压肉板的气压为0.6MPa，注射针头的推进气压为0.15～0.32MPa（根据产品的不同而调节，产品越疏松，压力越小，通常调整为0.25MPa）。

(3) 根据产品和注射率的不同调整设置盐水泵的压力、针头注射率和活动床的步进距离（盐水泵的压力最大不得超过0.4MPa，该压力和针头注射频率必须在运转状态下调整）。

(4) 根据产品和注射率的不同选择适当的针头注射方式：①针头向下运动时注射；②针头向下运动和向上运动时均注射；③连续注射，通常在清洗针头时用。

(5) 检查调整正常后，可开机运行，在运行过程中，应密切注意前后注射器的动作和传送是否协调。

(6) 注射前的产品要摆放得厚薄、间距均匀平整，以保证注射效果均匀一致。

(7) 配制好的盐水必须通过过滤网灌入盐水槽内，严禁在槽内无水的情况下启动盐水泵，盐水槽内的水温不可超过45℃。

(8) 严禁在任何情况下硬拨针头，以免损坏活塞。

三、 滚揉机

滚揉机的功用是将已经注射和嫩化的肉块进行慢速柔和地翻滚，使肉块得到均匀的挤压、按摩，加速肉块中盐溶蛋白的释放及盐水的渗透，增加黏着力和保水性能，改善产品的切片性，提高出品率。滚揉机是生产大块肉制品和西式火腿肠的理想设备。滚揉机按肉块的滚揉方式可分为滚筒式和搅拌式（按摩式）。按压力情况分为常压式和真空式。按滚筒的配置分为立式和卧式。

（一）立式滚揉机

1. 概述

立式滚揉机的功用是将注入盐水的肉块进行慢速摩擦挤压柔和，使肉块内的腌制液迅速均匀地注射到肌肉组织中，这样可以加快腌制速度，使盐水均匀扩散、渗透，可缩短2/3的腌制时间，提高肉制品的质量，改善肉制品的保水性和出品率。国产的立式滚揉机多为常压式。

2. 立式滚揉机的主要结构

立式滚揉机是由一个方形不锈钢桶作盛肉容器，桶口固定一个横梁，横梁上安装有带搅拌叶片的电动机，由于搅拌轴垂直于地面，故称立式滚揉机，如图2－31所示，搅拌轴可无级调速，也可固定挡变速。这种滚揉机可以移动，在盐水注射机旁装料，在腌制间内滚揉，在充填机处出料。它的电器控制装置一般不安装在机器上，而固定在腌制间的墙上，这样对电器比较安全。由于轴的转速很低，作用比较平稳，所以滚揉时的装肉量可达容器体积的80%。肉在滚揉机中停留时间一般要达24h，滚揉机的材料基本都采用不锈钢。这类滚揉机大部分没有真空装置。

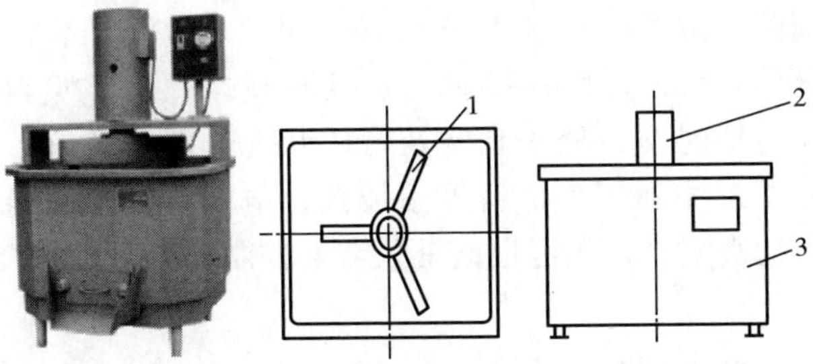

图2-31　立式滚揉机

1—搅拌桨　2—电动机　3—盛肉容器

3. 立式滚揉机的主要技术特性

立式滚揉机的主要技术特性见表2-25。

表2-25　立式滚揉机主要技术特性

项目	LGR-320	LGR-600
生产能力/(kg/d)	200	400
功率/kW	1.5	4.5
机重/kg	350	500
外形尺寸/mm	500×500×1200	800×800×1450

4. 立式滚揉机操作要点

(1) 在开机前，要检查转动装置是否灵活，锅内是否清洁卫生。

(2) 作业结束后，要清洗滚揉机。清理表面的肉末，然后用热碱水或洗涤剂清洗上述部件及机筒等。清洗干净后，擦去表面水分。

(3) 滚揉前要对肉块适当切割，这样才能使滚揉速度快，质量好。喂料量不能过大。工作时严禁用手喂料，以免发生事故。

(二) 卧式真空滚筒滚揉机

1. 概述

卧式滚揉机主要以真空滚揉机为主，是在真空状态下，利用物理冲击原理，让肉块或肉馅在滚筒内上下翻动，相互撞击、摔打，从而达到按摩、腌渍作用。提高盐溶性蛋白质的提取效率，使腌制液在肉内均匀分布并被充分吸收；增强肉的结着力，提高产品的弹性；改善制品的切片性，防止切片时产生破碎；增加保水性，提高出品率；增加产品的柔嫩性和结构稳定性。

2. 卧式真空滚筒滚揉机的主要结构

卧式真空滚筒滚揉机如图2－32所示。外形为一卧置的滚筒，滚筒内壁有螺旋叶片。将需要滚揉的肉料装入滚筒内，随着滚筒的转动（2～15r/min），肉在滚筒内上下翻动。先是被不锈钢滚筒内壁的螺旋形叶片带动上升，而后靠自重下落拍打滚筒低处的腌制液。由于肉块在上升和下落的同时也互相碰撞，因此也达到揉搓的效果。桨叶设计独特，正转滚揉摔打、反转按摩；真空吸料，反转出料，呼吸式滚揉使原料在滚揉时交替处于真空及常压状态，能有效缩短滚揉时间。大口径粉料填料口可方便地添加相关辅料等添加剂；电脑控制滚揉机正转、反转、间歇、充气、转速、抽真空、常压可根据工艺需要控制，并自由组合。

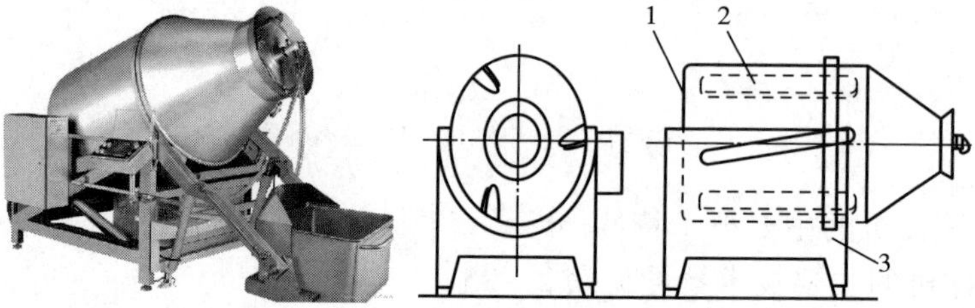

图2－32　卧式真空滚筒滚揉机

1—滚筒　2—螺旋叶片　3—机架

3. 卧式真空滚筒滚揉机的主要技术特性

卧式真空滚筒滚揉机的主要技术特性见表2－26。

表2－26　　卧式真空滚筒滚揉机主要技术特性

项目	WGR－200	WGR－500
生产能力/(kg/罐)	100	500
功率/kW	2.25	3.0
机重/kg	330	490
外形尺寸/mm	1500×1000×1500	2000×1000×1500

4. 卧式真空滚筒滚揉机操作要点

（1）使用前检查电线有无破损、电线和设备有无漏电、带电及其他故障，清理机器上其他物品，如有问题及时报告班组长并报维修部门，维修后再使用。

（2）检查滚揉机内卫生情况，将异物清出，无异味。

（3）滚揉前，用清水冲洗洁净，并空载运转5min，检查各转动部件是否正常工作。

(4) 打开投料口，投入物料。打开真空泵启动开关，真空泵开，由电接点真空表的设定范围自动控制真空泵启停。

(5) 打开滚揉开关，机器即进入自控循环工作状态；滚揉总时间到，机器即停止滚揉工作；关闭滚揉开关盒真空泵启动开关；打开回气开关，放尽真空压力卸下筒盖；打开出料开关，筒体正转即自动出料。

(6) 每次滚揉工作结束后，须用开水冲洗干净，按出料按钮筒体正转，放尽污水，保证筒体内不存在残留物。关闭电源总开关。

四、 充填机械

经过绞肉、斩拌、搅拌、滚揉等加工处理后的肉馅，要根据灌制品的工艺要求，选择所需的肠衣，制成各种大小不同、形状不同的肠制品。因此需要用灌肠机进行灌制与成型。

(一) 灌肠机

1. 概述

灌肠机又称充填机，是将斩拌机、搅拌机和滚揉机混合好的肉馅，在动力作用下填充到人造肠衣或天然肠衣中，形成各种肠类制品的机器。灌肠机的类型较多，按使用的动力分为气压式、液压式、机械式等；机械结构分为活塞式和机械泵式；按肉馅的压力情况分为常压式和真空式；按工作方式分为连续式和间歇式等。

2. 活塞式灌肠机的主要结构

活塞式灌肠机的结构如图 2 - 33 所示，由装肉料斗、灌装嘴（1 ~ 2 个）、肉缸、挤肉活塞、液压油缸、液压油泵等组成。

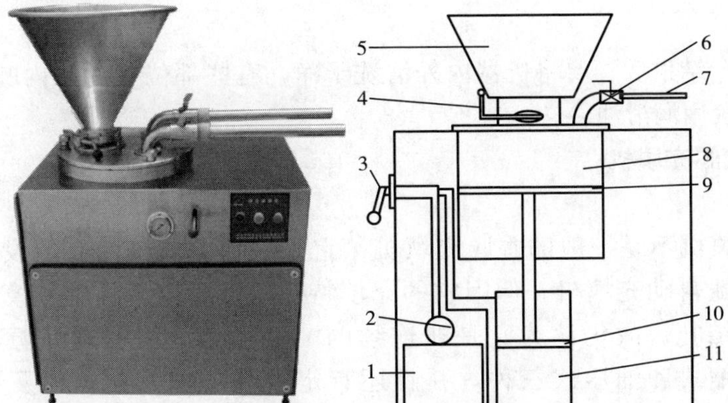

图 2 - 33　活塞式灌肠机

1—液压油箱　2—液压油泵　3—控制阀　4—进料阀门　5—装肉料斗　6—灌装阀门　7—灌装嘴　8—肉缸　9—挤肉活塞　10—液压活塞　11—液压油缸

工作时，先将肉馅放入装肉料斗内，启动液压油泵，用控制阀使液压油进入液压油缸上腔，液压活塞带动挤肉活塞向下运动，将肉馅吸入肉缸。灌肠时，关闭进料阀门，操作控制阀，使液压油进入液压油缸下腔，由液压活塞带动挤肉活塞上行。将准备好的肠衣套在灌装嘴上，逐渐开启灌装阀门，使肉馅均匀地充入肠衣。肉缸内肉馅装完后，使活塞下行，打开进料阀门，在重力和肉缸的负压作用下，肉馅又进入肉缸，进行下一批次的灌装。该机的特点是结构简单、操作方便，灌装量可以根据需要调节，可换装不同口径的灌装嘴，适用于不同材质的肠衣，在大中小型肉制品厂普遍使用。

3. 活塞灌肠机的主要技术特性

活塞灌肠机的主要技术特性见表 2－27。

表 2－27　　活塞灌肠机主要技术特性

项目	YG－30	YG－50
生产能力/(kg/h)	300	500
功率/kW	1.5	1.5
机重/kg	483	560
外形尺寸/mm	1020×590×1320	1150×700×1760

4. 活塞灌肠机操作要点

（1）开机前先要检查各连接部位的情况，并清洗机器，做好准备工作。

（2）按工艺要求选择合适的灌装嘴，安装与之相配的肠衣。

（3）检查无误后，开始灌装。灌装过程中要注意观察肠制品紧实度和金属卡扣密封情况。

（4）生产结束后，要将机器内外清洗干净，有些部位（如泵内叶片、出料嘴等）要加注食用润滑油。

（二）火腿充填机

1. 概述

火腿充填机不是一般的香肠充填机，它是一种非连续的充填设备。尽管有人称之为火腿自动充填机，但因它的充填特征是使用成个的罐、模或肠衣进行断续填充和结扎，故仍认为它是非连续的。这种充填机按动力源可分为手动式、空气压缩式和油压式三种。并且还有定量和非定量充填以及卧式和立式之分。

图 2－34 所示为一种定量火腿充填机，采用叶片泵填充，伺服电机传动，触摸屏显示，微机控制，是全自动真空定量灌装机。使用伺服电机驱动叶片泵，很好地保证分份精度，传递物料轻柔，所受压力最小，而且灌装速度、重量可调。

真空装置和可靠的密封系统，使整个灌制过程在有效的真空下进行，不仅保证物料的均匀密实，而且有利于减少脂肪氧化，避免蛋白水解，保证原有肉质结构。料斗的翻转装置不仅能使料斗松卡后倾斜，以便于泵室的彻底清洗，而且具有弹性锁紧功能，使密封更可靠。采用优质不锈钢材料制造，叶片填充泵为耐磨性能好的特殊不锈钢制成，操作部分采用触摸屏显示，操作方便，维护保养便捷，并设有安全防护装置。它利用上料装置将盛肉料的小车举起，把腌制好的肉块倾倒在机器台料斗里面；然后启动进料调节机构将肉块落入挤压盛肉缸筒里，在其出口端有一个可以开合的充填嘴，充填嘴将肠衣口张紧，挤压推动料缸筒中的滑块将肉推入肠衣。

图 2－34　定量火腿充填机示意图

2. 火腿充填机的主要技术特性

火腿充填机的主要技术特性见表 2－28。

表 2－28　　火腿充填机主要技术特性

项目	QG04	QG05
生产能力/(kg/h)	1000	3000
功率/kW	3.5	4.0
机重/kg	410	490
外形尺寸/mm	1100×1030×1850	1970×1125×1780

3. 火腿充填机操作要点

（1）开机前先要检查各连接部位的情况，并清洗机器，做好准备工作。

（2）全自动真空定量装置，设定单位定装填量。

（3）按工艺要求选择合适的灌装嘴，冲洗干净后安装到出料口上。

（4）检查无误后，开始真空定量灌装。灌装过程中要注意观察肠制品情况和料斗的肉块情况，必要时补充肉块和调整灌装量。

（5）生产结束后，要将机器内外清洗干净，有些部位（如挤肉活塞、泵内叶片等）要加注食用润滑油。

（三）结扎机

1. 概述

自动扎线机属气动单路半自动型，不锈钢制造，结构紧凑，使用方便。火腿肠扭结扎线机是结扎羊肠衣、猪肠衣、蛋白肠衣、塑料肠衣等的理想设备，分单路、双路与灌肠机连机使用。

2. 结扎机的主要结构

火腿肉料在填入肠衣以后，一般要用结扎机结扎，并将肠中的空气排掉，如图2－35所示。先利用夹紧气缸将未打卡一端的肠头夹紧在滑台上，肠衣内盛有肉料的另一端被挡在打卡头的右边，当开动拉紧气缸拉动滑台左行时，火腿料在肠衣中被挤向右端，此刻人工在肠衣外扎小针眼放气。视肠衣肉料已挤压紧实，空气也放出时，开动打卡气缸用铝卡结扎好肠衣左端并切断。使装置恢复原位，取下已充填结扎完的火腿肠和废肠衣即完成了全部工作。

图2－35　结扎机工作原理图

对于定量火腿充填机，实际上就是在上述机型的缸筒和充填嘴之间加一个定量转盘，用一定体积来确定被充填的重量。火腿除采用充填机利用人造肠衣包装外，还可以采用金属罐包装和模制塑料包装。

3. 结扎机的主要技术特性

结扎机的主要技术特性见表2－29。

表 2-29　　结扎机主要技术特性

项目		ZAP-1150	ZAP-3000
生产能力/(支/min)		60	240
功率/kW		5	8
适用肠体	直径/mm	9~40	40~80
	长度/mm	20~400	30~450
重量/kg		125	460
外形尺寸/mm		1150×520×1000	3000×110×2250

4. 结扎机操作要点

(1) 先检查往复台各部位安装是否良好，螺丝有无松动，往复台有无异物。

(2) 把安全开关置于“停止”位置，同时将制动马达转换开关置于“开”位置，以手动方式使往复台往复一次。检查结扎模具有无异物干扰。

(3) 对于操作过程中出现的电器、机械方面的问题及时找维修工处理。

(4) 操作和维修时不得戴手套。设备运转时或手动过程中，手或异物不准接触运动部位。

(5) 运转操作一定要由一个人单独进行，尤其往复台内部的拆解和组装调整工作，不能有另外的人插手。

(6) 维修或操作设备必须集中精力，衣帽整齐，严禁敞开袖口、衣襟或披露头发。

(7) 维修设备和操作人员不得交叉作业。刷洗或维修设备时必须断电挂牌后才能进行。

项目四 谷物预处理机械

本项目主要介绍筛选机械、去石机械、磁选机械、形状分级机械、颗粒分级机械、色选机械的主要结构和操作要点。

一、筛选机械

筛选机械用于粮油加工的原料均有一些杂质需要清除，这些杂质含量在1%~3%，有时甚至更高，若不清除，就会影响产品纯度、质量及气味，降低出品率，有时甚至会损坏机器设备，引起生产事故。因此，在原料进行加工制备之前必须将其进行清理除杂。

对物料清理的方法主要是根据物料与杂质在粒度、相对密度、形状、表面状态、硬度、磁性、气体动力学等物理性质上的差异，采用筛选、相对密度分选、磁选、风选等方法和相应设备将杂质去除。

筛选是利用物料和杂质在颗粒大小上的差别，借助含杂物料和筛面的相对运动，通过筛孔将大于或小于物料的杂质清除掉。油脂工厂常用的筛选设备有振动筛、平面回转筛、旋转筛等。所有的筛选设备都具有一个重要的工作构件即筛面。

1. 筛面

（1）筛面的形式和材料　常用的筛面形式有两种，即筛板和筛网。筛板用薄钢板冲制而成，坚固耐用，可以按照物料和杂质的外形冲制成各种形状的筛孔，而且在使用过程中不易变形，筛板常用来清理大颗粒的物料。筛网用金属丝编织而成，筛面利用率高，处理量较大，筛孔边缘光滑，物料易于穿过筛孔而不易卡料，筛网常用于清理小颗粒的物料。

（2）筛孔的大小和形状　利用筛选设备对物料进行清选，首要的是要选择合适的筛孔尺寸。当假设筛选的物料混合物由三部分组成：净籽、小杂质和大杂质，而且每一部分的粒度组成互相不重叠。

筛板上的筛孔，可以按照筛选物料或杂质的外形冲制成各种不同的形状，工厂多采用圆形或长圆形筛孔，有时也冲制成六角形筛孔。筛网上的筛孔是由金属丝编制而成的，故其筛孔的形状只有正方形和长方形两种。

（3）筛板上筛孔的排列方式　筛选效果的好坏与筛面上的筛孔总面积的大小有关，而筛孔总面积又与筛孔的形状及其排列方式有着密切的关系。

筛孔的排列方式有直线排列和交错排列两种，如图 2－36 所示。直线排列又称正方形排列，交错排列又称正六角形排列。

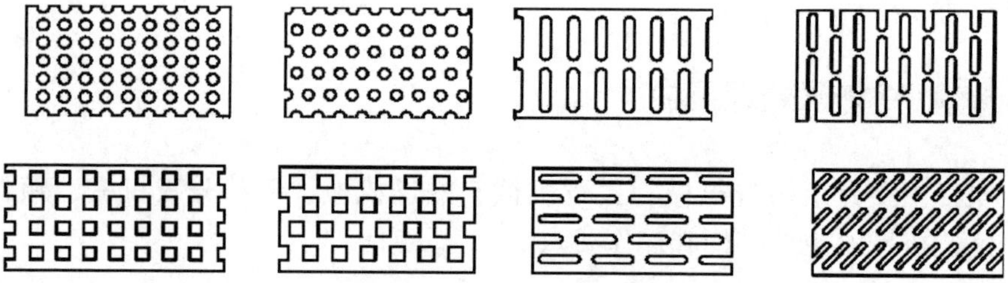

图 2－36　筛孔的排列方式

（4）筛面组合　若要利用一台筛选设备同时将物料中的大杂和小杂都清选出去，或将物料按颗粒大小不同进行分级，就必须通过若干层不同筛孔的筛面进行组合来实现。组合筛面筛选出的物料种类数等于所用筛面的张数加一。筛面组合的方式按筛面形式分，可以是同种筛面的组合，也可以是不同种筛面即筛板和筛网的组合；筛面组合的方式按筛孔大小分，可以是筛孔由大到小，它适用于多层的振动筛和平面回转筛，也可以是筛孔由小到大，它适用于各种旋转筛。

2. 振动筛

振动筛又称振动平筛，是指筛面在工作时做往复运动的筛选设备。由于振动筛清理效率高，工作可靠，因而是工厂应用最广泛的一种筛选设备。

（1）自衡振动筛的结构　如图 2 - 37 所示为常用的振动清理筛（也称自衡振动清理筛）示意图。物料通过进料管进入带有偏心锥形漏斗的进料口，通过布筒进入喂料箱的散料板上。散料板为可调节式，锥形漏斗可以旋转使物料正确地落到散料板中间。随着筛体的振动，物料均匀地撒在进料箱的底板上，并沿底板流到筛面的整个宽度上。在喂料箱与筛面的连接处安装有一个压力门，使物料流能均匀分散于同一高度。物料通过压力门后布满了第一层筛面，第一层筛面的筛下物落到第二层筛面上，筛上物（大杂）则由旁边的出料口导出。第二层筛面的筛下物（小杂）落到底板上，从位于机器中部的出料口导出。第二层筛面的筛上物经过压力门导出到垂直吸风分离器进行风选，去除尘土和轻型杂质，垂直吸风分离器可通过调节手轮进行调节，以达到最佳的分离状态。从垂直吸风分离器排出的即是清理后的净料。振动电机位于机器两侧的中部，使筛体不断地进行往复运动。即在电动机的转轴两端安装扇形偏重块，把旋转引起的离心力作为振动力。此振动电机对称安装在筛体两侧，产生的振动力直接带动筛体作往复运动：通过对扇形偏重块安装夹角的调节来选择筛体的振幅；通过调节两侧电机相对筛体的装置角度，可由 0 ~ 45°选择筛体运动轨迹与筛面的夹角，即抛角，一般为 10°左右；选择合适的抛角将有利于物料的自动分级及小粒穿孔。

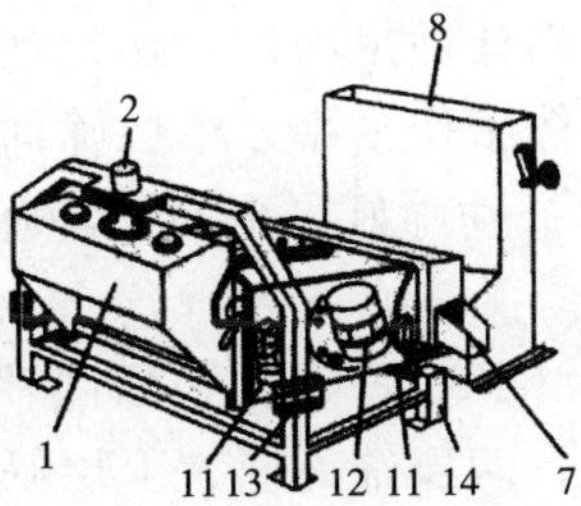

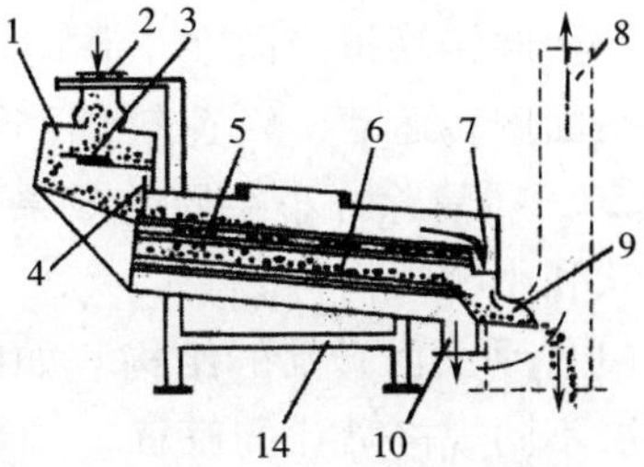

图 2 - 37　振动筛的外形及结构

1—喂料箱　2—进料口　3—可调分料淌板　4—均布挡板　5—上层筛面
6—下层筛面　7—大杂出口　8—配套风选器　9—出料口　10—小杂出口
11—空心鼓形橡胶垫　12—振动电机　13—可调支架　14—机架

（2）自衡振动筛的技术特性见表 2 - 30。

表 2－30　　自衡振动筛技术特性

项目	SZ・50×2	SZ・80×2
生产能力/(kg/h)	4000	5000
功率/kW	风机 2.2、振动器 0.8	风机 2.2、振动器 0.8
机重/kg	1050	1200
外形尺寸/mm	2222×1290×2210	2222×1550×2210

（3）自衡振动筛操作要点

①开机前须检查筛体的自由振动状态，各物料通道是否通畅，各紧固体是否松动失常。

②开机时先开相关风机，再启动振动机构，设备运转平稳后开始进料。控制流量。根据物料含杂情况，掌握适宜的流量，以使喂料均匀，厚薄一致。一般情况下，筛选设备的工作流量可相对设计产量±20%左右。

③应定期检查除杂效率及设备的运动状态。每天须检查喂料机构及筛面工作状态，为使筛孔通畅应经常清理筛面，使筛孔通畅，筛孔通畅率要保持在80%以上；清理橡皮球，一旦磨损须及时更换，以保持足够的筛面自动清理能力。

④注意检查筛面、橡胶支撑块、吊杆等易损件的状态，定期维护振动电机及振动机构的轴承、传动装置。停机顺序为先停止进料，再关闭振动机构电源，最后关闭风机。

3. 平面回转筛

平面回转筛是筛面在工作时随筛体做平面回转运动的筛选设备。其特点是筛体做平面回转运动，转速较低，筛体工作平稳，单位筛面宽度上的流量比振动筛约高50%，清除细小杂质的效果比振动筛好。平面回转筛常用于清理米糠、芝麻等粉状和小颗粒物料。

（1）平面回转筛的结构　如图 2－38 所示，平面回转筛的筛体内装置有两层或多层不同规格筛孔的筛面。当装置两层筛面时，上层筛面用于清理物料中的大杂质，下层筛面用于清理物料中的小杂质。上下筛面均为前后两段并做成抽屉形式。筛面下装有橡皮球清理机构，自动清理筛面。筛体用弹性吊杆支撑在机架上，筛面倾角为8°～10°，转速为100～200r/min，偏心距为12～40mm。筛体的底部中间安装有传动架，它的作用是承吊偏重的三角带轮。在筛体进料口端的下部，有电机支架和倒置在支架上的电动机。电机上的三角带轮传动偏重三角带轮，带动整个筛体做平面回转运动。为防止灰尘外逸，影响车间卫生，在进料口和出料口装有吸风管道，空气从机器底部进入，穿过进出料口的物料层，吸走物料中的轻型杂质及灰尘，由除尘设备进行处理。

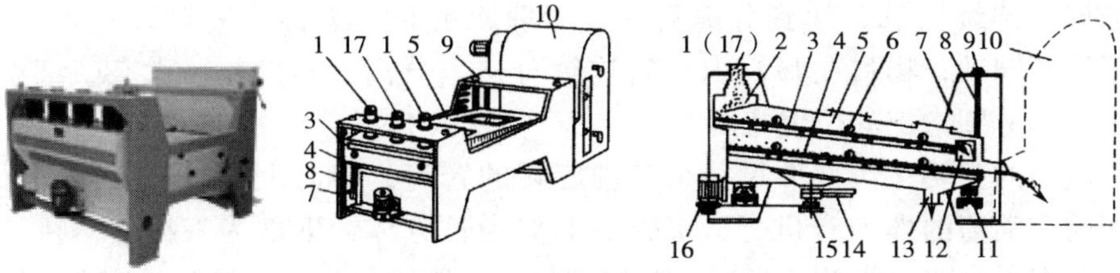

图 2 - 38　平面回转筛的结构

1—进口　2—均流淌板　3—上层筛面　4—下层筛面　5—筛体　6—筛面偏心压紧装置　7—机架　8—吊挂钢丝绳　9—钢丝绳调节螺母　10—配套风选器　11—限振器　12—大杂出口　13—小杂出口　14—可调偏重块　15—塔形三角带轮　16—电机　17—吸风口

（2）平面回转筛的技术特性见表 2 - 31 所列。

表 2 - 31　平面回转筛技术特性

项目	TQLM63	TQLM125
生产能力/(kg/h)	5000	16000
功率/kW	0.37 ~ 0.55	0.55 ~ 0.75
机重/kg	630	850
外形尺寸/mm	1780 × 930 × 1200	2030 × 1550 × 1200

（3）平面回转筛操作要点

①为保证良好的筛选效果，必须保证筛选设备的单位负荷量及均匀性。筛面单位负荷量过大，将使筛面上的料层加厚，造成自动分级困难，同时会导致筛体振幅或回转半径减小等，影响筛选效率。若流量过小，则筛面料层过薄，筛体的振幅或回转半径将增大，易使物料在筛面上发生跳动，使筛选效果降低，同时亦会降低筛选设备的产量，使设备利用率降低，通常料层厚度控制在 10 ~ 15mm 为宜。

②要注意筛选设备进出料口的通畅，防止杂草麻绳等大杂造成的堵塞。

③注意检查筛面、筛面清理机构、振动机构的情况，定期检查设备的运行状况和筛选效果，定期维护设备等。

4. 圆筒筛

圆筒筛是采用双层直圆柱筛筒，且筛筒倾角为可调式，可根据用户实际需要调整筛筒的倾角，以改变物料在筛筒内的下滑速度，原粮通过筛筒的旋转实现连续清理，把其所含的大于内筛孔孔径的大杂质和小于外筛孔孔径的细杂质分离出来流向指定位置，达到满意的清理效果。圆筒筛具有传动平稳、噪声小、耗能低、处理量大、清理效果好、维护方便、使用寿命长等优点。

（1）圆筒筛结构　圆筒筛主要是利用粮食颗粒与杂质颗粒的大小不同，通过筛筒的旋转连续筛选，达到分离目的。清理原粮时，物料从进料口进入筛筒内，通过筛筒的转动，物料在筛筒内进行连续分选、分离，其净粮、大杂、细杂、轻杂质则按其分别指定的位置流出。

圆筒筛的主要工作部件是一个随轴旋转的转筒，转筒上绕以筛板或筛网，称之为筛筒。筛筒的外面有机壳，机壳的上部为长方体，下部为三棱体，在三棱体的底部装有一台双向螺旋输送器。筛选棉籽时，距进料端1/3筛筒长度上，筛孔直径为3～4mm，后面2/3筛筒长度上，筛孔直径为16～19mm。前段筛面筛出细小杂质，后段筛面筛出棉籽，大杂质则从筛筒末端排出机外。筛出的细小杂质和棉籽由下面的螺旋输送器分别向两端送出机外。圆筒筛的结构如图2－39所示。圆柱形的筛筒固定在倾角为5°左右的旋转轴上，进料端高，出料端低，以便物料向出料口流动。筛面通过一组紧贴筛筒外壁安装的毛刷，依靠筛筒的旋转而自动进行清理。

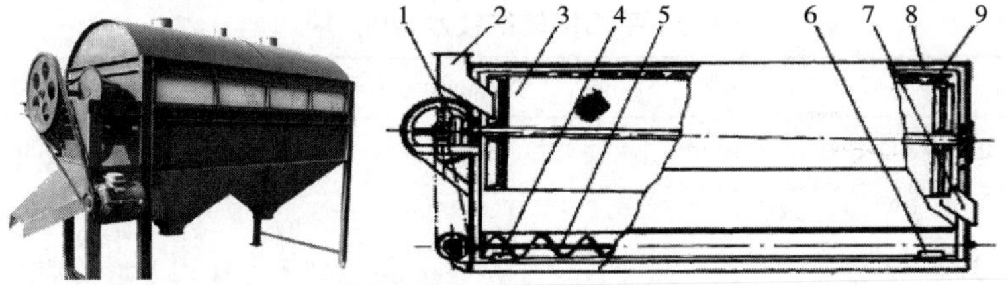

图2－39　圆筒筛结构

1—传动机构　2—进料口　3—筛筒　4—小杂出口　5—双向绞龙
6—净料出口　7—大杂出口　8—筛架　9—毛刷

（2）圆筒筛主要技术特性见表2－32。

表2－32　圆筒筛主要技术特性

项目	YSY1827	YSY1845
生产能力/(kg/h)	80000	180000
功率/kW	5.5	11
机重/kg	650	890
外形尺寸/mm	4700×2200×2860	6500×2200×3000

（3）圆筒筛的操作要点

①开机检查：开机前须检查筛体的各物料通道是否通畅，各紧固体是否松动、失常。

②控制流量：根据物料含杂情况，掌握适宜的流量，以使喂料均匀，厚薄一致。若流量过大，则筛面的流层增厚，这样，物料在筛面上不仅难以形成自动分级等现象，而且影响清理效果；反之，若流量过小，则筛面流层减薄，降低生产

效率。

③筛面检查：为使设备工作状态良好，应定期检查除杂效率及设备的运动状态。为使筛孔通畅应经常清理筛面，使筛孔通畅，筛孔通畅率要保持在80%以上。

④设备检查：注意检查筛面等易损件的状态，定期维护机构的轴承、传动装置。

二、 密度法去石机

密度法去石是根据物料与石子的密度及悬浮速度不同，利用具有一定运动特性的倾斜筛面和穿过筛面的气流的联合作用达到分级去石的目的。

1. 密度去石机的结构

吸式密度去石机如图2-40所示。物料由进料斗通过压力门经缓冲板进入去石机筛板，受到自下而上穿过去石筛板筛孔的气流的作用，物料处于半悬浮状态，而密度较大的石子则紧贴筛面，同时由于筛面的往复摆动又增加了物料与石子的自动分级，进一步使石子沉于筛面。筛板做成特殊的鱼鳞状，对紧贴筛面的石子有一定的阻滞作用。随着筛面的往复摆动，这些石子受到向上的作用力，不断沿着倾斜的筛面向上爬行，并通过上端的精选室经出石口排出。悬浮在筛面上的物料，由于受到连续进入物料的重力推动作用，沿着倾斜的筛面向下移动，从筛板的下端排出，虽然少量的物料在气流的作用下混同石子一起进入精选室，但由于精选室设有倒装的鱼鳞状筛板，通过反向气流调节门，可选择合适

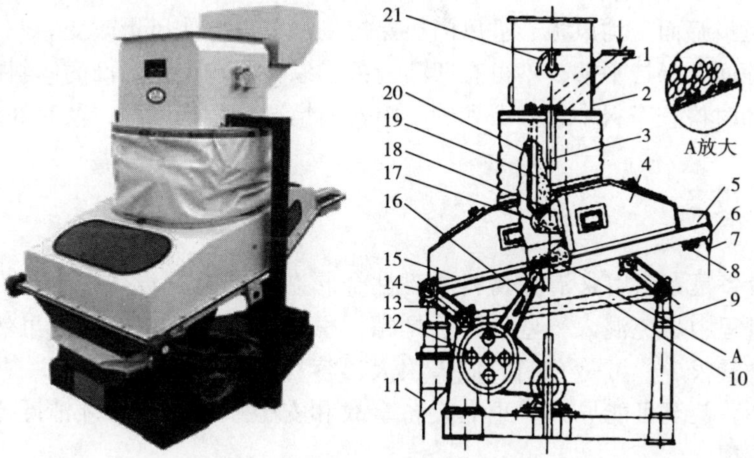

图2-40 吸式密度去石机的结构

1—进料管 2—进料吸风箱 3—支架 4—吸风罩 5—精选室 6—反向进风室 7—出石口 8—反吹调风门 9—垫板 10—支架联杆 11—出料口 12—传动带轮 13—撑杆 14—橡胶轴承 15—筛体 16—偏心传动联杆 17—缓冲板 18—弹簧压力门 19—存料斗 20—弹簧 21—调节风门

的反向气流将混在石子中的物料吹回，而石子则由于惯性和后续石子的推力，继续向上移动，至出石口排出，从而把混在石子中的物料精选出去。该密度去石机采用偏心机构传动，由保持平行的三根撑杆使筛体做往复振动。吸风机构包括吸风口、进料吸风箱、调节风门、软管及吸风罩。密度去石机的吸风量大小可由调节风门来调节。

2. 密度去石机的主要技术特性

吸式密度去石机的主要技术特性见表 2 - 33。

表 2 - 33　　吸式密度去石机的主要技术特性

项目	QSX85	QSX125
生产能力/(kg/h)	6000	10000
动力/kW	0.75	1.1
机重/kg	350	480
外形尺寸/mm	1514 × 974 × 1809	1614 × 1374 × 1809

3. 密度去石机操作要点

(1) 要保持进料量的均匀。流量过小的筛面上料层太薄，易被气流突破（或吹断层），使风量在筛面上分布不均，造成分离不清；流量过大，料层厚，石子同物料得不到充分分级，降低除石效率。

(2) 鱼鳞筛面、均风板、进风门要保持畅通，以免使风量改变。

(3) 筛面要保持平整，不得有凹凸现象，以免影响工作筛面的倾斜度。

(4) 随时检查净料中含砂石和砂石中含料情况，发现问题，及时处理解决。

三、 磁选设备

磁选设备是专门用来清除物料中磁性金属杂质的清选设备。物料在收获、清选及输送过程中难免混入一些铁钉、螺帽、螺栓等磁性金属杂质。虽然这些杂质在物料中含量很少，可是它们的危害很大，容易造成设备、特别是一些高速运转设备的损坏，甚至可能导致严重的设备事故和安全事故，故必须清除干净，对此必须引起重视。

1. 永磁装置的结构

用于磁选的永久磁铁，一般是采用高碳铬钢或铬钴钢制成。永久磁铁可以直接安装在输送料管或设备进料口的淌板上。安装磁铁处应设置可开启的活动盖板或底板，以便人工定期清除被吸附的铁杂。永久磁铁也可以制成专门的磁选设备。这种磁选设备的形式很多，永磁滚筒和圆筒磁选器（永磁筒）是常见的两种形式。

（1）永磁筒是一种体积很小，无需动力的磁选设备，可直接装于其他工艺设备的进口或串联在溜管之间。它的结构如图 2－41 所示，主要由壳体、转动门、磁芯等部分组成。磁芯由分流伞形帽、磁环、磁芯圆筒组成并安装在转动门的底托上，能随转动门的开关而出入壳体。磁筒内部用不同的永久磁铁按一定的规则排列组合，在三个磁环上形成不同的三个磁场，其中以中环的磁场最强。壳体中部为圆筒形，上下呈锥形，两端为法兰，以便与输送料管的连接。物料经上法兰口流入筒内，经永磁体的锥头分流，较均匀地沿圆周经磁体流入出口排出，物料中的铁杂被吸附在永磁体的表面。为防止吸住的铁杂被流动的物料冲走，在磁体底部设有挡杂环。

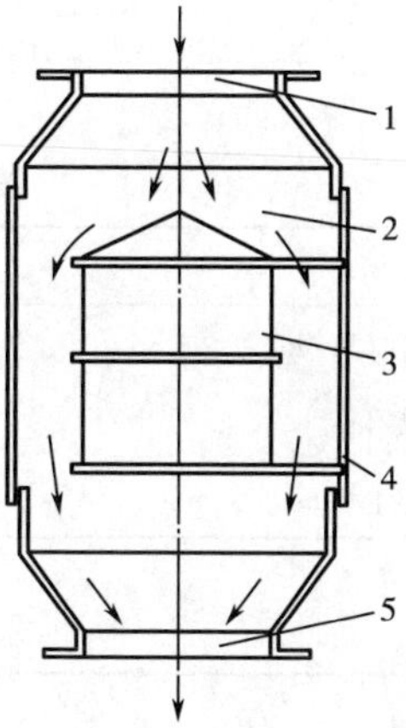

图 2－41　永磁筒

1—进料口　2—机壳　3—永磁体　4—检查门　5—出料口

（2）永磁滚筒是一种具有自动排除杂质能力的磁选设备。其结构如图 2－42 所示。它由进料斗、旋转滚筒、磁芯和排料装置组成。物料从进料斗进入后，经压力活门控制流量，并使其沿旋转滚筒的长度方向均匀分布，厚薄一致。物料随滚筒一起旋转到下部位置时落入出料口排出，而磁性杂质由于磁芯的磁力作用被吸贴在滚筒表面上继续旋转，当转到后部无磁芯位置时，即自动落下，由杂质出口排出。

永磁滚筒的特点是：磁力强且均匀、持久；它能自动吸铁和自动排铁，避免了被吸住的磁性杂质再被物料从磁极上冲走的现象；磁选效果好。

2. 永磁装置的主要技术特性

永磁装置的主要技术特性见表 2－34 和表 2－35。

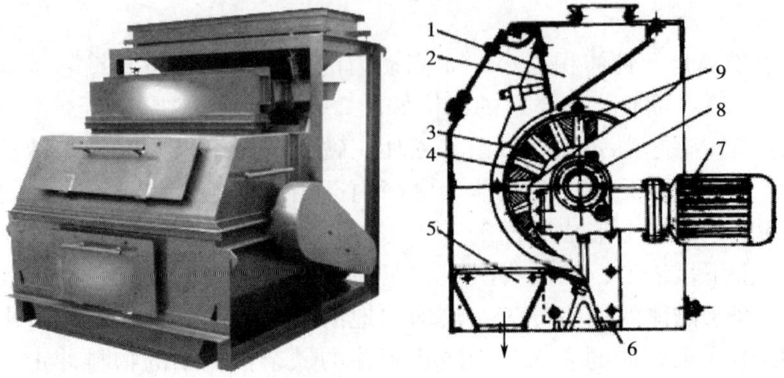

图 2－42　永磁滚筒

1—进料斗　2—压力活门　3—旋转液筒　4—磁芯　5—出料口　6—杂质出口　7—电动机　8—蜗轮减速器　9—磁钢

表 2－34　　永磁筒的技术特性

项目	CTQ200	CTQ300
生产能力/(kg/h)	12000	27000
机重/kg	25	55
外形尺寸/mm	Φ400×740	Φ540×920

表 2－35　　永磁滚筒的技术特性

项目	TCXD2025	TCXD2050
生产能力/(kg/h)	650	1200
功率/kW	1.1	1.5
机重/kg	95	125
外形尺寸/mm	960×120×85	1360×200×155

3. 永磁装置操作要点

（1）停车时打开检查门清理磁体上吸附的铁杂，与物料分离。有的设备的磁体装置在门上，工作中打开门可将磁体带出以便清理。为保证匀料效果，永磁筒须垂直安装，物料进筒后其运动方向也须垂直。

（2）保证进料均匀，料层厚度适宜；正确掌握物料流动速度，严格控制溜管角度。

（3）每月至少检查磁铁一次，吸力不足 8kg 时必须更换或充磁；每班至少清理磁极两次，以免磁性杂质堆集过多，重新被物料冲走。

（4）磁铁在搬运、安装、使用过程中，不得碰撞、敲打、摩擦、剧烈振动或过热，以免退磁或破碎。

（5）长期停机时，要用 5～6mm 厚的钢板放置两磁极之间，使磁路闭合，以保持磁性。

四、 分级机械

（一）滚筒式分级设备

滚筒式分级设备的主体是几组滚筒，滚筒上分布有孔眼。工作时滚筒转动，使物料在滚筒内滚转并向出口移动，在移动过程中实现分级。每组滚筒上的孔眼直径不同，后组比前组的孔径大，小于第一组孔的物料从第一组掉出，用漏斗收集为一个级别，以下依次类推。这种分组机分级效率较高，目前广泛用于蘑菇和青豆等的分级。

1. 滚筒式分级设备的主要结构

滚筒式分级设备如图 2－43 所示，其主要构件是滚筒，滚筒用厚度为 1.5～2.0mm 的不锈钢板冲孔后卷成圆柱形筒状筛，为了制造方便，整体滚筒分成几节筒筛，筒筛之间用角钢连接作为加强圈，如用摩擦轮传动，则又作为传动的滚圈。滚筒用托轮支承在机架上，机架用角钢或槽钢焊接而成。收集料斗设在滚筒下面，料斗的数目与分级的数目相同。

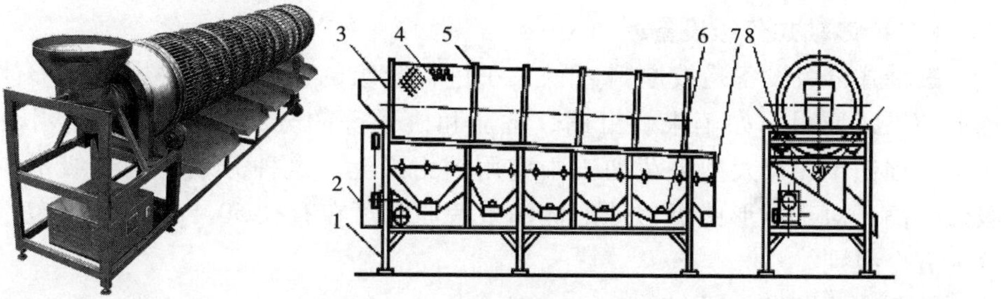

图 2－43　滚筒式分级机

1—机架　2—传动系统　3—进料斗　4—滚筒　5—滚圈
6—收集料斗　7—铰链　8—摩擦轮

驱动滚筒转动的方式有摩擦轮式、齿圈式和中心轴式。目前多采用摩擦轮驱动：电动机将动力经减速器、链传动至摩擦轮，摩擦轮装在一根长轴上，滚筒两边均有摩擦轮，并且互相对称，其夹角为 90°。长轴一端（主动轴）与传动系统相连，另一端装有托轮，不与传动系统相连。主动轴带动其上的摩擦轮转动，摩擦轮紧贴滚圈，滚圈固定在转筒上，摩擦轮与滚圈互相间产生的摩擦力驱动滚筒转动。这种传动方式简单可靠，运转平稳。

物料在滚筒内的移动方式以物料的滚动性不同而异。物料是圆形或近似圆形时，其滚动性好，可将滚筒倾斜安装，使其向出口方向有一倾角，物料在滚动时会向出口处运动。若物料的滚动性差，可靠滚筒内装置的螺旋卷带来实现向出口的移动。

2. 滚筒式分级机的主要技术特性

滚筒式分级机的主要技术特性见表 2－36。

表 2－36　　滚筒式分级机的主要技术特性

项目	GFJ－5	GFJ－10
生产能力/(kg/h)	5000	10000
功率/kW	1.5	4.5
机重/kg	580	680
外形尺寸/mm	4500×650×1200	5200×660×1350

3. 滚筒式分级机操作要点

（1）运行前先启动滚筒运转，待运行平稳后，开始加料并调整物料流量。

（2）要经常检查滚筒与滚轮接触情况和滚轮与滚筒磨损情况，要经常加注润滑油。

（3）根据被分级物料的特性随时调整筛孔大小，以便达到理想的分级效果。

（二）滚轴式分级设备

滚轴式分级设备是按原料直径大小进行分级的设备，主要用于球形体或近似球形的果蔬原料，如苹果、柑橘、番茄和桃子等的分级。该设备分级快而准确，且果蔬损伤小，在大型果蔬加工中应用较为广泛。这种分级机的分级范围大，分级效率高，对于球形或近似球形体的果蔬原料可在直径 50～100mm 的范围内将其分为五个级别。

1. 滚轴分级机主要结构

滚轴式分级机的工作原理如图 2－44 所示。全机主要由滚筒、驱动链、链轮、出料输送带、理料辊等组成。一条由横截面带梯形槽的滚筒组成的输送带是该机的分级部分，每两根轴线固定的滚筒之间设有一根可移动的、截面带有同样梯形槽的升降滚筒，此三根滚筒形成菱形分级筛孔，物料就处于此分级筛孔之间。物料进入分级段后，直径小的从此分级筛孔中落下，掉入集料斗中，其余的物料由理料辊排成整齐的单层，由输送带带动继续向前移动。

在分级过程中，各分级机构的升降辊可在特定的导轨上逐渐上升，从而使滚筒之间的菱形开孔随之逐渐增大。每个开孔内只有一个物料，当物料的外径与开孔大小相适应时，物料就会落下，大于开孔度的物料则停留在滚筒中随滚筒继续向前运动，直到开孔度相适应时才落下；若物料大于最大开孔度时，则随输送带

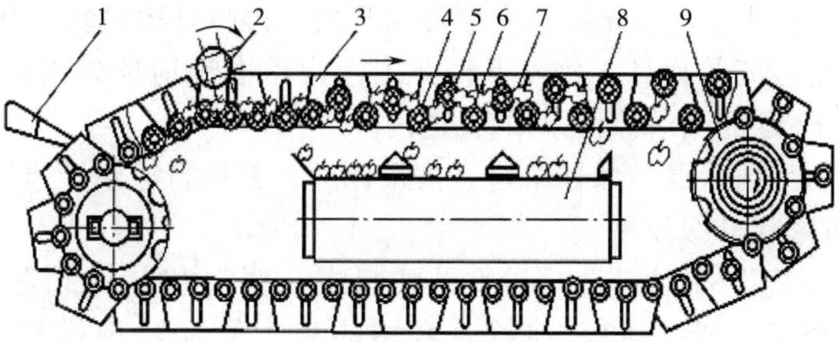

图2-44　滚轴式分级机

1—进料台　2—理料辊　3—驱动链　4—前辊　5—中间辊（升降辊）
6—后辊　7—物料　8—出料输送带　9—驱动轮

向前运动到末端，再由集料斗收集处理。升降辊在上升到最高位置后，分级结束，此后再逐渐下降到最低位置，再进行回转，循环以上动作。

滚筒在运行中借助其轴端安装的摩擦滚轮导轨滚动而旋转，从而带动开孔中的物料也转动，这样减少了在分级过程中物料的损伤。当原料的规格改变时，分级机的开孔度需要加以调节，开孔度是通过调节升降辊的距离来获得的。调节升降辊的机构由蜗轮、蜗杆、螺杆以及连杆机构组成。

2. 滚轴式分级机的技术特性

滚轴式分级机的技术特性见表2-37。

表2-37　　滚轴式分级机技术特性

项目	GF-25	GF-50
生产能力/(kg/h)	2500	5000
功率/kW	5.5	7.5
机重/kg	1300	2100
外形尺寸/mm	2100×800×1400	2500×1200×1600

3. 滚轴式分级机操作要点

（1）接通设备电源，在开机前，检查皮带、滚轴上有无物品，是否卡住设备转动部分，如有，清理干净后再可开机。

（2）根据产品的大小，检查隔板间距是否合适、滚轴间距是否合适，根据需要调整间距，直至适于产品的间距参数为止。检查下料斗出料口的口径大小，根据需要利用出料口调节门进行调整。

（3）在调节滚轴间距的时候，要保证最大物品直径能通过，避免大直径物品不能掉入隔板之间的轨道内。

（4）滚轴转动时，检查设备保护罩是否关闭，设备运转时，保护罩必须处于关闭状态，避免意外发生。先打开皮带转动开关，再打开滚轴转动开关。

(5) 把需要分离的物品，放入下料斗内，物品慢慢地掉到滚轴上，在滚轴转动的带动下，分离到各个隔板之间的轨道内。

(6) 根据物品数量调节减速机进行皮带调速，并进行滚轴转速调节。

(三) 颗粒形状分级设备

颗粒形状分级设备主要是对谷物颗粒料进行精选和分级，它按颗粒的长度进行分级，可以除去半粒和杂粒等，常用的有滚筒式精选机和碟片式精选机两种。

精选机的工作原理如图 2－45 所示，设备上有袋形的凹孔，设备运转时，颗粒会嵌入袋孔中，不同长度的颗粒由于在袋孔中嵌入的深度不同而被带升的高度不同，短小的颗粒被带升到较高的位置才会落下，因此可以将不同长度的颗粒分级。

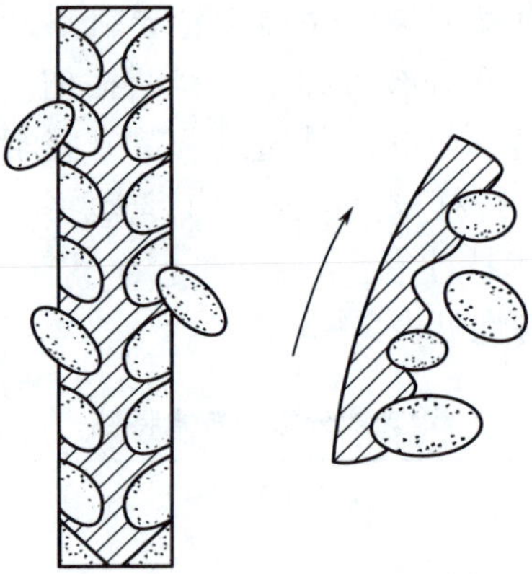

图 2－45　精选机工作示意图

1. 碟片式精选机

(1) 碟片精选机的结构　碟片式精选机如图 2－46 所示，金属碟片的平面上有许多袋形的凹孔，孔的大小和形式视分级条件而定，碟片在粮堆中运动时，短小的颗粒嵌入袋孔被带到较高的位置，因此把收集短小颗粒的斜槽放在适当高度的位置上，就能将短小颗粒分离出来。

碟片式精选机的工作面积大、转速高，故工作效率比较高，而且不同规格的袋孔可设在同一台设备中，以适应除去不同品种杂质的需要，碟片损坏可以部分更换。其缺点是碟片上的袋孔容易磨损，功率消耗比较大。

(2) 碟片精选机的技术特性见表 2－38。

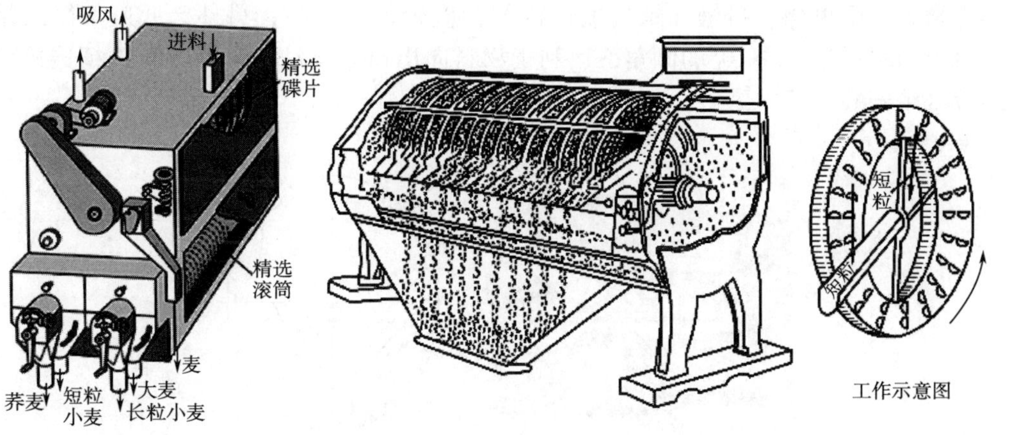

图 2－46　碟片式精选机

表 2－38　　碟片精选机技术特性

项目	FJXD－27	FJXD－2A
生产能力/(kg/h)	5000	9500
功率/kW	2.2	4.0
机重/kg	1200	2100
外形尺寸/mm	2200×872×853	3800×872×853

（3）碟片精选机操作要点

①每次启动前应仔细检查各转动部件的润滑情况，同时应检查运行是否平稳，检查碟片内、给料斗内有无杂物，检查控制柜及执行器有无异常现象。

②启动机械转动，待运行平稳后再缓慢投入待选物料，并调节物料的流量均衡稳定。观察出料情况，适当调整给料量，合理设定上下限浓度及其他技术参数，防止卡齿停机现象。

③保持柜体清洁，严禁电机排风口有杂物堆积。

④工作时经常检查出料情况是否正常、给料量是否稳定。发生变化及时调整。

⑤停机的顺序与给料顺序相反，即先停给料后，运行 3min 后碟片腔内物料排空再停关机。

2. 滚筒式精选机

（1）滚筒精选机的结构　图 2－47 所示为滚筒式精选机工作示意图。在筛转圆筒的内表面开有袋孔，长粒的大麦依靠进料位差和滚筒本身的倾斜度，沿滚筒长度方向流动，由另一端流出，而短粒大麦则由于嵌入袋孔的位置较深，被带到较高位置而落入中央槽中，由螺旋输送机排出。根据滚筒转速差别又分为快速滚筒式精选机和慢速滚筒式精选机，两者结构基本相似，但由于高速时使颗粒的离心力增大，中央槽、料槽和螺旋输送机位置应较低速的高；另外，低速滚筒式精选机应与水平呈5°~10°的倾角，以利于物料向出口处运动，高速滚筒式精选机可接近水平安装。

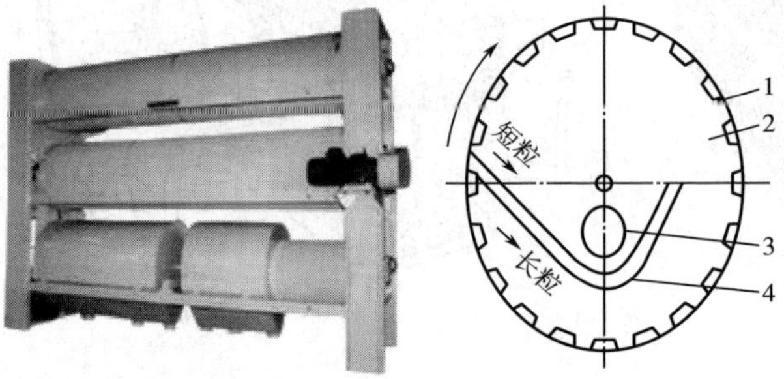

图2-47　滚筒式精选机工作示意图
1—袋孔　2—筛转圆筒　3—螺旋输送机　4—中央槽

（2）滚筒精选机主要技术特性见表2-39。

表2-39　滚筒精选机主要技术特性

项目	FGJZ63×200A	FGJZ71×300A
生产能力/(kg/h)	4000	9000
功率/kW	5.9	5.9
机重/kg	450	690
外形尺寸/mm	3180×1140×2900	4180×1140×2900

（3）滚筒精选机操作要点

①每次启动前应仔细检查各转动部件的润滑情况，同时应检查运行是否平稳。检查滚筒内、给料斗内有无杂物，检查控制柜及执行器有无异常现象。

②启动机械转动，待运行平稳后再缓慢投入待选物料，并调节物料的流量均衡稳定。观察溢流情况适当调整给料量，合理设定上下限浓度及其他技术参数，防止溢出现象。

③岗位人员不准随意开启机柜柜门，如有故障向调度室反映。保持柜体清洁，严禁柜体有水滴等杂物进入。

④停机的顺序与给料顺序相反，即先停给料后，运行3min后停关机。

五、色选机

1. 概述

色选机是利用食品物料的光学特性进行无损检测和分选的新型分选机械。食品物料在种植、加工、贮藏、流通等过程中难免会出现缺陷，例如含有异种异色颗粒、变霉变质粒、机械损伤等，然而，常规手段无法对原料或产品的颜色变化进行有效分选。大多依靠眼手配合的人工分选，人工分选生产率低、容易受主观因素的干扰、精确度低。

色选机是利用光电原理，从大量产品中将颜色不正常或感染病虫害的个体（球状、块状或颗粒状）以及外来杂质检测并分离的设备。光电检测和分选技术克服了手工分选的缺点，具有明显的优势：①检测和分选均为非接触性、非破坏性的，既能检测表面品质，又能检测内部品质；②排除了主观因素的影响，对产品进行逐个检测，保证了分选的精确和可靠性；③劳动强度低，自动化程度高，生产成本降低；④机械的适应能力强，通过调节背景光或比色板，即可以处理不同的物料，生产能力大，适应了日益发展的商品市场的需要和工厂化加工的要求。

2. 色选机的主要结构

色选机的外形如图 2－48 所示。光电色选机的工作原理是：贮料斗中的物料由振动喂料器送入一系列通道成单行排列，依次落入光电检测室，在电子视镜与比色板之间通过。被选颗粒对光的反射及比色板的反射在电子视镜中相比较，颜色的差异使电子视镜内部的电压改变，并经放大。如果信号差别超过自动控制水平的预置值，即被存贮延时，随即驱动气阀，高速喷射气流将物料吹送入旁路通道。而合格品流经光电检测室时，检测信号与标准信号差别微小，信号经处理判断为正常，气流喷嘴不动作，物料进入合格品通道。

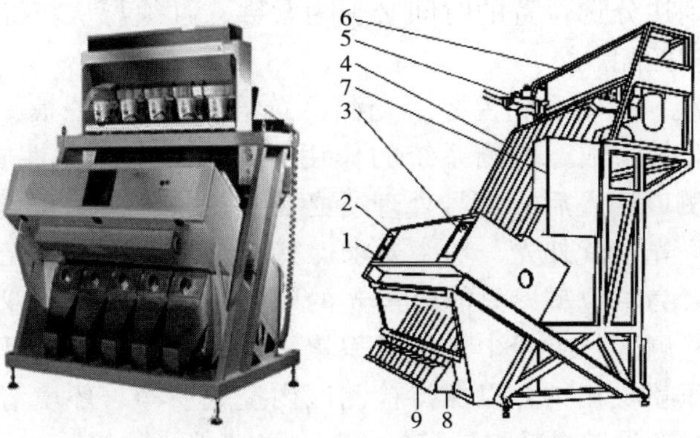

图 2－48　全自动色选机外形图

1—传感器　2—指示灯　3—内部控制器　4—控制箱　5—送料滑道
6—气动控制器　7—进料斗　8—杂物出口　9—成品出口

光电色选机主要由供料系统、检测系统、信号处理控制电路及剔除系统四部分组成，如图 2－49 所示。

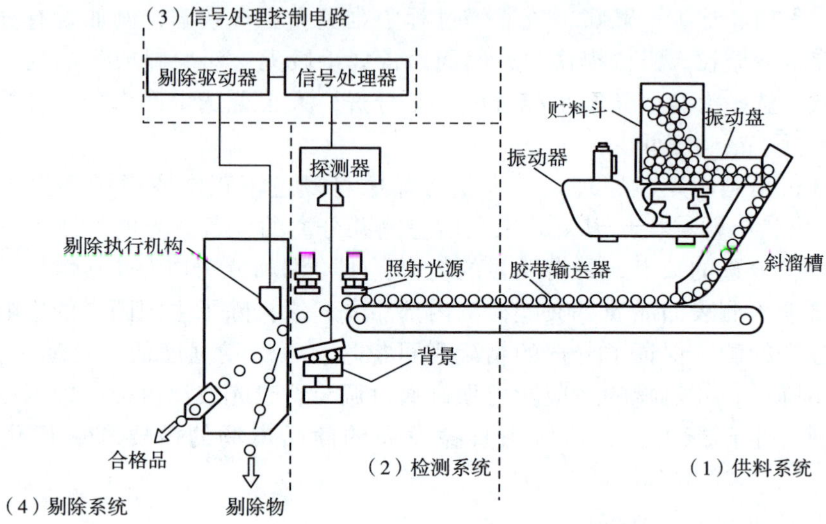

图 2－49　光电色选机系统示意图

（1）供料系统　供料系统由贮料斗、电磁振动喂料器、斜溜槽（立式）或胶带输送器（卧式）组成。其作用是使被分选的物料按所需速率均匀地排成单列，穿过检测位置并保证能被传感器有效检测。色选机系多管并列设置，生产能力与通道数成正比。

供料的具体要求是：一种物料，保证每个通道中单位时间内进入检测区的物料量均匀一致；保证物料沿一定轨道按顺序单行排列进入检测位置和分选位置；物料从检测位置到达分选位置的时间必须为常数，且须与从获得检测信号到发出分选动作的时间相匹配。

（2）检测系统　检测系统主要由光源、光学组件、比色板、光电探测器、除尘冷却部件和外壳等组成。检测系统的作用是对物料的光学性质（反射、吸收、透射等）进行检测以获得后续信号处理所必需的受检产品的正确品质信息。光源可用红外光、可见光或紫外光，功率要求保持稳定。色选机用光可采用一种波长或两种波长。前者为单色型，只能分辨光的明暗强弱，后者为双色型，能分辨真正的颜色差别。检测区内有粉尘飞扬或积累，影响检测效果，可以采用低压持续风幕或定时地高压喷吹相结合以保持检测区内空气明净、环境清洁，并冷却光源产生的热量，同时还设置自动扫帚随时清扫，防止粉尘积累。

（3）信号处理控制电路　信号处理控制电路把检测到的电信号进行放大、整形，送到比较判断电路，判断电路中已经设置了参照样品的基准信号。根据比较结果把检测信号区分为合格品和不合格品信号，当发现不合格品时，输出一脉冲给分选装置。

（4）剔除系统　剔除系统接收来自信号处理控制电路的命令，执行分选动作。最常用的方法是高压脉冲气流喷吹。它由空压机、贮气罐、电磁喷射阀等组成。

喷吹剔除的关键部件是喷射阀，应尽量减少吹掉一件不合格品带走的合格品的数量。为了提高色选机的生产能力，喷射阀的开启频率不能太低，因此要求应用轻型的高速高开启频率的喷射阀。

3. 色选机的主要技术特性

色选机主要技术特性见表2－40。

表2－40　色选机主要技术特性

项目	RS8	RS10
生产能力/(kg/h)	5000～20000	6000～25000
功率/kW	3.6	4.2
机重/kg	1600	1950
外形尺寸/mm	2950×1562×2143	3700×1562×2143

4. 色选机操作要点

（1）打开色选机主电源，等约30s色选机清灰结束后点击一下触摸屏，进入色选机主控制界面。

（2）模式、精度设置：根据原粮含异色的实际情况或米厂对成品米的要求选择不同的色选模式，然后根据不同的色选模式进行精度的设置。

（3）供料设置：要求流量控制均匀，不一定要求数值一样大。

（4）线性值的调整：分为“手动调整”和“自动调整”两种。

（5）调整完成后，启动运行色选机开始色选，处于正常工作状态。

（6）根据实际生产的流量、对成品米的要求以及废料的带出比情况，适当的对色选机的精度和振动器的流量进行微调。

（7）停机时先按“停机”按钮，使用除尘气枪，对米道、喷嘴口、除尘口、显示器等位置进行清扫。关闭色选机电源。关闭空压机电源以及各个部分的球阀。空压机、储气罐、过滤器进行排水。

（8）对米道进行打扫时，不要使用硬制的东西或尖锐的东西触碰米道，以防划伤米道，对于表面灰尘可以使用清灰气枪予以打扫；粘贴在米道上的粉尘，可以用软棉布擦拭。

项目五　提取分离机械

本项目主要包含固液提取及分离机械的主要结构和操作要点。

一、　平转式浸出器

浸出法取油是应用固－液萃取的原理，选用某种能够溶解油脂的有机溶剂，经过对油料的浸泡和喷淋作用，使油料中的油脂被萃取出来的一种取油方法。浸出法取油的基本过程是把油料料坯、预榨饼或膨化料坯浸泡于选定的溶剂中，使油脂溶解在溶剂中形成混合油，然后将混合油与浸出后的固体湿粕分离。对混合油进行蒸发和汽提，使溶剂汽化与油脂分离，从而获得浸出毛油。浸出后的固体粕含有一定量的溶剂，经蒸脱处理后得到成品粕。从湿粕蒸脱、混合油蒸发和汽提及其他设备排出的溶剂蒸气需经过冷凝、矿物油吸收等方法进行回收，回收的溶剂循环使用。

1. 平转式浸出器的结构

平转式浸出器如图 2 - 50 所示。它主要由密闭的外壳、转动体、假底、轨道、混合油收集格、喷淋装置、进料和卸粕装置及传动装置组成。平转式浸出器具有结构简单、运行可靠、动力消耗小、混合油浓度高、固定料层的自过滤作用好、混合油中含粕末少以及浸出效果好等优点。

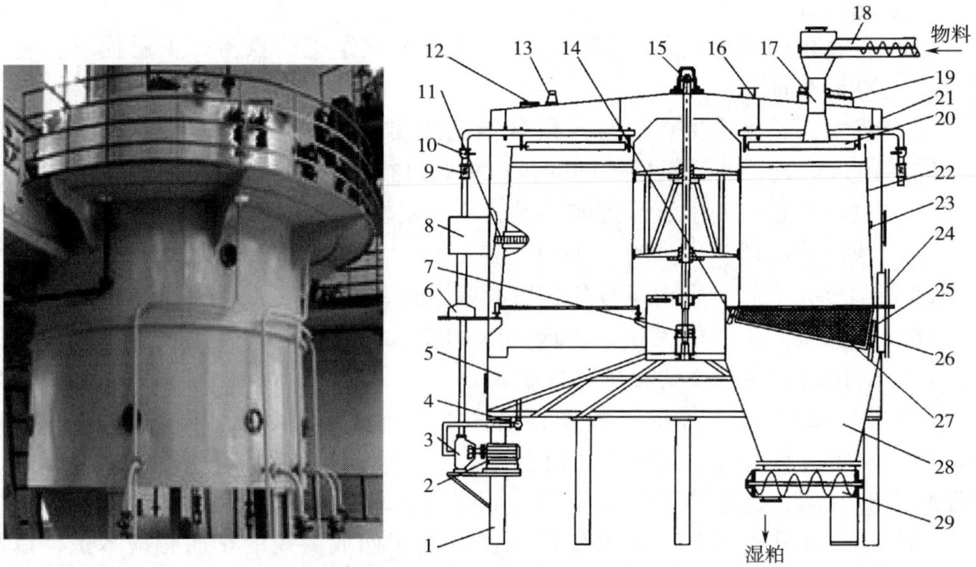

图 2 - 50　平转式浸出器

1—底座　2—电机　3—混合油循环泵　4，10—阀门　5—油斗　6—减速器　7—轴承　8—传动箱　9—管道视镜　11—齿条　12—平视镜　13—视孔灯　14—滚轮　15—主轴　16—自由气体管　17—进料管　18—封闭绞龙　19—人孔　20—喷液器　21—外壳　22—转子　23—链条　24—检修孔　25—托轮轴　26—外轨　27—假底　28—落料斗　29—双绞龙

在圆柱形的密闭外壳里有上下两部分。上部是一个可以缓慢转动的转动体，转动体由内外两个同心圆环组成，同心圆环又由隔板等分为若干个浸出料格。下部是固定的同心圆环，由隔板分为若干个混合油收集斗和出粕斗。每一个浸出格

的下部均装有假底，假底由筛网和有孔筛板等组成，用于承托物料并使混合油通过。假底的一侧通过铰链与料格底边连接，另一侧装有两个滚轮。滚轮可以在内轨道和外轨道上运行，使得假底与料格贴合形成一个有底容器。为防止假底四周缝隙漏料或堵塞铰链，亦可采用聚氨酯泡沫塑料、帆布等固定在假底的四周。在出粕斗处，假底上的滚轮沿着下垂的弯曲轨道缓慢下降，假底则绕铰链轴缓慢地打开，浸出后的湿粕落入出粕斗。当滚轮转到轨道中断处之后，假底打开时直接撞击在橡胶垫上，这时假底全部打开，料格内的湿粕全部落下。这种假底的铰链在前、滚轮在后的卸粕方式，国内习惯上称之为“后开门”。落入出粕斗的湿粕可以通过双绞龙进入湿粕刮板输送机，并由刮板机送入湿粕脱溶系统。

2. 平转式浸出器的主要技术特性

平转式浸出器主要技术特性见表 2 -41。

表 2 -41　　平转式浸出器主要技术特性

项目	JCP550	JCP660
处理量/(t/24h)	140 ~ 160	280 ~ 320
功率/kW	2.2	3.0
机重/kg	9800	1200
外形尺寸/mm	5900 × 5900 × 4800	7200 × 7200 × 5200

3. 平转式浸出器操作要点

(1) 先检查设备及管道是否密闭、畅通，转动是否灵活，一切正常后方可开车。

(2) 平转浸出器开始运行时，应首先从循环溶剂罐将新鲜溶剂用泵打入第八个喷淋管，溶剂喷淋在空的浸出格上并流入第四个混合油收集格，由于溶剂不断加入，使第四收集格逐渐充满溶剂并溢流到第八收集格中。如此类推，最后使所有混合油收集格内都充满溶剂。第二格的溶剂不需抽出，第三格的溶剂可用泵打入混合绞龙。当混合绞龙也充满溶剂时，立即开动进料部分使料坯或预榨饼进入混合绞龙，经浸泡后一起落入浸出格中，再开动圆筒体，浸出格就缓慢旋转，同时可将第二格中的混合油抽出。当第一个装满料坯的浸出格旋转到某一个喷淋管下面时，就立即打开这个喷淋管管道上的阀门，将混合油喷淋在料层上面，并调节喷淋量的大小。当第一个装满料坯的浸出格旋转到第五格之前，应先开动出粕部分，待湿粕落入第五格时就将它排出浸出器外并送入蒸烘设备中去。

(3) 平转浸出器只需 1 人操作，操作人员必须注意溶剂和混合油的流量，观察进料出粕是否正常，设备各处有无渗漏。

二、 立式蒸脱机

油料浸出后的湿粕一般含有25%左右的溶剂。必须对湿粕进行脱溶、干燥和冷却处理，以得到合格的成品粕。湿粕处理的目的首先是要最彻底地脱除溶剂，以保证浸出生产中最低的溶剂损耗及粕的安全使用。其次，要在蒸脱过程中通过控制一定的工艺条件，钝化和破坏粕中的有害毒素和抗营养成分，改善粕的质量。最后，要在蒸脱过程或其后对粕的温度和水分进行调节，使成品粕的温度和水分达到安全储存条件。

1. 立式蒸脱机的结构

立式蒸脱机如图2－51所示，通常有9～10层。浸出后的湿粕由进料口落入预热层，经预热后的粕落入透气层（或称自蒸层），透气层设置三层。混合气体通过在自蒸层与粕换热后，其温度从100℃降至排出蒸脱机时的68～70℃，而粕温则从60℃升至80℃以上，粕含溶降低30%左右。这一过程实质是利用混合蒸气的余热对湿粕的预脱溶，据测定这种自蒸作用使湿粕脱溶的蒸汽消耗降低约10%。

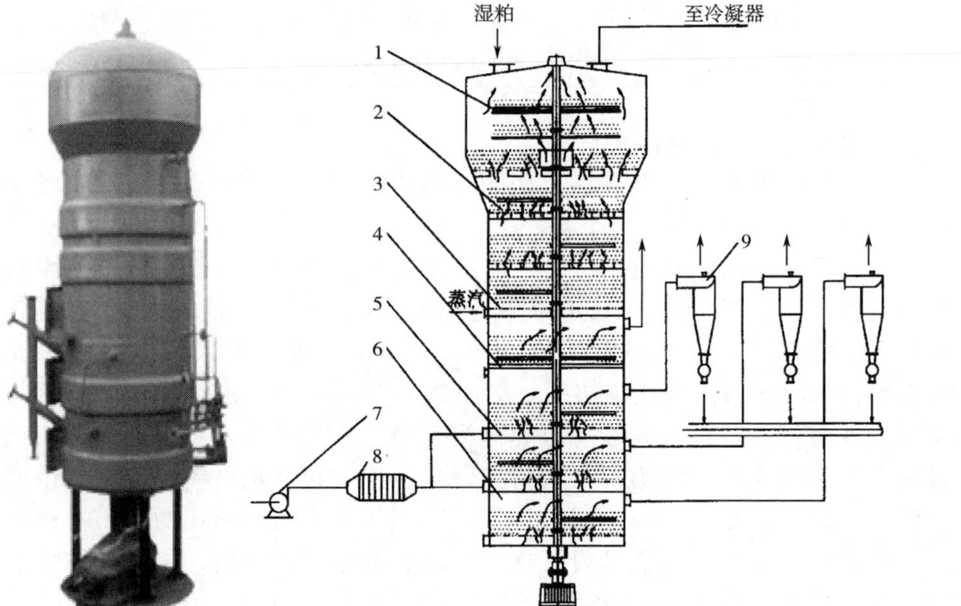

图2－51　蒸脱机结构图

1—预热层　2—透气层　3—直接气层　4—烘烤层　5—热风层
6—冷风层　7—风机　8—加热器　9—旋风分离器

脱溶后的粕进入烘烤层，热风层是通过底部的夹层，将热风吹入料层之中。

热风是经过风机将空气吹进加热器中，用饱和加热蒸汽加热空气，使空气的温度达到85～90℃，干燥后的粕再进入冷风层，在这层中由风机吹入的室温空气通过料层，将粕温降至35～40℃的安全储藏温度。

这种设备集脱溶、干燥、冷却为一体，具有一机多能、生产方便、工艺指标容易调控、节能效果显著、产品质量可靠等优点。

2. 立式蒸脱机的主要技术特性

立式蒸脱机主要技术特性见表2－42。

表2－42　立式蒸脱机主要技术特性

项目	DTDC200	DTDC250
生产能力/(t/24h)	140～160	280～320
功率/kW	37	55
机重/kg	8900	13000
外形尺寸/mm	$\Phi2800\times\Phi2000\times7900$	$\Phi3200\times\Phi2500\times8300$

3. 立式蒸脱机操作要点

（1）进湿粕前20min开间接蒸汽阀门，排去蒸烘机各夹层中的冷凝水，蒸汽压力控制在0.2～0.3MPa。

（2）浸出器出粕前5min，按粕的流向逆向开启蒸烘机、料封绞龙、刮板输送机，同时开启直接蒸汽阀门，有湿式捕粕器的开启喷水阀门。

（3）正当湿粕进入蒸烘机后，要按工艺要求，控制好汽相温度，一般为80～85℃，直接蒸汽压力保持在0.05MPa。

（4）保证成品粕的质量，每次必须做引爆试验，发现不合格，要及时查找原因。成品粕温度控制在60℃以下。

（5）停车时必须使料走完一层关一层的蒸气阀门，待料全部走完后，再空转15min然后停蒸烘机，再关捕粕器的喷水及粕输送设备。

思考与练习

一、选择题

1. 离心风机主要由叶轮和（　　）等组成。

A. 壳体　　B. 洗槽　　C. 刷辊　　D. 浸出器

E. 喷水装置清粉机

2. 果蔬加工按照工艺流程，基本机械设备包括（　　）。

A. 原料清洗　　B. 分级分选　　C. 切割分离　　D. 杀菌

E. 果汁脱气

3. 刷洗式清洗机主要由（　　）等构成。

A. 清洗槽　　B. 刷辊　　C. 喷水装置　　D. 出料翻斗

E. 传动装置

4. 滚筒式清洗机适用于（　　）等物料的清洗。

A. 苹果　　B. 柑橘　　C. 马铃薯　　D. 番茄

E. 梨

5. 辊筒式分级机实现分级的主要构件是（　　）。

A. 理料辊　　B. 出料输送带　　C. 分级辊筒　　D. 辊筒输送链

二、判断题

1. 平面转筛既可以筛理面粉又可以清理物料杂质。（　　）

2. 振动筛的筛面对耐磨性能没有要求。（　　）

3. 对风选设备作为清理轻浮杂质，风速越大越好。（　　）

4. 砻谷机只适用于小麦脱壳工艺。（　　）

5. 清洗机械指的是原料清洗机械和包装容器清洗机械。（　　）

6. 影响摆动筛筛分效率主要因素包括原料形状、物料含水量。（　　）

7. 滚筒式清洗机两刷辊相对向内旋转，使物料自动向两刷间流动。（　　）

三、填空题

1. 粮食行业常用的筛选设备有________、________、________等。

2. 平面回转筛的筛体内装置有________或________不同规格筛孔的筛面。

3. 鼓风式清洗机主要由________、________、________、________、________及________等组成。

4. 全自动洗瓶机分为________和________两种，其废商标的去除由________完成。

5. 容器清洗的方法基本分为________、________和________三种。

6. 绞肉机按处理的原料分为________和________两类。

7. 灌肠机的类型较多，按使用的动力分为________、________、________等。

8. 磁选设备是专门用来清除物料中________的清选设备。

四、简答题

1. 浮洗机的用途和工作原理是什么？

2. 螺旋榨油机调饼装置的作用是什么？

3. 色选机的原理和优点有哪些？

4. 简述绞肉机的构造和用途。

5. 简述斩拌机的构造、用途和操作要求。

6. 真空斩拌机的优点有哪些？

7. 简述盐水注射机的构造、用途及盐水注射的目的。

8. 综合分析各类清洗机械的优缺点。

9. 筛选设备筛面的形式和材料有哪些？

10. 简述切端机的用途及特点。

实训三 肉制品加工机械的观察与使用

一、目的要求

通过肉制品加工机械的观察与使用，使学生进一步了解肉制品加工机械的构造，弄清各种机械设备的基本工作原理和使用方法。掌握肉品加工机械设备的类型、特点、用途及使用方法，并能根据具体的肉品加工工艺流程合理选用相应的机械设备。

二、设备与工具

绞肉机、斩拌机、滚揉机、灌肠机等（可根据具体条件选择在实验室或食品加工厂进行）。

三、实训内容及步骤

观察各种肉制品加工机械设备的构造，了解各部分的功能，弄清其基本工作原理，初步掌握各种肉制品加工机械设备的使用方法。

1. 绞肉机

拆下孔板、绞刀和螺旋，观察孔板孔的大小、孔板与绞刀的组合情况，并按相反的顺序安装好，然后通电试运转。

2. 斩拌机

打开机盖，观察斩拌刀的形状、数量和安装位置。观察转盘和出料机构的位置。检查斩拌刀尖与转盘之间的间隙。通电试运转，调整斩拌刀的转速和转盘的转速。

3. 滚揉机

打开滚筒盖，观察内部构造。观察运转机构和控制系统，了解其工作程序。

4. 灌肠机

打开机盖，观察活塞、肉缸及出料灌嘴结构，运转观察活塞和进料阀门的情况。

实训四 滚筒精选机的使用、调整与维护

一、目的要求

通过实训，使学生熟悉滚筒精选机的构造，掌握滚筒精选机的正确使用和维护方法。

二、设备与工具

（1）滚筒精选机 1 台。

（2）专用工具 2 套。

（3）糙米 40kg。

三、实训内容及步骤

（1）每次启动前应仔细检查各转动部件的润滑情况，同时应注意检查运行是否平稳。检查滚筒内、给料斗内有无杂物，检查控制柜及执行器有无异常现象。

（2）启动机械转动，待运行平稳后再缓慢投入待选物料。并调节物料的流量均衡稳定。观察溢流情况适当调整给料量，合理设备上下限浓度及其他技术参数，防止溢出现象。

（3）岗位人员不准随意开启柜门，如有故障向调度室反映。保持柜体清洁，严禁柜体有水滴等杂物进入。

（4）停机的顺序与给料顺序相反，即先停给料后，运行 3min 后停关机。

模块三

粉碎、均质与混合机械

学习目标

1. 了解粉碎机械，掌握干法粉碎机械、均质机械、破碎机械、混合机械的主要原理及适用范围。

2. 掌握锤式粉碎机、辊式磨粉机的结构、原理，均质机、胶体磨的结构、工作原理、混合及调和机理。

3. 了解高压均质机的结构，胶体磨的结构及日常维护。

项目一 粉碎机械

一、 食品粉碎的基本知识

1. 粉碎的概念

利用机械的方法使固体物料由大块分裂成小块直至细粉的操作称为粉碎。粉碎是食品加工中对原料进行加工的基本操作之一。

根据所处理食品物料尺寸的不同，通常将粉碎分为破碎和粉磨。将大块物料处理成小块物料的过程称为破碎。其中物料被处理后的直径大于100mm时称为粗碎，为30～100mm时称为中碎，为3～30mm时称为细碎。将小块物料加工成为细粉的过程称为粉磨。其中物料被处理后的直径为0.1～3mm时称为粗磨，为0.1～0.03mm时称为细磨，为0.03mm以下称为超细磨，将全部物料粉碎到微米级的粒度称为超微粉碎。

2. 粉碎的目的

（1）有利于不同组分物料的均匀混合。混合物料所用的各种原料的粒度越小、越接近，混合的均匀度越高，效果越好。

（2）便于对原料颗粒内的成分进行分离。例如玉米的脱胚、小麦的制粉、淀粉的制取等都需要粉碎操作。

（3）提高物料的流动性，可实现流态化操作。例如流化床干燥、气流输送等。

（4）提高物料的工艺性能。物料经粉碎后，表面积大大增加，使物料的干燥、溶解、悬浮等性能提高。

3. 粉碎的方法

食品原料的粉碎方法主要有5种，如图3－1所示。

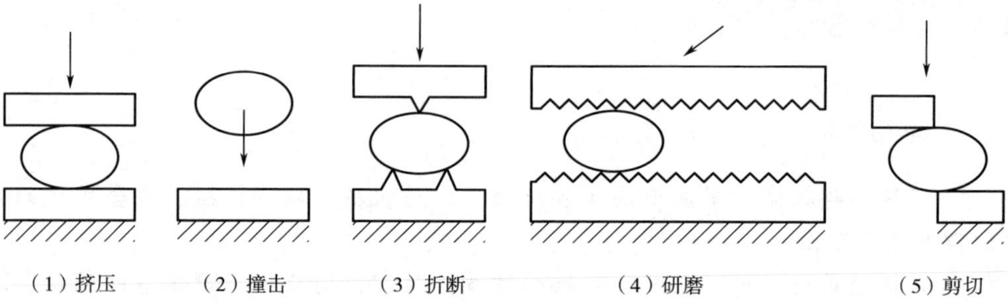

图3－1　物料的粉碎方式示意图

（1）挤压　物料在两个工作构件之间受到缓慢增长的压力作用而被粉碎。对于大块的脆性物料，第一步粉碎常采用此法处理。若被处理的物料是具有韧性和塑性的，经过挤压则会得到片状产品，如轧制麦片、米片等。

（2）撞击　物料在瞬间受到外来的冲击力而被击碎。撞击粉碎可以应用于多种食品物料，从较大块形原料的破碎到细微粉碎均可使用此法。

（3）折断　物料在两个工作构件间承受弯曲应力而被折断。此法多用于硬、脆性大的块状或条状物料的粉碎，如豆饼、玉米穗等的粉碎。

（4）研磨　物料在两个相对滑动的粗糙工作表面之间受到摩擦、剪切等作用而被磨削成细粒。此法主要用于小块物料或韧性物料的粉磨。

（5）剪切　物料受到相对运动的两个工作构件端面的作用而被切断。此法可粉碎韧性物料，新形成的表面比较规则而且易于控制粒度的大小。一般果蔬、肉类的分切，辊式磨粉机齿辊对物料的粉碎都属于剪切。

实际上，粉碎是一个复杂的过程，各种粉碎机械往往是采用两种或两种以上的方法对物料进行粉碎的。

4. 粉碎操作

粉碎工艺的操作主要包括两个方面。

（1）粉碎的级数　当工艺要求的粉碎比较大时，常采用多级粉碎，使每一级负担一定的粉碎比。图 3－2 为典型的三级粉碎工艺。

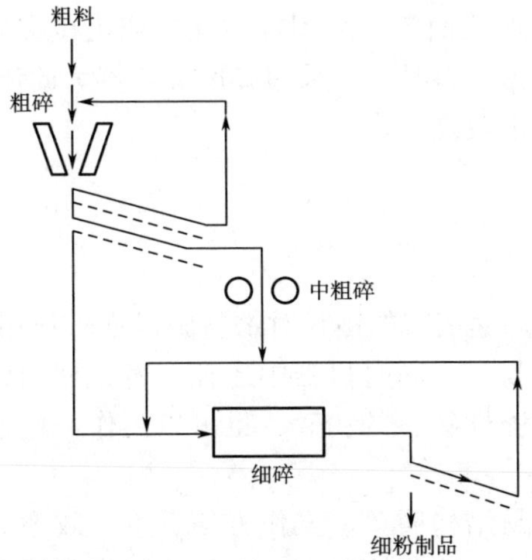

图 3－2　典型粉碎流程

实验证明，在破碎时，粉碎比在 4 左右时操作效率最高，而粉磨时的粉碎比则需根据粉磨机械的性能来确定。

（2）粉碎流程　粉碎工艺的流程有开路粉碎和闭路粉碎两种，如图 3－3 所示。在开路粉碎流程中，一次粉碎后卸出的物料全部作为制成品。该流程的优点是方法简单，无需附属设备，设备投资费用低。但此流程的制成品粒度分布宽，要在一次粉碎后使制成品全部达到粒度要求需要较长的粉碎时间。同时，还容易使物料发生“过度粉碎”，即达到粒度要求的物料不能及时排出而仍继续留在粉碎机中粉碎。过度粉碎势必使一部分物料成为过细颗粒，过细颗粒会将大颗粒包裹起来，形成衬垫，使大颗粒不易受到粉碎作用，从而降低粉碎机的生产能力，增加功耗。

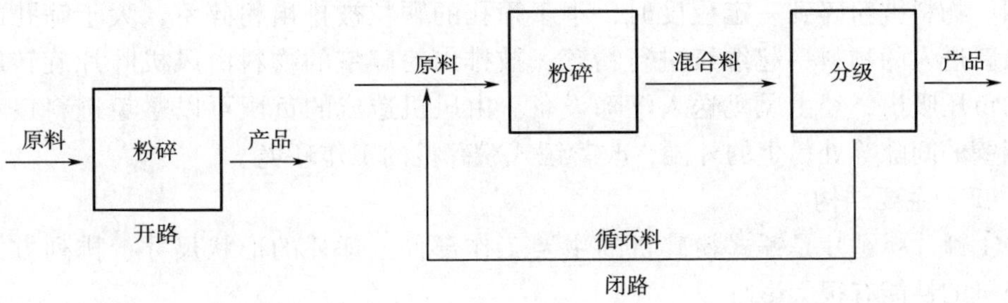

图 3－3　粉碎流程示意图

闭路粉碎流程是将粉碎后的物料进行分粒，不符合细度要求的物料再回流至粉碎机重新粉碎，粉碎机的工作只针对较粗的颗粒。显然，该流程能使制成品粒度均匀，避免过度粉碎，因此生产效率高，单位功耗小。闭路流程所采用的物料分粒方法可根据送料的形式而定，采用重力加料或机械螺旋送料时，常用振动筛作为分粒设备；当用气力送料时，常采用旋风分离器。此流程的缺点是系统复杂，附属设备多，操作控制也较复杂。

二、 锤式粉碎机

锤式粉碎机是利用高速旋转的锤片对物料施以强烈作用而将物料粉碎的机器。其作用原理主要是撞击粉碎，同时机器中还存在着强烈的摩擦和剪切作用，所以锤式粉碎机既可以用作脆性物料的粉碎，也可以用作一些韧性物料的粉碎，故常被称为万能粉碎机。

锤式粉碎机的特点是结构简单、操作方便、生产效率高。但由于粉碎作用机理复杂，粉碎的粒度不能被严格控制，在不同的粉碎条件下其粉碎比可以在很大的范围内变化。锤式粉碎机在食品工业中的用途十分广泛，可以用于许多食品原料和中间产品，如薯类、玉米、大豆、咖啡、可可、糖、食盐、谷类、麦类等的粉碎。

1. 锤式粉碎机的工作过程及结构型式

常见的锤式粉碎系统如图 3 –4 所示。该系统主要由进料装置、机壳、转子、齿板、筛板、风机和排料装置组成。在主轴上固定着若干个由轴套分隔定位的转盘，其上连接着锤片，组成了锤式粉碎机的转子。转子由主轴驱动，在由机壳和齿板、筛板等构成的粉碎室内旋转，破碎物料。转子的下部是筛板，侧面是风机，风机的叶片固定在主轴上。

（1）工作过程　工作时，物料从进料口进入粉碎室，受高速旋转的锤片的打击而粉碎，粉碎料以较高的速度飞向齿板，与齿板撞击而进一步破碎，随后弹回再次受到锤片的撞击作用。与此同时，物料也受到锤片端部与筛板的摩擦、剪切作用。物料被粉碎到一定程度时，小于筛孔的颗粒被排出粉碎室，大于筛孔的颗粒与新进入的物料一起继续进行粉碎。被排出粉碎室的物料由风机叶片旋转所造成的负压吸出，经由风机送入沉降设备。由风机造成的负压可以避免进料口和轴与侧壁的间隙等处粉尘的外溢，改善锤式粉碎机的工作环境。

（2）主要结构

①锤片：锤片是锤式粉碎机的主要工作部件。锤片的形状尺寸、排列方式对粉碎机的性能有很大影响。

锤片的基本形状有 8 种，如图 3 –5 所示，其中以矩形锤片最为普遍。锤片形状由被破碎的物料而定，锤片棱角多，粉碎力强，耐磨性差，尖角适合粉碎纤维

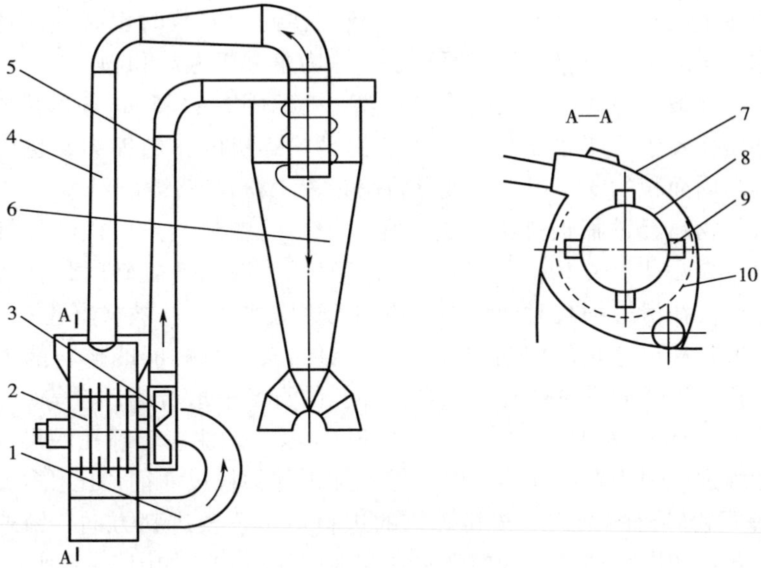

图 3－4　锤式粉碎系统

1—吸料管　2—锤架板　3—风机　4—回料管　5—出料管　6—集料筒　7—齿板　8—转子　9—锤片　10—筛板

性物料，环形锤片磨损均匀。锤片的长度一般不超过 200mm。

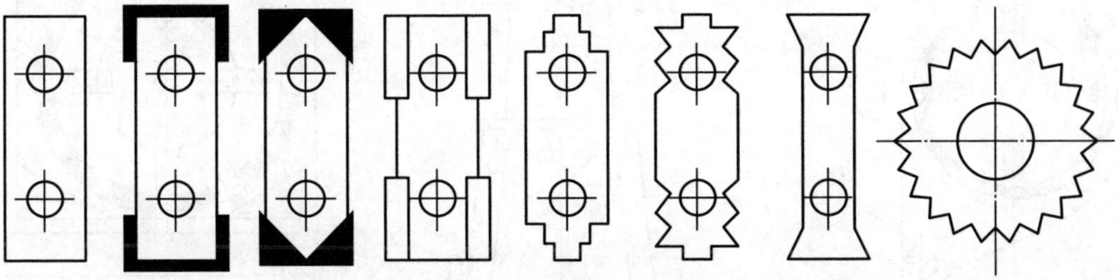

图 3－5　锤片的基本形状

锤片的基本形状、锤片在转子上的排列方式会影响转子的平衡、物料在粉碎室内的分布以及锤片磨损的均匀程度。锤片工作应遵循以下原则：锤片的运动轨迹尽可能不重复；沿粉碎室工作宽度，锤片的运动轨迹分布均匀；物料不被推向一侧，有利于转子的动平衡。

由于工作时不断地与物料撞击、摩擦，锤片的磨损很大，一般寿命为 200～500h。锤片的材料常为低碳钢，为了延长使用寿命，一般要做表面渗碳和渗硼处理，或在工作面上堆焊碳化钨或耐磨合金等。

锤片在制造时有严格的精度要求，因为高速旋转的转子能否处于较好的平衡状态，关键在于锤片的尺寸和质量是否一致。在锤片安装时也必须注意，要使转子轴线对称方向的锤片质量也处于对称状态，力求减小振动和噪声。

②筛板：筛板是锤式粉碎机的排料装置，一般用 1 ~ 1.5mm 厚的优质钢板冲孔制成。通常设在转子下半周的位置，为了提高粉碎机的排料能力，也可使筛板占整个粉碎室内周面积的 3/4 以上，或是将筛板置于粉碎室侧面。

粉碎后的物料经过筛板排出：比筛孔小得多的颗粒，被风机叶片旋转所造成的负压吸出；与筛孔尺寸相仿的颗粒，当其随锤片做高速旋转时，在离心力的作用下紧贴筛板，在滑过筛孔时即被筛孔锐利的边缘剪切，并被挤出孔外。

筛孔的形状和尺寸是决定粉料粒度的主要因素，对机器的排料能力也有很大的影响。筛孔的形状通常是圆孔或长孔。筛孔的直径一般分为四个等级，小孔 1 ~ 2mm，中孔 3 ~ 4mm，粗孔 5 ~ 6mm，大孔 8mm 以上。注意，筛孔的尺寸并不代表产品的粒度级别。因为在高速运动时，通过筛板的颗粒尺寸往往比孔径小得多。

（3）锤式粉碎机的型式　按粉碎机的进料口位置及进料方向，锤式粉碎机可分为三种型式：切向喂料式、轴向喂料式和径向喂料式，如图 3 – 6 所示。

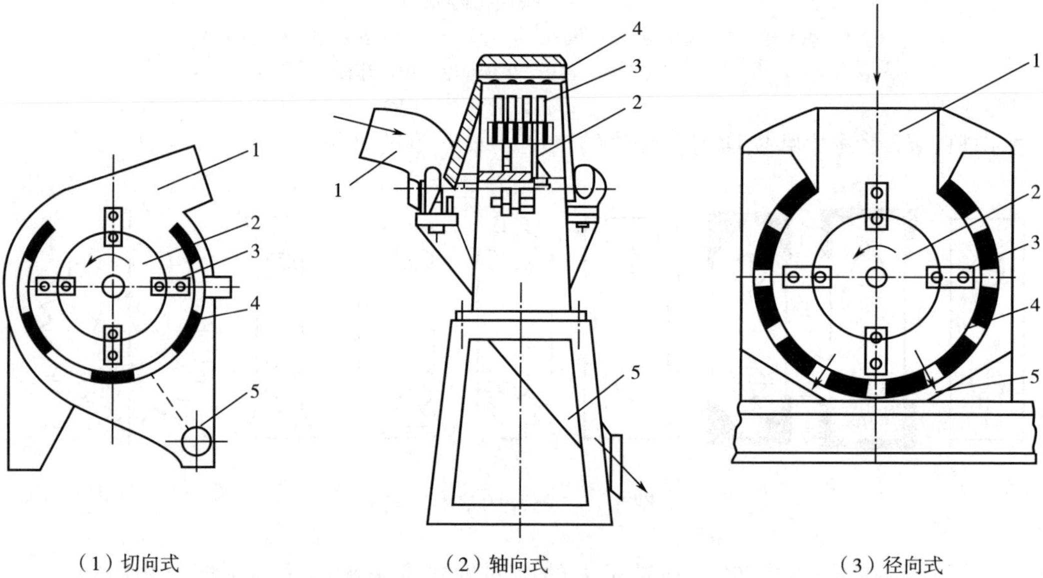

图 3 – 6　锤片粉碎机进料形式示意图

1—进料口　2—转子　3—锤片　4—筛板　5—出料口

按转子的数目，锤式粉碎机还可以分为单转子式锤碎机和多转子式锤碎机。

2. 锤式粉碎机的主要性能参数

（1）粉碎比　锤式粉碎机有很高的粉碎比，单转子式锤碎机的粉碎比在 10 ~ 15。由于产品粒度的大小主要取决于筛孔的尺寸，缩小筛孔尺寸可加大粉碎比，减小产品粒度。但缩小筛孔尺寸会影响粉碎机的生产能力。

（2）转子的转速　锤式粉碎机的转速取决于锤片破碎物料时所需的动能。因此，转速的大小与锤片的质量有关，质量越大，则其破碎能力越强，但旋转时的离心力也越大。故锤片及其圆周速度的增大受到粉碎机零件强度的限制。单转子式锤碎机的圆周速度为40~50m/s，转子的转速为700~1300r/min。

3. 锤式粉碎机的使用与维护

（1）锤式粉碎机工作时，应先启动机器，再投入物料。切忌在满负荷时启动。

（2）进入锤式粉碎机的物料，应通过电磁离析器去除金属杂质，以免损坏机件。

（3）要根据产品的粒度选择筛板，筛板与锤片之间的间隙要根据物料性质加以调整。我国设计的粉碎机推荐锤筛间隙为：谷物4~8mm；通用型12mm。

（4）筛板和锤片工作时会因强大冲击力及磨损而损坏，要注意其使用情况，经常检查，随时更换。筛板的寿命不应以筛面破损为准，应视筛孔边缘的磨损程度而定。

（5）锤式粉碎机对湿度大的物料粉碎效果较差，故进入机器的物料湿度不要大于15%。

（6）停机前，应先停止进料，待机内物料基本排空后再停机。

三、辊式磨粉机

辊式磨粉机是食品工业中广泛使用的一种粉碎设备，最常见于面粉工业，在啤酒生产中的麦芽粉碎操作、油料的轧坯、方便食品的轧片操作、巧克力及糖粉的加工中均有使用。

1. 辊式磨粉机的基本结构和工作过程

辊式磨粉机的类型很多，但基本构件和工作原理相似。一般由机架、成对磨辊、喂料机构、松合闸机构、辊面清理装置、传动机构及吸风装置等组成。下面以国产液压全自动控制的MY型辊式磨粉机为例（图3-7），介绍其基本结构和工作过程。

MY型辊式磨粉机具有两对磨辊，中间用隔板隔开。每对磨辊均呈45°角倾斜布置，具有各自的喂料机构、轧距调节机构、松合闸机构和传动机构等，形成两个独立的系统。物料由上部进料筒进入，经喂料机构使物料连续均匀地进入辊轧之间，研磨粉碎后从下部排料斗排出。

（1）机架　MY型磨粉机的机身采用大墙板拼装式结构，整个机身由8块铸铁件构成，即左右侧墙板、磨顶、底板和4块墙板撑挡，全部用螺栓（定位销）连接固定。机身内部使用木质衬板保温，以防在工作过程中内腔壁结露而导致粉料结块甚至霉变。

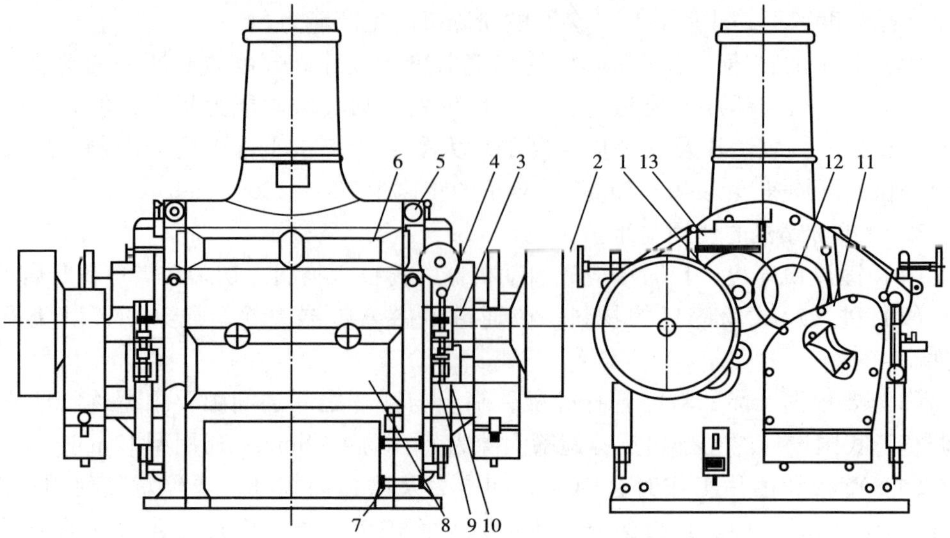

图 3－7　MY 辊式磨粉机示意图

1—喂料辊传动轮　2—轧辊总调手轮　3—快辊轴承座　4—轧距单边调节机构
5—指示灯　6—上磨门　7—机架　8—下磨门　9—慢辊轴承臂　10—慢辊轴承座
11—链轮箱　12—油缸活塞杆端　13—自动控制装置

（2）磨辊　磨辊是磨粉机的主要工作构件。根据磨辊表面特性的不同，可以将磨辊分为齿辊和光辊两种，齿辊是在光辊表面拉出一定几何形状和参数的细槽，俗称“拉丝”。齿辊可对物料进行剪切、挤压和研磨；光辊主要对物料进行挤压和研磨。成对磨辊表面的线速度可以根据不同的需要进行选择。表面线速度相等时，对辊可用来进行轧片和轧坯操作；对辊用作研磨时则两辊表面线速度必须有速差，表面线速度较高的称为“快辊”，表面线速度较低的称为“慢辊”。MY 型辊式磨粉机的上磨辊为快辊，下磨辊为慢辊。

磨辊要求有足够的强度、刚度和高的硬度、表面耐磨性和均匀性。磨辊还应进行动平衡校验和保持较高要求的形位公差。

由于研磨过程中大量的机械能转变为热能，磨辊和机腔温度升高，如热量不能及时散发出去，会导致被粉碎物料升温、变质，降低制品的质量。所以磨辊应具有较好的导热性和较大的热容量以保证磨辊在工作时的温升不超过 60℃，大型磨粉机一般采用水冷磨辊（尤其是快辊），以冷却磨辊，同时降低轴承温度，延长磨辊的使用寿命。中小型磨粉机的磨辊采用较小的空心以增大热容量。

（3）轧距调节　两磨辊辊面间的最小距离称为轧距，调节轧距可以控制被粉碎物料的粒度。当磨粉机空载时，为避免高速相向旋转的两磨辊互相摩擦、碰撞，轧距应放大，称为松闸；当磨粉机负载时，为了达到研磨效果，两辊间隙应回到调定的轧距，称为合闸。一般辊式磨粉机要求松、合闸和喂料机构的操作联动；有物料时，通过物料传感器使喂料机构先运转，物料进入两辊之间后再合闸；断料时，先松闸，再使喂料机构停止。这样不仅防止两辊碰撞产生火花，引起粉尘爆炸，而且避免齿辊表面的磨损。

轧距调节机构分总调和单调两个部分，总调是磨辊两端同时平行调节，可改变轧距；单调是调节磨辊一端的轧距，可用来调节磨辊的平行度，使磨辊在长度方向上轧距均匀。

（4）传动　MY 型辊式磨粉机在空载时，电动机通过传动带一级减速带动快辊旋转，快辊通过链轮箱带动慢辊旋转；负载时，快辊通过物料与慢辊接触，在摩擦力的作用下希望同速旋转，此时链轮箱限制慢辊的转速，起定速作用。快慢辊均由滑动轴承支承。快辊轴承座安装在墙板上，慢辊轴承座则安装在轴承臂上，垂直臂一端空套在机架的铰支轴上，另一端支承在轧距调节机构的拉杆上，调节拉杆的位置，可使慢辊轴承臂绕铰支轴旋转，借以调节快慢辊之间的间隙，即轧距的大小。为了调整轴承臂上慢辊轴承中心到铰支轴轴心的距离，以保证快、慢辊轴线在同一平面内，在慢辊一端轴承臂的铰支轴上加了一偏心套。MY 型辊式磨粉机快慢辊的滑动轴承均有自位性能，为补偿慢辊在轧距调节过程中可能产生的轴承偏斜，慢辊两端轴承臂的铰支轴均设计成鼓形外表面。

（5）喂料　MY 型辊式磨粉机的喂料系统由上下两辊和喂料门及调节、控制系统组成。扇形料门用两个顶尖铰支在墙板上，其中一个顶尖轴有一可调偏心，用来调节料门与定量辊之间间隙的均匀度，使整个辊长方向上喂料量均匀一致。上料辊和下料辊同方向旋转，其间有一光滑导料板，使物料稳定过渡，不产生冲击。料门调节螺杆用来调节料门与定量辊之间的间隙，即喂料量的大小。墙板上安装有挡料板，用来阻挡磨辊两端的漏粉。

（6）辊面清理　磨辊在研磨物料的过程中，辊面总会黏附一些物料，所以每个磨辊下方均设有辊面清理装置。对于齿辊，一般采用硬毛刷清理，毛刷安装在可调的弹簧座上，用弹簧将毛刷压紧在辊面上；对于光辊，一般采用刮刀，刮刀安装在铰支的杠杆上，靠配重使刮刀紧贴在辊面上，当磨粉机停车时，用一根金属链将配重拉起，使刮刀离开辊面，以避免接触处的腐蚀。

（7）吸风装置　MY 型辊式磨粉机的吸风道位于磨粉机下部的中间位置，贯穿机膛全长。通风系统工作时，机膛始终处于负压状态，空气从上磨门的两条进风缝隙进入机膛内，绕过上磨辊与上撑挡之间的空间，穿过磨下物进入吸风道，起到吸收粉尘、降低粉温和辊温、排除湿气的作用。

（8）液压自动控制系统　MY 型辊式磨粉机的进料、合闸、松闸、卸料等动作由液压控制系统完成。液压系统固定在墙板上，各种动作由进料筒的枝形浮子传感器和杠杆系统控制。

2. 辊式磨粉机的特点及主要型式

（1）辊式磨粉机的特点

①适合热敏性物料的粉碎：辊式磨粉机对辊的轴线相互平行，同时磨辊的线速度较高，两辊间所形成的粉碎区很短，因而物料通过粉碎区的时间短，避免了粉碎过程中因物料温升过高而导致蛋白质热变性，故特别适合于热敏性物料的粉碎。

②可控制物料粉碎的粒度：辊式磨粉机能够通过调整轧距来控制物料粒度，避免过度粉碎，节省能源，保证粉碎质量。

③能够进行选择性粉碎：通过快慢辊速差的选择、磨辊表面几何形状和参数的选择、一次粉碎比的选择，辊式磨粉机能够实现对物料的选择性粉碎。

④粉碎过程稳定，便于控制：由于对辊表面上每一点的几何参数和运动参数均相同，整个粉碎区的工作条件一致，故而粉碎过程稳定，也便于控制并实现自动化生产。

（2）辊式磨粉机的型式

①等速旋转的光辊以挤压的方法粉碎物料或使物料挤压成片状。典型设备是轧麦片机、轧米片机等。

②差速旋转的光辊以挤压和研磨的方法粉碎物料。典型设备是面粉生产的心磨系统中使用的光辊磨粉机和巧克力精磨机等。

③差速旋转的齿辊以剪切、挤压和研磨的方法粉碎物料。典型设备是磨粉生产的皮磨、渣磨及尾磨系统中使用的齿辊磨粉机。

3. 辊式磨粉机的使用与维护

（1）要根据产品要求的不同粒度调整磨辊轧距。同时进入辊式磨粉机的物料粒度要控制在一定的范围内。

（2）磨辊的转速应根据物料的形态来选择，被粉碎物料的粒度越大、硬度越大，则转速应越低。

（3）工作时喂料门开启程度需能阻止一定大小的异物通过，同时严防金属和硬杂物进入磨辊之间，以免造成机器的损坏。

（4）手动磨粉机开机时要先给料后合闸，停机时要先松闸后断料。

（5）磨辊的磨齿在长时间工作后会磨损变钝，降低磨粉效率，应将磨辊卸下重新拉丝，以保证磨粉机始终处于良好的工作状态。

四、其他粉碎机

在食品工业生产中，对固态物料进行粉碎的设备还有气流粉碎机、振动磨、冷冻粉碎机等。

1. 气流粉碎机

气流粉碎机利用空气、蒸汽或者其他气体通过一定压力的喷嘴喷射产生高速的湍流和能量转换流，物料颗粒在这种高能气流作用下悬浮输送，相互发生剧烈的冲击、碰撞和摩擦，加上高速喷射气流对颗粒的剪切冲击作用，使得物料颗粒间得到充分的研磨而粉碎成细小粒子。气流粉碎机可对热敏性物料进行超微粉碎，并且可以实现无菌操作、卫生条件好。

2. 振动磨

振动磨工作时，筒体内装填着粒度较小的被粉碎物料和球状或圆柱状的研磨体，磨机系统做高频振动，利用筒体内的研磨体对物料的高频撞击和研磨将物料粉碎至超细。振动磨粉碎效率高、适应性强，可用于任何物料的超细磨，干磨、湿磨均可。

3. 冷冻粉碎机

有些物料在常温下具有热塑性或者非常强韧，粉碎起来非常困难。冷冻粉碎机可将物料冷冻，使物料成为脆性材料然后再粉碎。

项目二 均质机械

均质机是食品的精细加工机械，在乳品、果汁、植物蛋白饮料等的生产中应用广泛。

一、均质的目的及原理

1. 目的

均质的目的在于将液态的混合物料中粗大的脂肪球或较大的颗粒破碎细化，提高食品的均细度，防止或延缓物料分层，使其成为液相均匀、稳定的混合物。均质后的食品在口感、外观及消化吸收率等方面均有提高。

2. 均质机工作原理

（1）剪切　在液体物料高速流动时，若突然遇到狭窄的缝隙，就会造成极大的速度梯度，从而产生很大的剪切力，使物料破碎。

（2）冲击　在均质机内，液体物料与均质阀产生高速撞击作用，从而将脂肪球等撞击成细小的微粒。

（3）空穴　液体在高速流经均质阀缝隙处时，产生巨大的压力降。当压力降低到液体的饱和蒸气压时，液体开始沸腾并迅速汽化，产生大量气泡。液体离开均质阀时，压力又会增加，使气泡突然破灭，瞬间产生大量空穴。空穴会释放大量的能量，产生高频振动，使颗粒破碎。

均质机在工作时一般是通过这三种作用协同达到均质目的的。不同类型的均质机工作原理各有侧重。

3. 温度对均质的影响

均质温度对均质效果影响很大，物料均质时温度高，液体的饱和蒸气压也高，均质时容易形成空穴。所以，在均质前可将物料加热。例如牛乳的均质温度一般为50～70℃，50℃是牛乳有效均质的最低温度，超过70℃就会在均质机中产生“汽窝”。均质温度高，不利于蛋白质的热稳定性，这一点需在工艺上注意。

二、 高压均质机

目前，在食品工业中高压均质机应用最为广泛。

1. 结构及工作过程

高压均质机主要由高压泵、均质阀、调节装置及传动系统等组成。

（1）高压泵　如图3－8所示，高压泵由进料腔、吸入活门、排出活门、柱塞等组成。当柱塞向右运动时，泵腔容积增大，使泵腔内产生低压，物料由于外压的作用顶开吸入活门进入泵腔，这一过程称为吸料过程；当柱塞向左运动时，泵腔容积减小，泵腔内压力逐渐升高，关闭了吸入活门，达到一定高压时又会顶开排出活门，将泵腔内液体排出，称为排料过程。

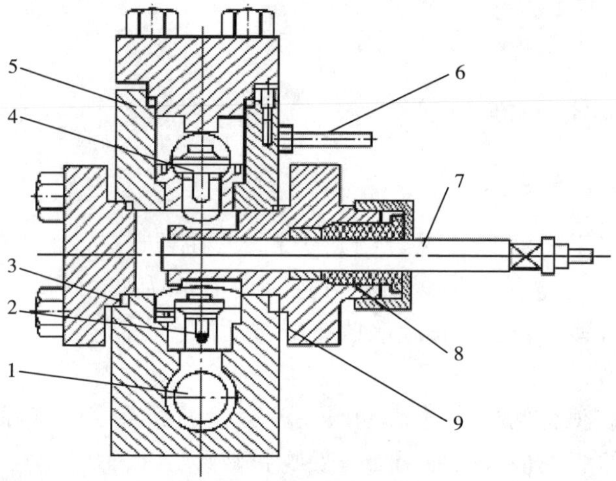

图3－8　高压泵结构简图

1—进料腔　2—吸入活门　3—活门座　4—排出活门　5—泵体　6—冷却水管　7—柱塞　8—填料　9—垫片

高压泵柱塞的运动是由曲轴等速旋转通过连杆滑块带动的（图3－9），柱塞的运动速率按正弦曲线变化。相对应地排料量也按正弦曲线变化。在柱塞处于两个止点时，泵的排出量瞬时为零；当曲柄回转到90°和270°时排料量最大。显然，这样的设备排料量变化大、不均匀，是无法用于生产的。为弥补这一缺陷，高压泵常采用三柱塞往复泵，各单泵的运动互差120°，泵的工作能力得到了较好的调整。三柱塞泵有三个泵腔，每个泵腔配有吸入活门和排出活门各一个，共六个活门。

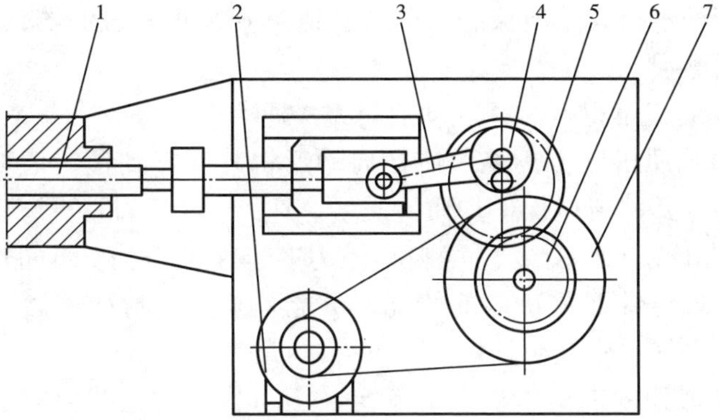

图 3－9　高压均质机传动系统

1—柱塞　2—电动机　3—连杆　4—曲柄　5—大齿轮　6—小齿轮　7—带轮

（2）均质阀　均质阀安装在高压泵的排料口处，一般采用双级均质阀，如图 3－10 所示。双级均质阀主要由阀座、阀芯、弹簧、调节手柄等组成。阀座和阀芯结构精度很高，两者之间间隙小而均匀，以保证均质质量；间隙大小由调节手柄调节弹簧对阀芯的压力来改变。均质压力的大小由压力表示出。一般第一级的压力为 20～25MPa，主要使大的颗粒得到破碎；第二级的压力在 3.5MPa 左右，可以使料液进一步细化并均匀分散。

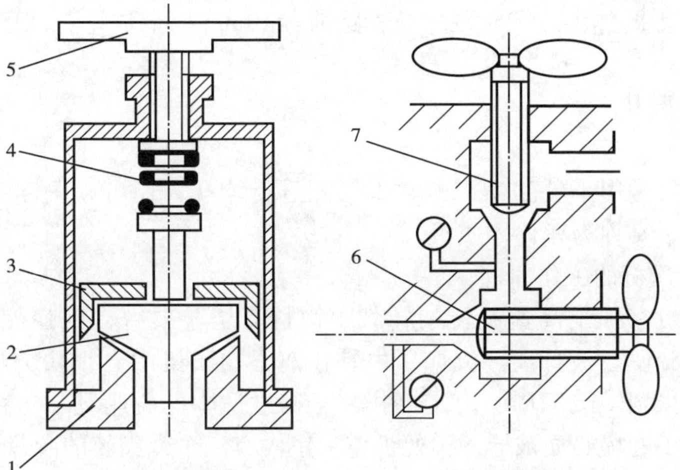

（1）工作原理　　（2）双级系统

图 3－10　双级均质阀工作简图

1—阀座　2—阀芯　3—挡板环　4—弹簧　5—调节手柄　6—第一级阀　7—第二级阀

2. 高压均质机的使用与维护

（1）高压均质机安装时必须装旁通管，用以排除气体、残存液、洗液、消毒水等。但出料管处不得安装节流阀，进料管道里安装管间过滤器，防止杂质进入，避免均质阀严重磨损。

（2）高压均质机不得空转，启动前应先接通冷却水。

（3）启动时均质机压力不稳，应在启动后将其调整到预定值。在压力稳定之前流出的料液要让其回流以保证均质的质量。

（4）均质机正常工作时要注意观察压力表，保证压力处于正常工作范围内。有时压力表会出现指针严重跳动的情况，可能是泵体密封严重渗漏，使泵腔内的料液中混入大量空气，应及时处理。

（5）工作中如果发现均质机流量不足、压力达不到工艺要求的情况，应检查活门与活门座、阀芯与阀座的密合面是否密合良好，如出现沟槽、磨纹要及时修复或更换；安全阀或均质阀弹簧压力不够也会导致上述情况，此时应进行适当的调整使设备恢复正常。

（6）高压均质机的运动部件需要良好的润滑，工作时要注意曲轴箱里润滑油的油位，使其保持在最低油位线以上；要经常在机体连接轴处加一些润滑油，以免机体前端的填料缺油。

（7）柱塞密封圈处于高温和压力周期性变化的条件下，很容易损坏，应保证柱塞冷却水的连续供应，以降低柱塞密封圈的温度，延长其使用寿命。同时，应随时检查密封圈，发现损坏及时修复、更换。

（8）均质机停止使用应立即拆洗，以免物料残留。拆洗后，将机器重新装配好，用90℃以上的热水连续对泵体及管路消毒10min以上。

三、离心均质机

离心均质机常用于乳品生产，它不仅能进行均质，还可以去除牛乳中的杂质并分离稀奶油，又称为净化均质机。

1. 离心均质机的工作原理

离心均质机有一个高速旋转的转鼓，物料流至转鼓后受到强烈的离心作用，不同密度的组分便会被分离。例如，牛乳在离心均质机中会很快分成三相，密度最大的杂质被甩到转鼓四周，应定期排渣；密度适中的脱脂乳从上部的均质出口排出；密度最小的稀奶油被导入稀奶油室，室内有一个带尖齿的圆盘恒速旋转，与稀奶油发生激烈的相对运动并产生空穴作用，将脂肪球打碎，均质后的稀奶油可同脱脂乳一起流出。当脂肪球的细度未达到要求时，可以再回稀奶油室进一步均质。

2. 离心均质机的主要结构

（1）分离转鼓　离心均质机的主要工作部件是分离转鼓，它由转轴、碟片等组成。如图3－11所示，转轴上装有数十块锥形碟片，使液体物料在碟片间形成薄层流动，由于碟片的作用，减少了液体的扰流，减小了沉降距离，增加了沉降面积，从而大大增强了分离效率和生产能力。离心均质机工作时，转轴带动整个转鼓以6000r/min的速度旋转。

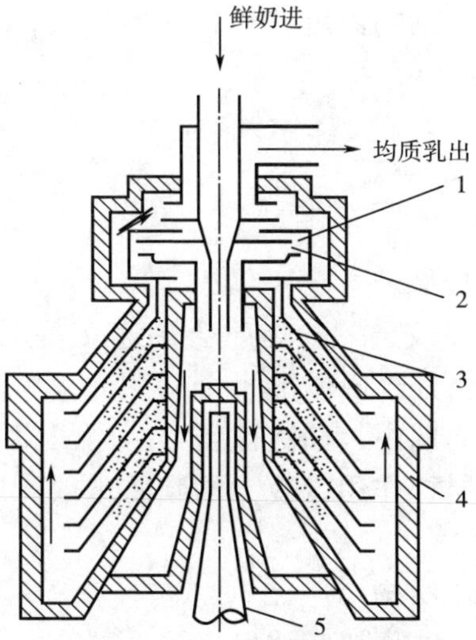

图3－11　离心均质机转鼓

1—稀奶油室　2—带齿圆盘　3—碟片　4—转鼓　5—转轴

（2）带齿圆盘　带齿圆盘处于稀奶油室内，与转鼓一起回转，是均质的关键构件。如图3－12所示，带齿圆盘边缘上均匀分布有突出的尖齿，一般为12个。齿的前端边缘呈流线型，后端边缘则削平。改变带齿圆盘的直径和齿数，可得到不同的破碎度。

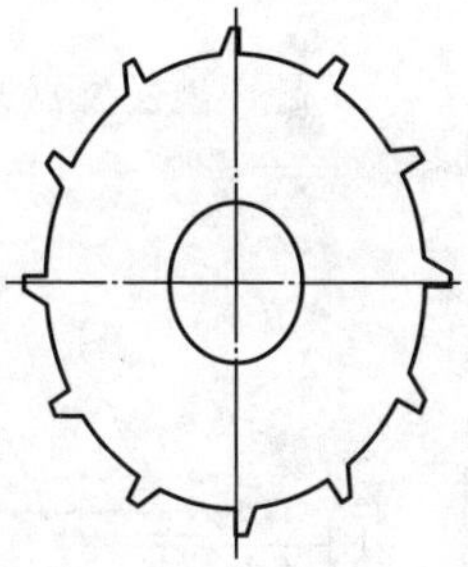

图3－12　带齿圆盘

3. 离心均质机的使用与维护

（1）启动时离心均质机振荡不稳，应在启动后将其调整到预定值。在转速稳定之后再次提高转速，以保证均质机稳定运行。

（2）均质机正常工作时要注意观察转速显示，保证转速处于正常工作范围内。

(3) 离心均质机两端重量要对称，运行前要配平。

(4) 要经常在机体连接轴处加一些润滑油，以免机体前端的填料缺油。

(5) 离心轴处于高速周期性变化的条件下，很容易损坏，应保证离心轴冷空气的连续供应，以降低离心轴的温度，延长其使用寿命。同时，应随时检查密封圈，发现损坏及时修复、更换。

四、超声波均质机

1. 超声波均质机的工作原理

超声波均质是利用超声波遇到物体时会迅速交替压缩和膨胀的原理设计的。如果将超声波导入料液，当处于膨胀的半个周期时，料液受到拉力，其中的气泡便膨胀，而在压缩的半个周期内，气泡被压缩。当压力振幅变化很大时，就会产生空穴作用和强烈的机械搅拌作用，使大的脂肪球或大颗粒碎裂，从而达到均质的目的。

2. 超声波均质机的基本结构

超声波均质机的主要构件是超声波发生器。超声波发生器有机械式、磁控式和压电晶体式的，其中机械式的最为常用，其超声波发生原理见图 3 – 13，结构见图 3 – 14。

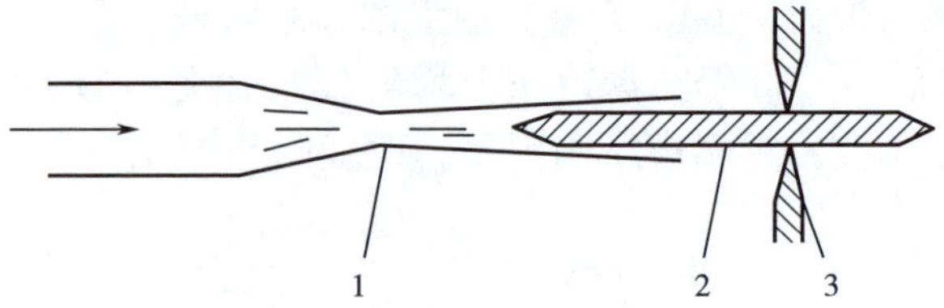

图 3 – 13　机械式超声波发生器原理示意图

1—缝隙　2—簧片　3—节点

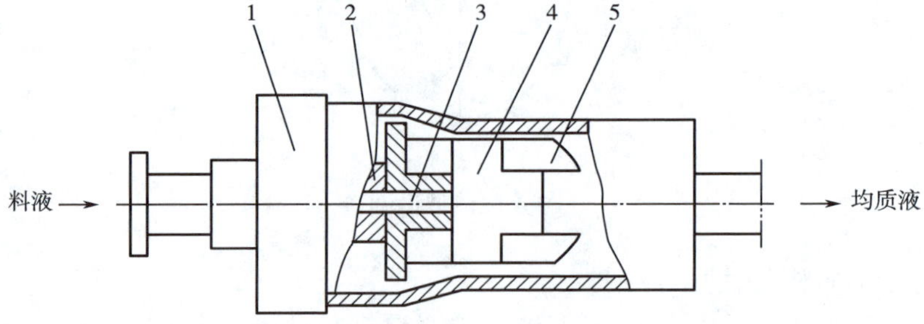

图 3 – 14　机械式超声波均质机结构简图

1—本体　2—调节器　3—喷嘴　4—簧片　5—节点

机械式超声波均质机的主要工作部件是喷嘴和簧片。簧片处于喷嘴前方，它是一个边缘呈楔形的金属片，被两个或两个以上的节点夹住。当料液在 0.4 ~ 1.4MPa 的压力作用下经喷嘴高速喷射到簧片上时，簧片便发生频率为 18 ~ 30kHz 的振动，所产生的超声波传给料液，使料液被均质，然后从出口排出。

3. 超声均质机的使用与维护

（1）启动前，应全面检查各紧固件及管道等接合是否紧固可靠。

（2）往动力箱注入清洁的机械油至油位线。一般情况下采用 HJ40 机械油，在高温场所工作应选用 HJ50 机械油。

（3）核对皮带轮转向，工作中严禁反向转动。接通柱塞冷却水，以出水成细线状即可。严禁在带压的情况下启动。

（4）启动后，应逐步调整到所需压力，避免压力突变引起冲击。如压力表剧烈跳动或压力上不去，则使压力表归零再松开放气装置螺钉，直至无气泡溢出，再将螺钉旋紧。

（5）在进行负荷运转时，工作压力不能超过额定压力值。停车前旋松均质机调压手柄，去除压力，待机器停转后再关闭进料管道上的阀门。

（6）定期检查机油，新机工作 100h 换油，以后每隔 1000h 换一次。

五、 胶体磨

胶体磨是一种磨制胶体或近似胶体物料的机械。它可以在极短的时间内对悬浮液中的固形物进行超微粉碎，同时兼有混合、搅拌、分散和乳化作用，成品粒径可达 1μm 以下。胶体磨广泛应用于果汁、果酱、植物蛋白、乳品、油脂及一些调味品、添加剂的生产中。

1. 胶体磨的工作原理

胶体磨的工作构件由固定磨体（定子）和高速旋转的转动磨体（转子）组成，两个磨体之间有可以调节的间隙。当料液通过这个间隙时，由于转子在高速旋转，使附着于转子面上的物料运动速度最大，而附着于定子面上的物料速度为零，在液流中产生了巨大的速度梯度，使物料受到强烈的剪切、摩擦和湍动作用，物料因而被磨碎、混合、分散和乳化。

2. 胶体磨的型式

胶体磨按转轴的位置可分为卧式和立式两种型式，见图 3 - 15 和图 3 - 16。卧式胶体磨的转子随水平轴旋转，定子与转子的间隙通常为 50 ~ 150μm，依靠转子的水平位移来调节。料液在旋转中心处进入，在间隙处被细化后从四周卸出。转子的转速为 3000 ~ 15000r/min。这种胶体磨适用于黏性相对较低的物料。

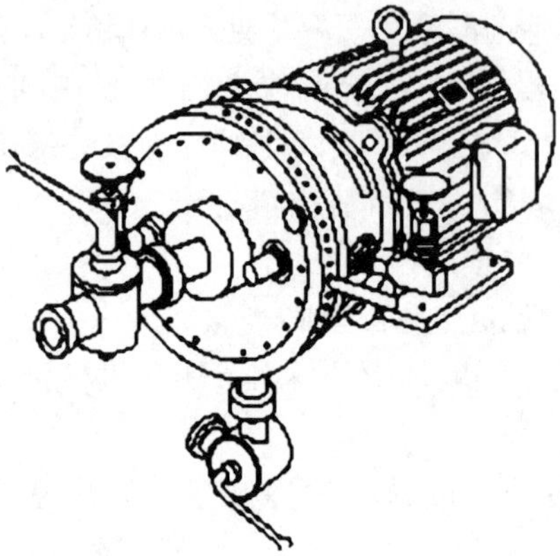

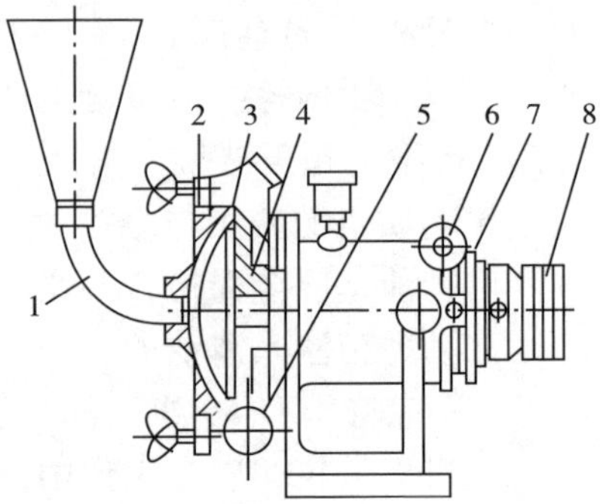

图 3－15　卧式胶体磨

1—进料口　2—工作面　3—转动磨体　4—固定磨体　5—卸料口
6—锁紧装置　7—调整环　8—带轮

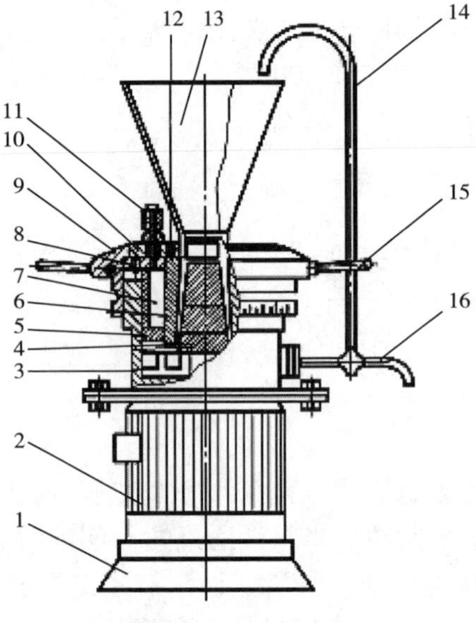

图 3－16　立式胶体磨

1—底座　2—电动机　3—磨体　4—旋转磨　5—固定磨套　6—固定磨　7—冷却水
8—限位螺钉　9—调节轮　10—盖板　11—冷却水接口　12—连接螺钉
13—料斗　14—循环管　15—调节轮手柄　16—出料管

立式胶体磨的转轴位于垂直方向，转子的转速为3000～10000r/min，适合于黏度相对较高的物料，其卸料和清洗都很方便。

3. 胶体磨的主要结构

胶体磨主要由进料斗、外壳、定子、转子、电动机、调节装置和底座等构成。

（1）转子与定子　转子与定子的配合有一定的锥度（1∶2.5 左右），其间隙可调。为了加强摩擦和剪切作用，以利于细化，两个磨体的表面各分三段，分别开有与轴线呈一定角度的沟槽。沟槽截面为矩形，沟槽宽度随物料的流向由粗到密排列，倾斜方向相反，而且两个磨体上相对应的沟槽方向也是相反的（图 3-17）。物料的细化程度由沟槽的倾斜度、宽度、沟槽间隙以及物料在转子与定子之间间隙的停留时间等因素决定。

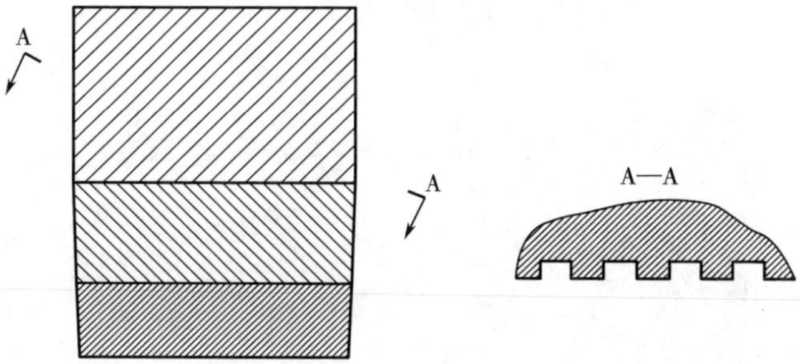

图 3-17　固定磨表面展开图

（2）间隙调节装置　通过定子的升降可改变转子与定子的间隙。转动调节手柄可由调节轮带动定子轴向位移而改变间隙的大小，调节程度可在调节轮的刻度上显示出来，一般调节范围在 0.005～1.5mm。调节轮下方设有限位螺钉，避免转子和定子相碰。

（3）回流及冷却装置　胶体磨转速较高，为了达到理想的效果，物料往往要磨几次。回流装置是在出料管上安装一个蝶阀，阀前接一条循环管通向料斗。当需要多次磨制时，关闭蝶阀则物料回流，物料细度达到要求时，打开蝶阀即可排料。

磨制过程中物料会由于摩擦而升温，在定子与定子磨套之间形成一环形水槽，物料热量可由水槽中的冷却水带走。

4. 胶体磨的使用与维护

（1）连接好进料斗或进料管，出料口或出料循环管。接上冷却水管和排漏管。

（2）安装好电力启动器，配上电流表及指示灯。接上电源后，应开机运转判别电机转向从进料口看方向应为顺时针（注意空转不得超过 5s）。

（3）调节磨片间隙，将两手柄旋松（逆时针），然后顺时针转动调节环，用一只手伸入底座方口内转动电机分叶，当转动调节环感到有少许摩擦时马上停止。再反转调节环少许使磨片间隙大于对准数字，一般在满足加工物料细度要求的情况下，尽可能使磨片间隙稍大些。这样可以使磨片使用寿命更长。然后再顺时针旋紧手柄就锁紧了调节环，使磨片间隙固定。

（4）彻底消毒、清洗机体内部。

（5）接通冷却水，开始工作运转时，先将物料加入到料斗，然后开机。

（6）加工物料不允许有石英、碎玻璃等硬物质混入磨中，否则将损坏动、静磨片。

（7）注意电动机负荷，若发现过载要减少投料。

（8）胶体磨属高精机械，磨片间隙极小，动转速度高，操作人员应严守岗位，按规章操作，发现故障及时停机，排除故障后再开机。

（9）胶体磨使用后，应彻底清洗勿使物料残留机内，以免机械密封黏结引起泄漏。

项目三 混合机械

一、粉料混合机

粉料混合机的作用对象是两种或两种以上具有一定流动性的粉料颗粒，通过混合机的混合作用使其成为各组分浓度均匀的混合物。混合机按混合容器是否旋转可分为旋转容器式混合机和固定容器式混合机。

1. 旋转容器式混合机

旋转容器式混合机是间歇操作的混合机械，这种混合机用驱动轴水平地支承着容器，容器内放入两种以上的粉粒物料，驱动轴带动容器自身回转而完成物料的混合。由于这种机构非常简单，混合效果良好，因此应用广泛。

（1）基本结构　旋转容器式混合机由旋转容器及驱动转轴、机架、减速传动机构和电动机组成，旋转容器内部无搅拌工作部件。正常工作时，容器内物料在容器的带动下向上运动，然后在自重下回落，造成上下翻动和侧向运动，从而不断进行扩散，达到混合的目的。旋转容器是此类混合机的重要构件，它的形状决定了混合操作的效果。容器的内表面要求光滑平整，以减少器壁对物料的摩擦、黏附作用。为了加强物料的混合，减少混合操作时间，有时在容器内安装几个固定抄板。旋转容器式混合机的驱动轴水平布置，轴径与选材以满足装料后的强度和刚度为准。减速机构要求减速比大，常采用蜗轮蜗杆、行星减速器等传动装置。

（2）主要型式

①圆筒型混合机：这类混合机可分为两种（图 3－18）。一种是水平型混合机，其圆筒容器水平放置，驱动轴与圆筒的中心线重合。这种混合机作业时两端物料混合得不彻底，混合效率低，一般不采用。常用的一种是倾斜型混合机，其圆筒容器倾斜放置，驱动轴与圆筒中心线成一个小的角度，这样物料在容器内运动情况复杂，混合效果好。混合容器多用不锈钢制作，盛装物料可达容器体积的

60%，转速为 40 ~ 100r/min。圆筒型混合机适合于对调味料以及啤酒的原料麦芽等进行混合。

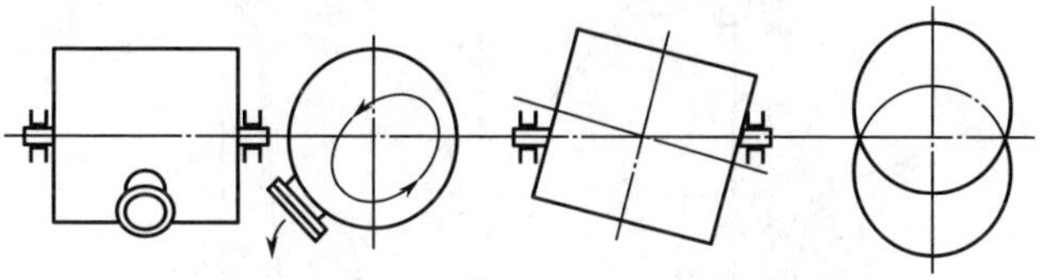

（1）水平型　　（2）倾斜型

图 3 – 18　圆筒型混合机示意图

②双锥型混合机：如图 3 – 19 所示，它的容器由两个锥底相连的圆锥体构成，驱动轴固定于锥底部分。一个锥顶为原料的入口，另一个锥顶为已混合物料的出口。由于容器呈圆锥形，所以物料能产生强烈的滚动作用，具有易流动和混合较快的优点，同时物料排出彻底。双锥的锥角根据被混合物料的逆止角来确定，常用 90°和 60°两种。为了混合得彻底，容器内可设有搅拌桨叶。双锥型混合机的转速为 5 ~ 20r/min。

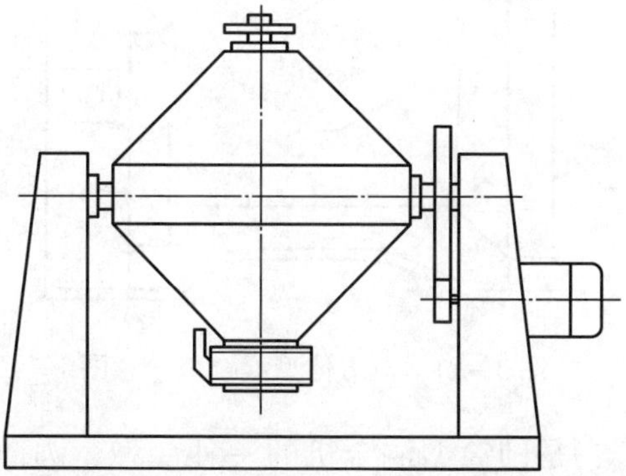

图 3 – 19　双锥型混合机示意图

③V 形混合机：又称双圆角形混合机，如图 3 – 20 所示。混合容器由两个倾斜的圆筒组成，两圆筒的交角为 60° ~ 90°，容器用内表面抛光的不锈钢制造，与驱动轴非对称布置。其工作原理与双锥型混合机类似，但由于 V 形容器的非对称性，操作时物料时聚时散，产生比双锥型混合机更好的混合效果。V 形混合机的装料量为容器体积的 10% ~ 30%，工作转速为 6 ~ 25r/min，混合时间一般约 4min/次。它适用于各种干粉状食品（如面粉、玉米粉、麦麸等）的混合。该类混合机也有在回转轴上装搅拌桨叶的，可混合凝聚性强的物料。

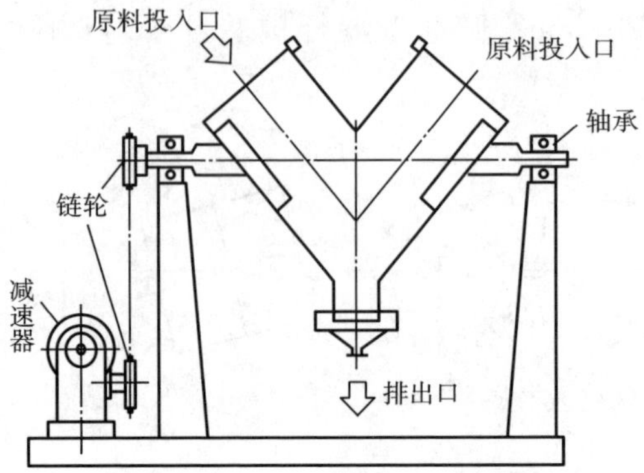

图 3－20　V 形混合机

④立方体型混合机：如图 3－21 所示，其混合容器呈立方体形。混合操作时，物料在空间力的作用下做三维的复杂运动，强化了混合效果，消除了混合死角，大大缩短了混合时间。这种混合机适合于咖啡等贵重粉料食品的混合。

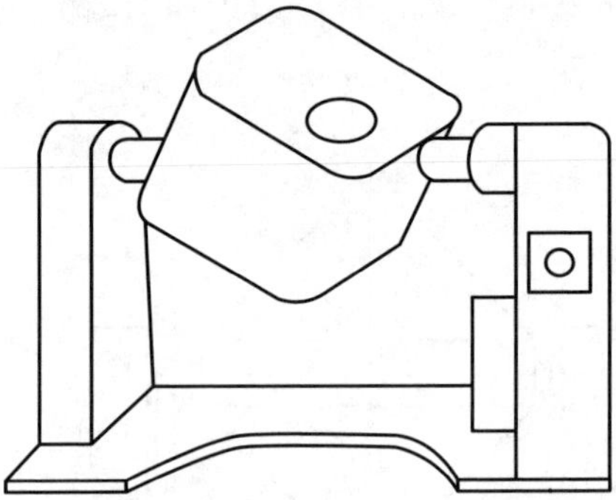

图 3－21　立方体型混合机示意图

⑤轮筒型混合机：它是圆筒型混合机的一种变型，圆筒变为轮筒，消除了混合死角，如图 3－22 所示。该混合机容器较小，装料少，适合于对小食品包裹调味料或者包糖衣的操作。

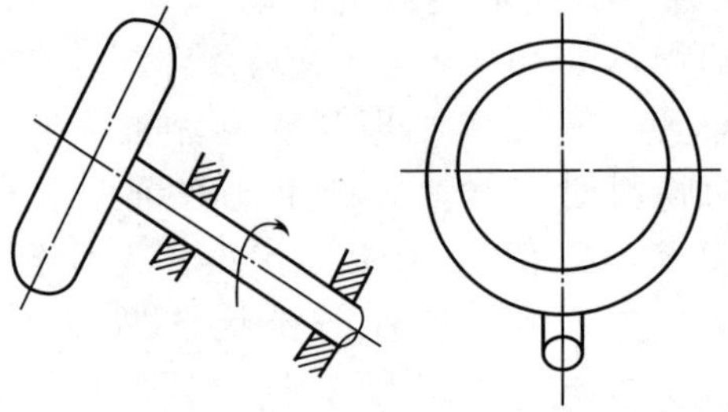

图 3－22　轮筒型混合机示意图

（3）旋转容器式混合机的使用

①此类混合机的一次投料量为容器体积的30%～50%。如果投料量过大，则混合空间减小，搅拌效果不理想。

②在容器旋转过程中，内部的物料会受到重力和离心力的双重作用。当离心力大于重力时，固体颗粒会在离心力的作用下紧贴器壁不下落，达不到混合效果。为了获得好的混合效果，容器的转速应低于临界转速，最佳的转速一般等于临界转速的80%。

③因容器的旋转速度较低，动力消耗不大，故混合功率一般为配用额定电动机功率的50%～60%。

2. 固定容器式混合机

固定容器式混合机的特征是容器固定，内部设有回转的搅拌桨叶或绞龙螺旋，强制性地分散、切断物料，物料在容器内有确定的流动方向，属于对流混合，适用于物料的性质差别较大及混合比较大、混合精度要求高的场合。由于容器固定，物料进出方便，有些类型的固定容器式混合机可以实现连续操作。

（1）螺带式混合机　螺带式混合机的搅拌容器内装有薄而细长的螺旋带状桨叶，靠桨叶的回转来完成对物料的混合操作。此类混合机的型式较多，根据螺带的安装位置可分为卧式螺带混合机、立式螺带混合机和倾斜式螺带混合机等，如图3－23～图3－25所示。

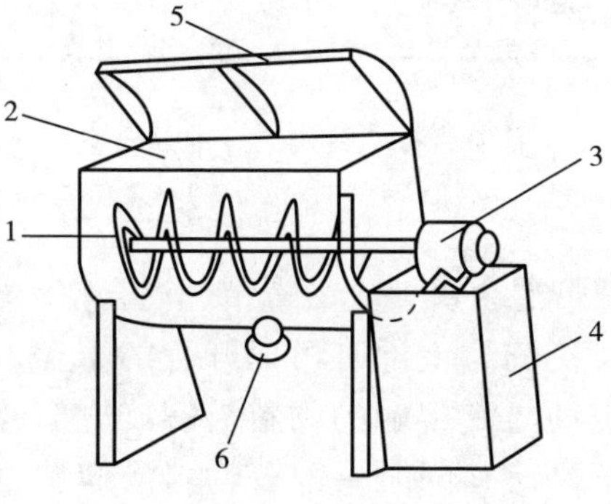

图3－23　卧式单螺带混合机

1—螺带　2—混合室　3—驱动装置　4—机架　5—上盖　6—卸料口

螺带式混合机混合容器的长度一般为其宽度的3～10倍，工作转速为20～60r/min，装料量为容器体积的30%～40%。此类混合机的尺寸范围很宽，小型混合机混合容器的容积只有1L，大型的可达14×10^3L。该机结构简单，操作维修方便，广泛应用在流动性较差的粉粒状物料的混合及在粉粒状物料内掺入少量液体的混合操作中。

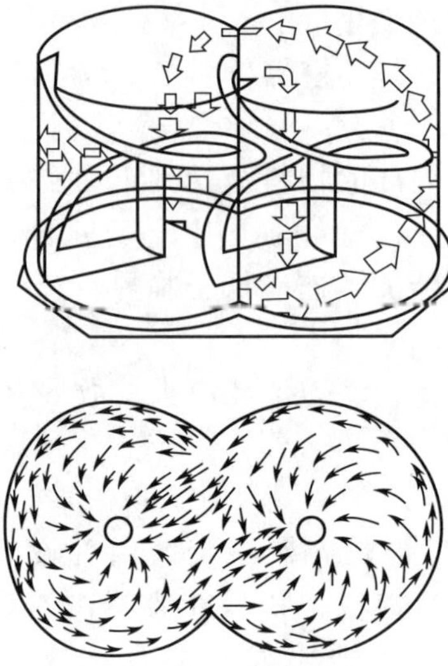

图 3－24　立式螺带混合机

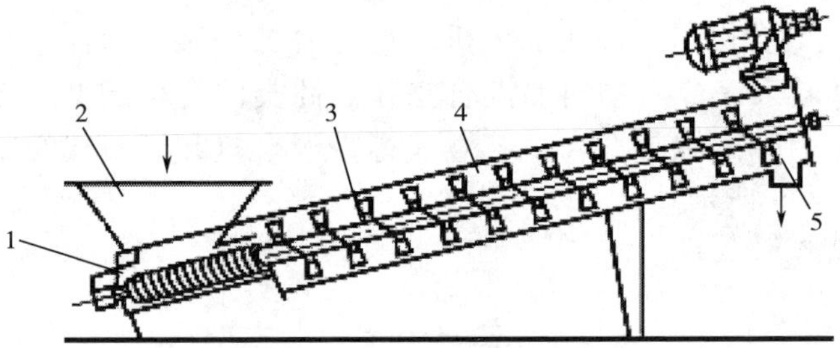

图 3－25　斜式单螺带混合机

1—输送螺杆　2—加料斗　3—螺带　4—混合室　5—排料口

图 3－23 为卧式单螺带混合机，它由螺带、混合室、驱动装置和机架组成。混合室是一个两端封闭的半圆筒，上部有可以开合的上盖，下部有卸料口。当螺带旋转时，螺带推力棱面带动与其接触的物料沿螺旋方向移动。由于物料间的相互摩擦作用，使得物料上下翻滚，同时一部分物料沿螺旋方向进行轴向滑移，四周的物料又填充到螺带推力棱面的背侧，实现了对物料的翻拌。卧式单螺带混合机主要是靠物料的径向运动实现混合，而物料在轴向的运动由于其在螺旋方向的堆积而变得很弱，因此混合精度不高。

（2）垂直螺旋混合机　垂直螺旋混合机如图 3－26 所示，其容器为立式，容器中央设有螺旋状的驱动轴（垂直螺杆），轴的四周是一个套筒，容器上部设有一块由驱动轴带动的甩料板。工作时，螺旋状驱动轴将物料从套筒底部提升至上部，在甩料板的旋转作用下被抛落到容器周围慢慢落下，至底部后又被螺旋状驱动轴提升，如此循环往复，直至混合到预定程度，由下部的出料口排出。

此类混合机驱动轴转速一般为200~300r/min，混合时间为10~15min。其特点是配用动力小，占地面积小，一次装料量多，但每批物料混合时间长，卸料后容器内物料残留量较多。

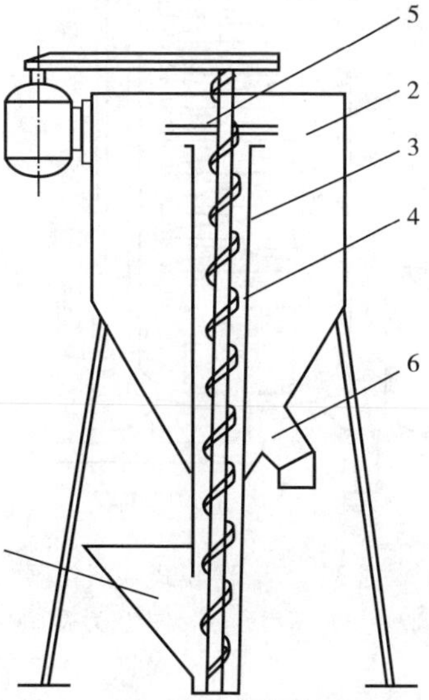

图3-26　垂直螺旋混合机

1—料斗　2—料筒　3—内套筒　4—垂直螺杆　5—甩料板　6—出料口

二、气液混合机

食品工业中最常见的气液混合操作是碳酸饮料生产中的碳酸化。碳酸化就是使CO_2与冷净水或糖浆充分接触，让CO_2溶解在液体中，制成含CO_2的饮料。生产碳酸饮料的气液混合设备称作碳酸化器，常用的碳酸化器有三类：薄膜式碳酸化器、喷雾式碳酸化器和喷射式碳酸化器。

1. 薄膜式碳酸化器

如图3-27所示，薄膜式碳酸化器的主体是一个压力容器，经过滤、减压处理后的CO_2气体恒定地向压力容器中输入，容器内CO_2的压力控制在0.4~0.6MPa。容器内部安装有几组吸收圆盘，经过滤、冷却处理的水引入圆盘。当水流经圆盘的曲面时，形成薄薄的水膜，这样使充满在容器中的CO_2与水充分接触，既延长了水在CO_2气体中的停留时间，又扩大了水与CO_2接触的面积，在水成膜状流动的过程中，完成碳酸化。碳酸化后的水由压力容器下部的出口流出。

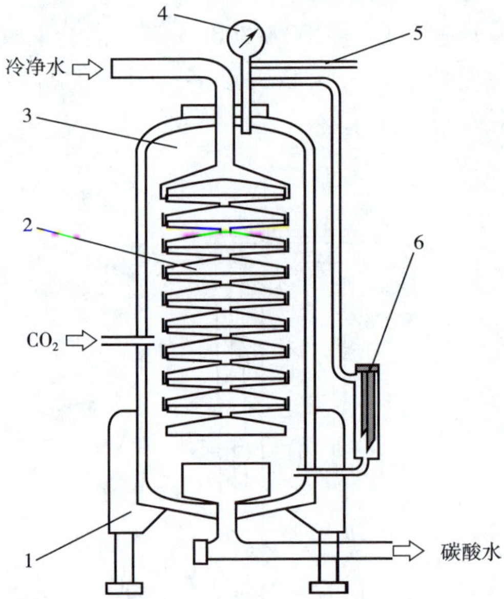

图 3－27　薄膜式碳酸化器

1—机架　2—吸收圆盘　3—压力容器　4—压力表　5—排气管　6—液位计

该设备结构简单，操作方便，碳酸化效果主要由吸收圆盘的数目确定，适合于小型生产。

2. 喷雾式碳酸化器

喷雾式碳酸化器的基本结构如图 3－28 所示，该机由双作用式活塞泵、碳酸化罐、机座和管路组成。其主体结构碳酸化罐由钢板焊接而成，内衬不锈钢胆，具有足够的耐酸、耐压性能，胆和罐壁间填充有隔热材料。罐外分别装有进 CO_2气体的止逆阀、液位显示控制器、排放阀及压力表。CO_2气体止回阀是用来限制 CO_2逆流的；水位指示器可观察罐内水位的变化，同时也是水位控制器，通过指示玻璃管内的两根电极控制泵的起动和停止，使水位限定在一定范围内；排放阀用来排出罐内的空气，以免影响 CO_2与水的混合效果；压力表安装在罐顶部，用于直接观察罐内压力，一般不超过 0.8MPa，正常工作压力为 0.4～0.5MPa。

喷雾式碳酸化器工作时 CO_2充满罐内空间，活塞泵将水泵入碳酸化罐中央的竖管，形成高压水，通过可转动的压力喷头或固定的离心式雾化器将水分散成极小的液滴，在 CO_2气体中落下，与 CO_2气体充分接触，形成碳酸水。

这种碳酸化器管路由优质钢管或不锈钢管及黄铜管件连接而成，进水混合及出水管路完全封闭，其构造便于拆装及清洗。整台机器结构简单，检修方便，混合效果好。

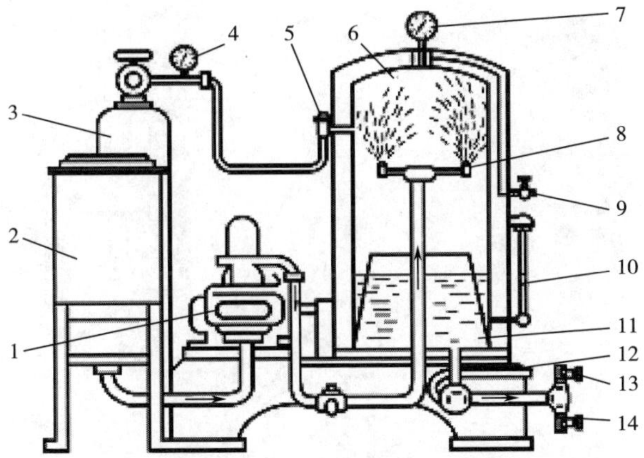

图 3－28　喷雾式碳酸化器示意图

1—双缸活塞泵　2—贮水缸　3—二氧化碳钢瓶　4—压力表　5—止逆阀　6—碳酸化罐　7—压力表　8—喷嘴　9—入气阀　10—液位显示控制器　11—碳酸水　12—接安全阀　13—放碳酸水截止阀　14—排放阀

3. 喷射式碳酸化器

喷射式碳酸化器是近年来应用越来越多的一种高效气液混合设备，它的主要构件是一支文丘里管。处理水经加压后进入液体通道，当水流至收缩的喷嘴处时，流速剧增。由流体力学原理可知，随着流速的增加，水的内部压力迅速下降，形成低压区，这样就会不断地吸入 CO_2。当水离开喷嘴后，周围的环境压力与水的内部压力形成较大的压差。为了维持平衡，水会爆裂成细小的水滴，同时，水与气体分子间有很大的相对速度，使水滴变得更加细微，增大了水与 CO_2 的接触面积，提高了混合效果。

图 3－29 是喷射式碳酸化器，经处理和冷却的水由一台离心式多级泵加压到 1MPa 左右，通过不锈钢水管输送给文丘里管，文丘里管直径为 40～60mm，长 350～400mm，水由喷嘴高速喷射，与 CO_2 混合后进入气水储罐。这种碳酸化器占地面积小，使用效果好，可进行多级并联，适应不同生产能力的要求。

4. 碳酸化器的使用

（1）工作时要定时开启放气阀，以排出罐内空气，并定时检查成品含气量。

（2）经常观察玻璃液位计显示的罐内水位。

（3）注意压力表读数在正常工作时应不大于 0.8MPa。

（4）定时检查安全阀，防止调整弹簧失灵、发生事故。

（5）注意 CO_2 钢瓶的放置位置，应避免阳光直射，远离明火并注意搬运时轻拿轻放。

（6）随时用温水或凉水浇洒，除去 CO_2 钢瓶减压阀上的霜。

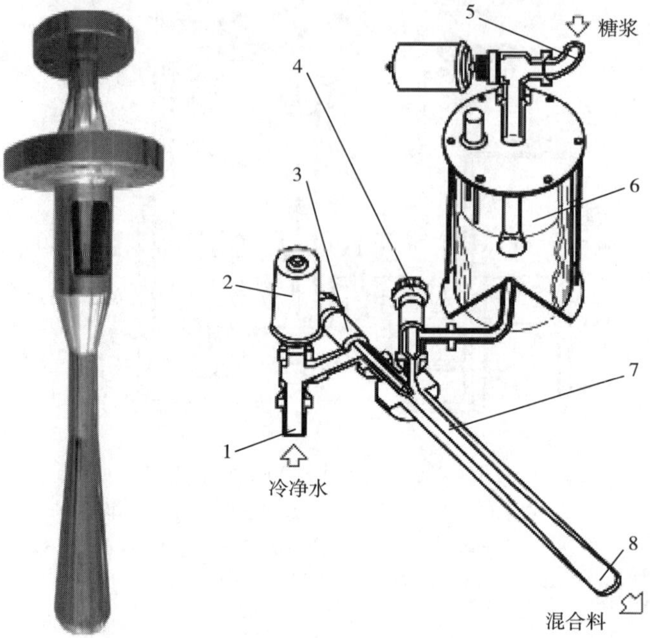

图 3－29　喷射式碳酸化器

1—水进口　2—压缩空气阀　3—节流阀（调节水量）　4—调节阀（调节贮浆）

5—糖浆进口　6—平衡量　7—文丘里管　8—喷嘴

项目四　调和机械

调和机主要加工高黏度糊状物料及黏滞性固体物料，它可以完成在粉状物料中加入少量液体或在高黏度物料中加入少量粉体、液体，形成均匀的塑性物料或膏、糊状混合物等工艺操作，并根据工艺需要完成捏合、充气等操作。调和机械广泛应用于焙烤食品及糖果、人造奶油、鱼肉制品和混合干酪的生产中。

一、调和原理及调和机分类

1. 调和原理

调和机械所处理的物料大多数是黏度极高的浆体或塑性固体，流动性极小，搅拌器造成的物料局部运动不能波及整个容器，所以调和操作不能像高流动性物料混合那样依靠对流扩散或分子扩散，而是对流混合、扩散混合和剪切作用同时发生的过程。

调和操作依赖于搅拌器与物料之间的充分接触，搅拌器的运动范围须遍及调和容器的各个部位，其作用面积和转速随物料的黏度而异，物料黏度越高，搅拌器的作用面积越大，转速越慢。

一般打蛋机的转速较高，在 70 ~ 270r/min 范围内，而调粉机则转速较低，多为 25 ~ 35r/min。

2. 调和机的分类

根据搅拌容器轴线位置的不同，调和机可分为立式调和机和卧式调和机；根据搅拌轴数量的不同，调和机可分为单轴调和机、双轴调和机和多轴调和机；根据调和操作情况的不同，调和机可分为间歇式调和机和连续式调和机；根据搅拌轴转速的不同，调和机可分为高速调和机和低速调和机；根据被调和物料的不同，调和机可分为打蛋机和调粉机等。

二、 打蛋机

打蛋机用于搅打黏稠性浆体物料。在食品工业中常常用来打发蛋白液、奶油，在蛋糕生产中调制面浆，在软糖生产中搅打糖浆等。由于打蛋机的转速高于调粉机的转速，因此打蛋机也称为高速调和机。

常用的打蛋机为立式的，由搅拌器、调和容器、传动装置及容器升降机构等组成。图 3 - 30 为立式打蛋机的结构简图。打蛋机工作时，电动机通过传动机构带动搅拌器转动，搅拌器按一定规律与容器相对运动搅拌物料，搅拌器的运动规律在相当大程度上影响着搅拌效果。

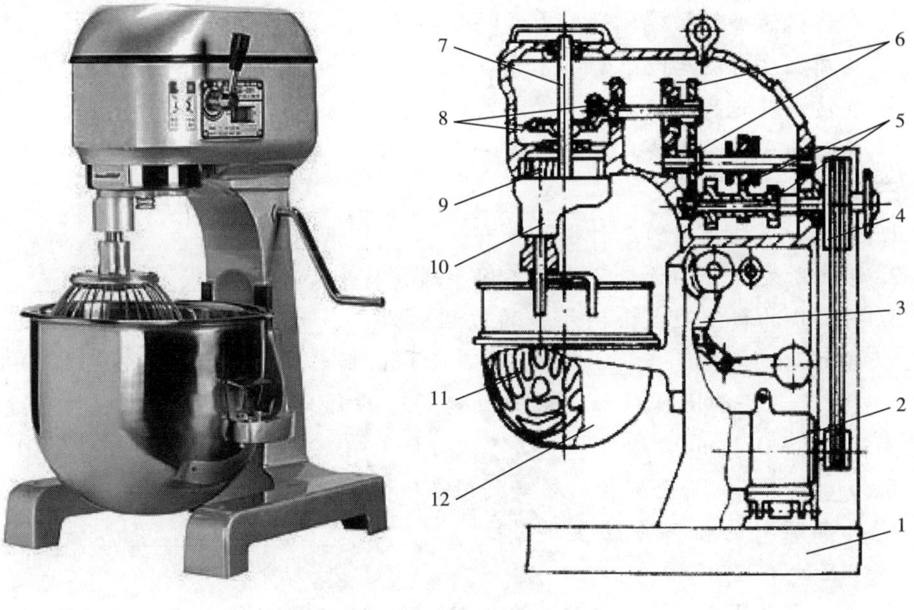

图 3 - 30　立式打蛋机结构简图

1—机座　2—电动机　3—容器升降机构　4—带轮　5—齿轮变速机构　6—斜齿轮
7—主轴　8—锥齿轮　9—行星齿轮　10—搅拌头　11—搅拌桨叶　12—搅拌容器

思考与练习

一、选择题

1. 磨粉机上设置张紧调节装置的目的是（　　）。

A. 增大运行阻力　　B. 避免物料在辊筒上打滑

C. 减小物料在两辊间的缝隙度　　D. 清洁磨辊

E. 减少振动

2. 清粉机的作用是（　　）。

A. 清理原料杂质　　B. 筛理物料

C. 分级物料　　D. 清理粉尘

3. 均质是将脂肪球（　　）。

A. 变大　　B. 变小

C. 不变　　D. 不稳定

4. 胶体磨是一种超微（　　）加工设备。

A. 干粉碎　　B. 破碎

C. 湿粉碎　　D. 粗粉碎

二、判断题

1. 胶体磨有立式胶体磨和卧式胶体磨，卧式胶体磨使用较多。（　　）
2. 各种粉碎机械一般都不只是采用一种方法对物料进行粉碎。（　　）
3. 粉碎机的公称粉碎比一般大于平均粉碎比。（　　）
4. 均质温度对均质效果影响不大。（　　）
5. 均质温度越高越好。（　　）
6. 离心均质机的主要工作部件是一个高压均质阀。（　　）

三、填空题

1. 立式打蛋机常用的三种搅拌桨有________、________、________。

2. 根据所处理食品物料尺寸的不同，通常将粉碎分为________和________。

3. 将大块物料处理成小块物料的过程称为________。其中物料被处理后的直径大于100mm时称为________，为30~100mm时称为________，为3~30mm时称为________。将小块物料加工成为细粉的过程称为________。其中物料被处理后的直径为3~0.1mm时称为________，为0.1~0.03mm时称为细磨，为0.03mm以下称为________，将全部物料粉碎到微米级的粒度称为________。

4. 食品原料的粉碎方法主要有________、________、________、________、________五种。

5. ________是确定粉碎工艺以及选用粉碎机的重要依据。

6. 粉碎机常用最大允许进料口尺寸与最大出料口尺寸之比作为粉碎比，称为________。

7. 物料粉碎前的平均直径与物料粉碎后的平均直径之比称为________。

8. 均质机在工作时一般通过________、________、________三种作用协同达到均质目的。

9. 高压均质机主要由________、________、________及________等组成。

10. 离心均质机常用于________生产。

11. 胶体磨的工作构件是由________和________组成。

12. 胶体磨按转轴的位置可分为________和________两种型式。

13. 常用的碳酸化器有________、________和________三种。

14. 根据搅拌容器轴线位置的不同，调和机可分为________和________。

15. 根据搅拌轴数量的不同，调和机可分为________、________和________。

16. 根据调和操作情况的不同，调和机可分为________和________。

17. 根据搅拌轴转速的不同，调和机可分为________和________。

18. 根据被调和物料的不同，调和机可分为________和________。

四、简答题

1. 简述粉碎的目的和方法。
2. 简述锤式粉碎机的特点及结构。
3. 辊式磨粉机的使用与维护过程应注意什么？
4. 均质的目的和原理是什么？
5. 简述离心均质机的工作原理及使用场合。
6. 简述超声波均质机的工作原理。
7. 如何进行高压均质机的使用与维护？
8. 胶体磨是如何工作的？它有哪两种型式？
9. 简述粉料混合机的型式。
10. 什么是碳酸化？简述碳酸化器的型式。
11. 什么是调和加工？简述调和机的工作原理及分类。
12. 简述调粉机的工作过程。

实训五 均质机的使用、调整与维护

一、目的要求

通过实训，使学生熟悉均质机的构造，掌握均质机的正确使用和维护方法，并能正确调整均质机。

二、设备与工具

（1）高压均质机或胶体磨 2 台。

（2）专用工具 2 套。

（3）鲜牛乳 40kg。

（4）显微镜 2 台。

三、实训内容及步骤

（1）清洗均质机，并进行消毒处理。

（2）接通均质机电源，连接好均质机水冷却管。开机进行试运转，检查各运动部件运转是否正常。

（3）运转正常后，加入 10kg 鲜牛乳，进行均质。在显微镜下观察均质后的奶油颗粒与均质前的奶油颗粒变化情况。

（4）停机后，调整高压均质机的均质压力（变大或变小）或胶体磨的定、动磨盘间的间隙。

（5）再加入 10kg 鲜牛乳进行均质。

（6）将未均质的奶油颗粒与两次均质的奶油颗粒在显微镜下对比，观察三种状态下奶油颗粒的变化情况，并得出均质物料颗粒与压力或间隙之间的关系。

（7）将均质机拆卸，清洗高压泵、均质阀或定、动磨盘及其他部件，并擦拭干净。

（8）待各零部件晾干后，将均质机重新装配。

实训六 锤式粉碎机的使用、调整与维护

一、目的要求

通过实训，使学生熟悉锤式粉碎机的构造，掌握锤式粉碎机的正确使用和维护方法。

二、设备与工具

（1）锤式粉碎机 2 台。

（2）专用工具 2 套。

（3）大米 5kg。

三、实训内容及步骤

（1）清理锤式粉碎机，并进行消毒处理。

（2）接通锤式粉碎机电源，并进行试运转。

（3）运转正常后，加入 1kg 大米，观察粒度。

（4）再加入其余 4kg 大米，磨粉。

（5）断电，清理粉碎机仓，并擦拭干净。

（6）待各零部件晾干后，将锤式粉碎机装配好。

模块四

热加工机械与设备

学习目标

1. 了解食品加工中预煮、油炸、杀菌和焙烤等常用的热加工方法及设备的工作原理。

2. 掌握预煮、油炸、热杀菌、焙烤及烟熏、蒸煮、烘干装置的分类、结构及其操作。

项目一 杀菌机械

杀灭和抑制食品中微生物的主要方法有热、冷、辐射、盐渍、干燥、烟熏等。为更好地保全食品质量，通常采用加热杀菌的办法。

食品工业中，加热是杀灭和抑制微生物最重要的方法。加热杀菌方法分为湿热杀菌法和干热杀菌法。所谓湿热杀菌是利用热水和蒸汽直接加热以达到杀菌目的，这是一种最常用的杀菌方法；干热杀菌是利用热风、红外线、微波等加热以达到杀菌目的。

加热杀菌的温度和时间密切相关，即温度越高，杀灭微生物所需时间越短。虽然温度和时间都是杀灭微生物所需要的必要条件，但在破坏微生物作用上，同样有效的不同温度－时间组合对食品的损害程度远远不同。在现代加热杀菌中，这是最重要的实践。

在杀菌温度－时间组合中，高温对微生物的致死至关重要，但对损害食品色泽、风味、质地和营养价值等更重要的因素是时间长，而不是温度高。如果用肉毒杆菌接种牛乳，然后把样品分别按 100℃、33min，116℃、10min，127℃、1min 的条件下加热，尽管其杀菌效果相同，但对牛乳的热损害程度却大为不同：加热 33min 的样品具有一定蒸煮味并呈浅棕色；加热 10min 的样品也似乎有同样的质量问题；加热 1min 的样品虽稍过热，但其品质与未经加热的牛乳差异不大。

在微生物与各种食品之间，敏感性在时间和温度方面的差异是一种普遍现象。微生物对高温的相对敏感性比食品对高温的相对敏感性要大，温度每上升 10℃，大致能使导致食品变质的化学反应速率加快 1 倍，而当温度高于微生物的最高生长温度时，每上升同样的 10℃，会使微生物破坏的速率加快 10 倍。实践证明，经高温短时灭菌处理的食品，其色、香、味和营养素损失较小，如维生素能保留 95%，并可在常温下贮存、流通且有较长的保质期。因此，只要技术条件可能，对热敏性食品应尽可能采用超高温短时灭菌（UHT）处理，以利于保证食品的质量。

图 4 - 1 是牛乳灭菌和发生褐变时的时间 - 温度曲线，可以进一步证明高温短时灭菌（UHT）的品质保证。

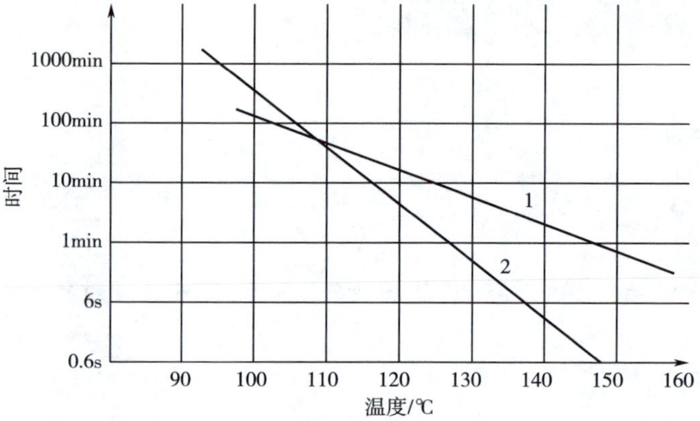

图 4 - 1　牛乳灭菌及褐变的时间 - 温度曲线

1—褐变的最低时间 - 温度条件　2—灭菌的最低时间 - 温度曲线

图中实线 1 为牛乳褐变的温时下限，实线 2 为灭菌的温时下限。从图中可以看出，若选择灭菌条件 110 ~ 120℃、15 ~ 20min，则两线之间间距非常近，说明生产工艺条件要有十分严格的措施来维持，这在实际生产上很难办到。而选择 UHT 灭菌条件（137 ~ 145℃、2 ~ 5s）时，两线之间间距较远，说明产生褐变及其他缺陷的危险性较小，生产工艺条件较易控制。在这种杀菌条件下，产品的颜色、风味、品质及营养等没有受到很大的损害，所以该技术比常规方法能更好地保全食品的品质及风味。

一、液体物料超高温杀菌设备

超高温短时杀菌法是将食品在瞬间加热到高温而达到杀菌目的。此法将通常杀菌温度从 120℃ 提高到 135 ~ 145℃，仅需 3 ~ 5s 就可将微生物孢子完全杀灭。随着杀菌温度的升高，微生物孢子致死速度远比食品受热发生化学变化而劣变的速度快，因而瞬间高温可充分灭菌但对食品质量影响不大，几乎可以保持食品原有的色、香、味，这对牛乳、果蔬汁等热敏性食品尤为适用。

超高温短时杀菌法有直接加热杀菌法和间接加热杀菌法两种。直接加热杀菌法是用蒸汽或电阻管直接加热物料，传热效率高，但不易控制；间接加热法是加热介质通过热交换器进行加热。无论何种方式的超高温短时杀菌设备都必须保证物料瞬时超高温杀菌和加热后迅速冷却，以保证食品质量。

超高温短时杀菌成套设备主要由预热器、杀菌器、冷却器、均质机和清洗设备（CIP）构成。流体食品由泵和均质机连续输送进行预热、杀菌、冷却等加工后进入下道工序，CIP 设备则在设备开机前和关机后对全套设备（包括管路、泵等）进行程序控制清洗，保证设备在无菌条件下运转。

（一）直接加热超高温短时杀菌设备

1. 蒸汽加热式杀菌设备

蒸汽加热式加热器有两种类型——喷射式加热器和注入式加热器。前者是加热器将蒸汽喷射到牛乳流体中，后者则是将牛乳注入蒸汽流中。

（1）喷射式加热器　采用喷射式加热器的超高温短时杀菌设备有多种类型，其基本原理都是将蒸汽喷射到牛乳中，使牛乳迅速升温到 140℃左右，然后通过真空罐瞬间冷却至 80℃。图 4－2 是英国 APV 公司 6000 型直接蒸汽喷射超高温短时杀菌设备的杀菌工艺流程图。

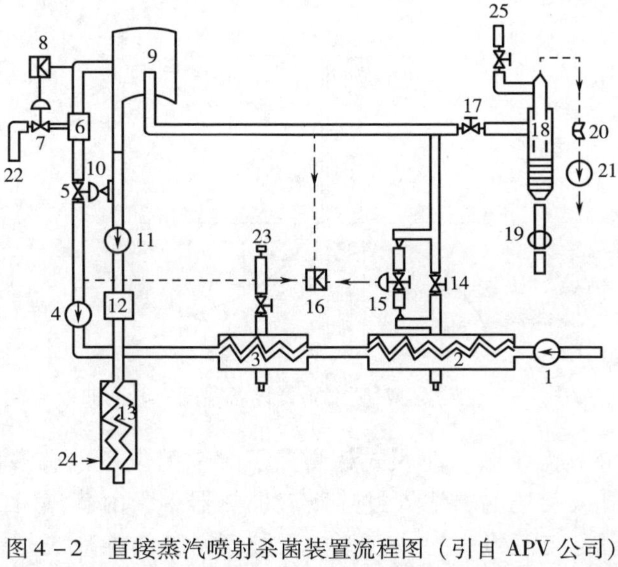

图 4－2　直接蒸汽喷射杀菌装置流程图（引自 APV 公司）

1—输送泵　2—第一预热器　3—第二预热器　4—乳泵　5—流量气控阀　6—直接蒸汽喷射杀菌器　7，15—蒸汽气控阀　8—杀菌温度调节器　9—真空罐　10—装有液面传感器的缓冲器　11—无菌乳泵　12—均质机　13—灭菌乳冷却器　14，17—蒸汽阀　16—相对密度调节器　18—喷射冷凝器　19—冷凝器泵　20—真空调节阀　21—真空泵　22—高压蒸汽　23—低压蒸汽　24，25—冷却水

原乳由转运泵从低温恒位槽中抽出，经第一预热器进入第二预热器，牛乳温度升高至75～80℃，然后在压力下由乳泵抽出，经流量气控阀送到直接蒸汽喷射杀菌器，在该处向牛乳内喷入压力为1.0MPa的蒸汽，瞬间加热到150℃。在保温管中保持这一温度约达2.4s，然后闪蒸（急速蒸发）进入真空罐中，在低压下牛乳水分闪蒸而消耗热量，牛乳温度被迅速冷却到77℃左右。利用喷射冷凝器冷凝蒸汽和由真空泵抽出不凝气体使真空罐保持一定的真空度。喷入牛乳中的蒸汽应在真空罐中汽化时全部除去，同时带走可能存在于牛乳中的一些臭味。排出的蒸汽一部分送入第一预热器，用于预热进入的冷牛乳。经过杀菌处理的牛乳收集在闪蒸真空罐底部，并保持一定的液位，然后用无菌乳泵送至无菌均质机，以30～35MPa的压力均质，使牛乳中的蛋白质和脂肪均匀混合并稳定。经均质的无菌牛乳在无菌乳冷却器中进一步冷却到10～15℃后，直接送往无菌包装机，或送入无菌贮罐。为保证牛乳恢复到原有的相对密度和达到规定的杀菌温度，该杀菌设备装有相对密度自动调节器和杀菌温度调节器。通常直接蒸汽喷射杀菌装置使用的蒸汽必须是干饱和蒸汽，不含油、有机物和异臭，故只有饮用水才能作为锅炉用水。为了保证加热蒸汽在使用前完全干燥，除过滤器外，还需设置汽液分离器。为了使制品高度无菌，必须对杀菌温度准确控制，电子控制的杀菌温度调节器自动检测并调节温度，通过蒸汽气控阀调控蒸汽喷射速度。在150℃时平均精度可达到0.5℃，如果温度降到147℃以下，发出声响或声光警报，如再进一步降到143℃，则进乳阀自动关闭，已灭菌乳送出阀也自动关闭。图4－3是直接蒸汽喷射杀菌设备的温度－时间曲线。

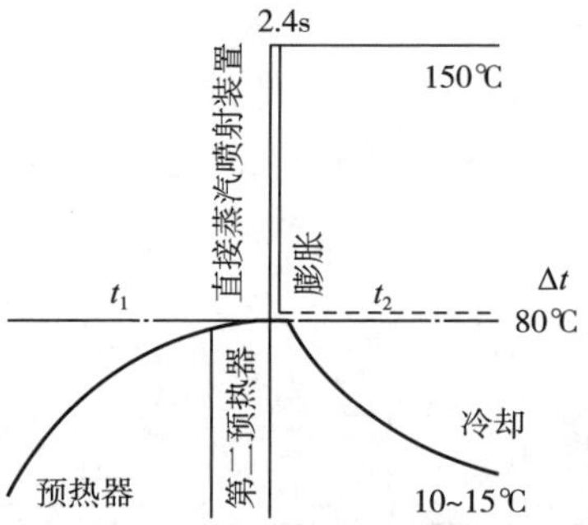

图4－3　直接蒸汽喷射杀菌设备温度－时间曲线

（2）注入式超高温杀菌　注入式超高温短时杀菌设备也有多种型号，其原理基本一样：将牛乳或其他物料注入过热蒸汽加热器中，由蒸汽瞬间加热到杀菌温度而完成杀菌过程。与蒸汽喷射式相似，灭菌高温乳的骤冷也是在真空罐中通过膨胀来实现降温的。

图4－4是法国拉吉奥尔公司的注入式超高温杀菌设备的工艺流程图。原乳用高压泵从平衡槽输送到第一预热器（水汽），在此与来自闪蒸罐的蒸汽进行热交换预热升温，然后经第二预热器（蒸汽）排出的废蒸汽加热到75℃。最后牛乳进入

蒸汽加热器，加热器内过热蒸汽温度约为140℃，且利用调节器保持这一温度恒定。蒸汽加热器底部的热牛乳在压力作用下强制喷入闪蒸罐，因突然减压而急剧膨胀，使温度很快降至75℃左右并蒸发水分，恢复至牛乳原有的水分。与此同时，大量水蒸气从闪蒸罐顶部排出，在第一预热器处冷凝并预热原乳，从而在闪蒸罐内造成部分真空。用真空泵将加热器和闪蒸罐的不凝气体抽出，并会进一步降低两容器内的压力。沉积在闪蒸罐底部的无菌乳用无菌泵抽出，进入冷却器中用冰水冷却至4℃，再送到无菌包装机。与蒸汽喷射式加热杀菌过程一样，通过控制牛乳加热前和膨胀后的温度差来保持牛乳中的水分或总固形物含量不变，而温度的控制是通过调节器操纵自动阀门，调整进入第二预热器的废蒸汽流速来实现。

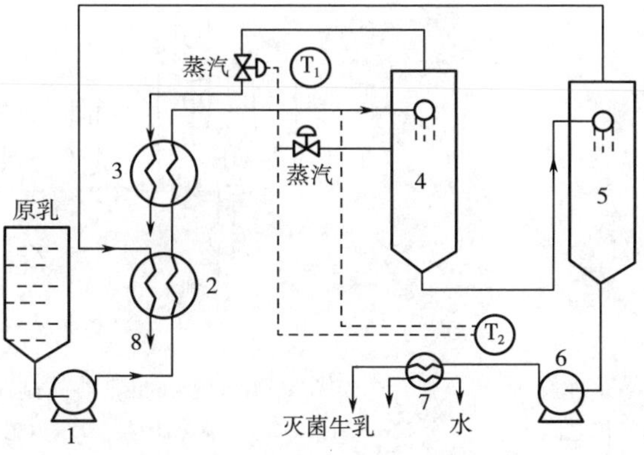

图4-4　拉吉奥尔超高温杀菌设备流程图
1—高压泵　2—第一预热器（水汽）　3—第二预热器（蒸汽）　4—蒸汽加热器　5—闪蒸罐
6—无菌泵　7—冷却器　8—真空泵　T1，T2—调节器

2. 电阻式超高温杀菌设备

由于大部分配制食品含有适度溶解的盐离子的水溶液，具有较好的导电性，根据欧姆定律，将电流通过连续流动的物料通道即可对物料进行加热，加热范围与食品导电率均匀性和食品在电阻加热器中停留时间有关。这种直接加热的超高温杀菌系统称电阻加热系统。电阻加热系统是英国APV公司20世纪80年代开始研究开发的，现已开发出75kW（产量750kg/h）和300kW（产量3000kg/h）商业用机型，并于1993年获美国食品与药物管理局（FDA）批准认可。此种高温杀菌方法还可用于块状水果、草莓、猕猴桃等高酸性食品，以及块状牛肉、羊肉、猪肉火腿和低酸性食品的热加工。图4-5是电阻加热器原理图，主要部件是一根加塑料衬里的不锈钢管，由4个或多个电极座及中间连接管组成。电极座用整块聚四氟乙烯（PTFE）塑料加工制成，中间安装有电极棒，电极座两端与内衬塑料的中间连接管连接；相邻电极座的电极与三相电源的一相连接组成一个加热段。相互

连接的加热段使加热管总长增加，以延长物料加热时间。加热管一般为垂直或倾斜安装，物料在管内自下向上流动。加热管顶部安装排气阀，使管内始终充满物料，保持加热管的每个加热段具有相同阻抗。一般含有盐离子的液体食品，其温度和导电率之间存在线性关系，导电率随温度升高而增大，但也有例外，如含有非胶凝淀粉的食品，当温度升高时，其黏度明显增高，但导电率却没有线性变化。图4－6是电阻加热器超高温杀菌流程图。

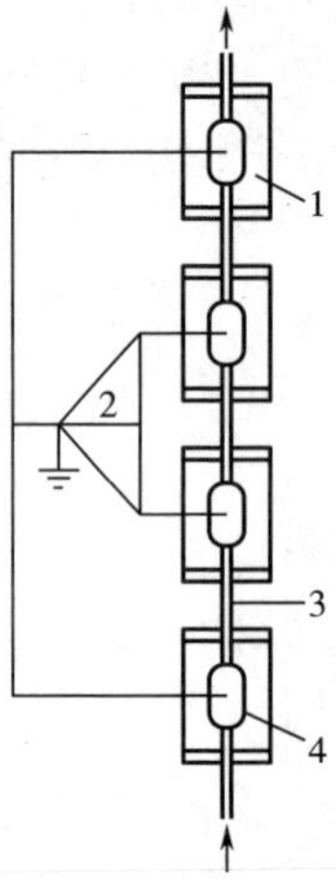

图4－5　电阻加热器原理图

1—电极座　2—50Hz 三相电源

3—中间连接管　4—电极

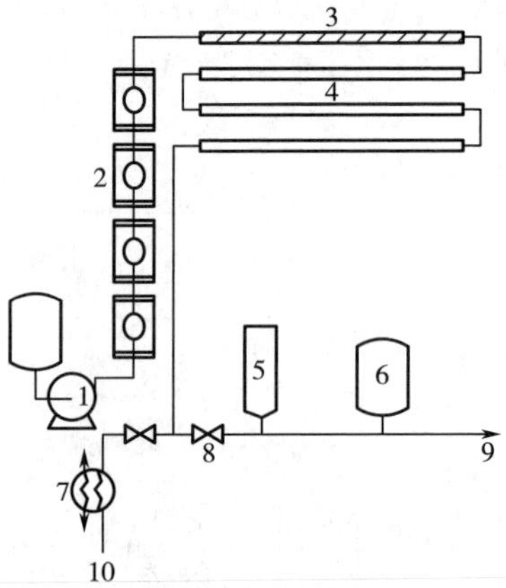

图4－6　电阻加热器超高温杀菌流程图

1—进料泵　2—电阻加热器　3—恒温管　4—冷却热交换器

5—无菌集液罐　6—无菌产品贮罐　7—杀菌消毒液冷却热交换器

8—通入无菌包装机管道　9—接无菌包装机　10—杀菌液回流

该系统的特点是物料加热部分采用电阻加热，而冷却部分仍采用常规热交换器。根据物料特性选择相应的片式、管式或刮板式热交换器，两者的结合，需最大限度地体现电阻加热优点，并对物料中的颗粒块形结构损伤程度最小。系统在投产前须进行预先灭菌。系统中无菌集液罐、无菌产品贮罐以及连接管阀等用高温蒸汽灭菌。对电阻加热器、恒温管和冷却热交换器的预消毒杀菌则采用一定浓度的硫酸钠溶液（溶液浓度以导电率与加工物料接近为宜）作杀菌液。杀菌液由进料泵通过电阻加热器、恒温管、冷却热交换器及杀菌消毒液冷却热交换器回流到进料泵，循环加热且消毒器具。杀菌液的温度由电阻加热器的电流进行调节控制，并由背压阀控制系统背压。消毒杀菌结束后，杀菌液经由杀菌液冷却热交换器冷却后排放或另行收集。

加热杀菌时，物料由进料泵送入电阻加热器被加热至设定的杀菌温度后进入恒温管，然后进入冷却热交换器冷却，冷却物料进入无菌产品贮罐贮存或直接送至无菌包装机。杀菌开始阶段由于物料与残留杀菌液混合，须将过渡阶段混合液送入无菌集液罐贮放，同时通入无菌空气或氮气调节无菌集液罐的内压，以控制加热杀菌温度。

对高酸性食品杀菌时，电阻加热系统杀菌温度为 90～100℃，背压为 0.2MPa；对低酸性食品杀菌时，杀菌温度为 120～140℃，需要背压 0.4MPa。为了控制电阻加热器对物料的加热杀菌温度，电阻加热器配置有全自动温控系统，对影响产品出料温度的各个参数变化进行监控，如进料温度、单位时间物料流量、产品比热容等，由一台微机扫描这些参数变化并连续计算出加热所需功率，反馈至电阻加热器监控出料温度相对于设定值的漂移，同时通过调节控制系统中的背压，达到平衡和精确控制加热温度的目的。

芬兰伊莱克斯特（ELECSTER）电阻加热超高温瞬时杀菌设备也是一种电阻加热式系统，它的主要部件是一个直径约 1m、周长 15m 的螺旋形电阻加热管，其工作原理是由变压器将 380V 的三相电源变压为 43V、530A 的低压、强电流连接电阻加热管，利用电阻原理将电能转换成热能直接加热管内流体，使牛乳从 90～110℃瞬时升温至 140～145℃。

图 4－7 是伊莱克斯特电阻加热超高温杀菌流程图。高温杀菌系统由均质机、乳泵、电阻加热管、三台螺旋管热交换器、平衡桶等组成。乳平衡桶的牛乳经过滤器后由乳泵送入预热器与已杀菌高温乳热交换，加热至 70℃；经预热的乳进入均质机在 15MPa 压力下均质后进入第二预热器被加热到 110～120℃，并流经保温管保温。然后，进入电阻加热管在 9s 内加热到 145℃，并经保温管保温，后流经两台热交换器被未杀菌乳冷却。冷却乳进入冷却热交换器，用 5～10℃冷水冷却至 15～20℃后，送至无菌包装机包装。

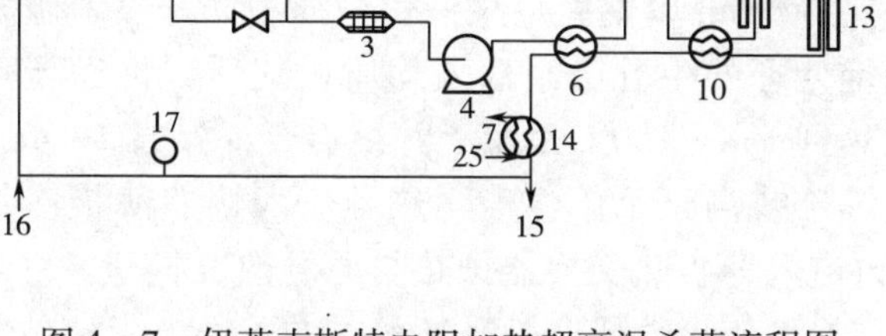

图 4－7　伊莱克斯特电阻加热超高温杀菌流程图

1—乳平衡桶　2—水平衡桶　3—过滤器　4—乳泵　5，8，9，17—压力表　6，10—预热器　7—均质机　11，13—保温管　12—电阻加热管　14—冷却热交换器　15—至包装机　16—包装机返回乳　18—水返回　19—返回乳进口　20—返回乳　21—排放　22—进乳　23—冷却水进口　24—预杀菌水溢流管　25—冷却水进口

该设备装有低温监控系统，杀菌乳温度低于136℃时，控制信号灯亮，进乳阀自动关闭，水平衡桶的水进入设备内循环，包装机自动停止操作；当杀菌乳温度低于134℃时信号灯亮、报警铃响。两种低温情况均须人工调节后方可恢复整体系统生产。此外，电阻加热管超过150℃、电源电压过高、原乳输送压力不足或包装机出现故障时，均通过自动控制装置停机，以保证牛乳达到杀菌所需的高温。

（二）间接式超高温杀菌设备

间接式超高温杀菌设备根据热交换器型式分为薄板、套管式和刮板式三种。

1. 薄板超高温杀菌设备

薄板超高温杀菌设备由数组薄板热交换器组成，对流体物料连续预热、杀菌和冷却。图4－8是英国APV公司巴拉弗洛薄板式热交换器组成的间接加热超高温杀菌设备的工艺流程图。

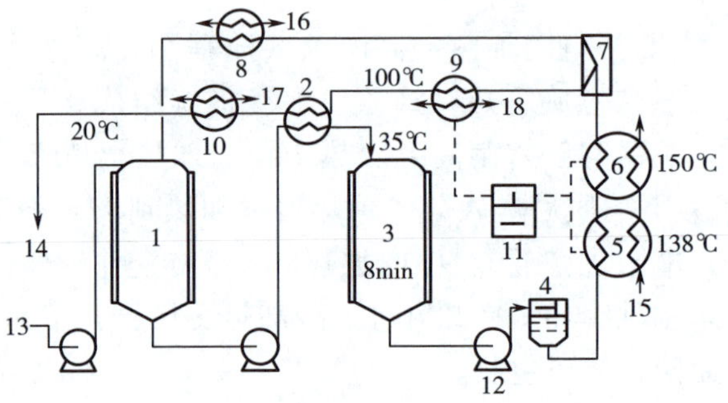

图4－8　APV薄板式超高温杀菌设备流程图

1—平衡槽　2—热交换器（预热）　3—贮槽　4—均质机　5，6—热交换器（高温）　7—转向阀　8—分离冷却器　9，10—热交换器（冷却）　11—控制箱　12—不锈钢泵　13—原乳　14—去灌装系统　15—过热蒸汽　16～18—冰水

原乳从平衡槽用泵抽送至薄板热交换器预热与杀菌热牛乳热交换而升温至85℃，送入贮槽并保持6min以便稳定浆液蛋白质，防止在高温加热区段内产生过多的沉淀物。经稳定处理的牛乳由泵送入均质机均质，再送至薄板热交换器与高温蒸汽热交换，加热到138～150℃杀菌，并视需要，保温2～4s。然后灭菌乳流经转向阀，如果温度等于或高于杀菌温度，热乳流入快速薄板冷却热交换器与冰水热交换至100℃，再进入薄板热交换器预热与原乳热交换进一步冷却，经冷却热交换器再次与冰水热交换而使灭菌乳冷却到20℃左右，送入无菌包装机包装。图4－9为牛乳灭菌的温度－时间曲线。

如果由于某种原因，转向阀使牛乳温度下降到杀菌温度以下，牛乳将经分离冷却器返回平衡槽，再行加工处理。

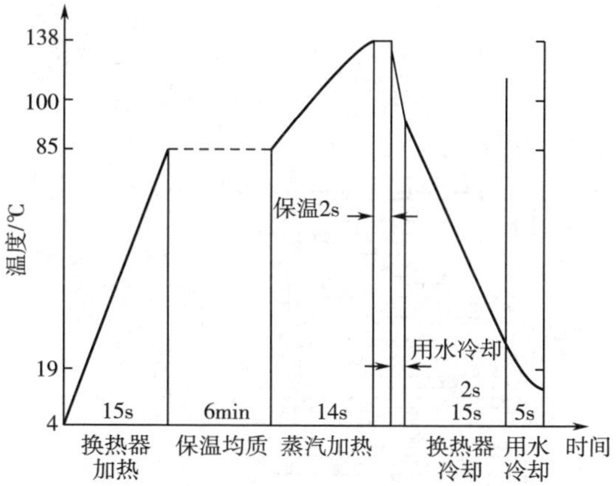

图 4－9　牛乳灭菌的温度－时间曲线

2. 套管式超高温杀菌设备

套管式超高温杀菌设备是由荷兰斯托克公司研制的，我国引进后首先由宁波食品设备总厂试制，其生产能力已达4000L/h。套管式超高温杀菌设备的加热器是由两根不锈钢管组成的双套盘管，利用内外管间环形间隙进行热交换。

图 4－10 为 RSCG 01－4C 型环形套管式超高温杀菌设备的工艺流程图。物料通过供料泵进入双套盘管的外层通道，与内层通道已杀菌的高温物料热交换而预热，然后进入加热灭菌室由高温桶内蒸汽间接加热到 135℃，继而在桶外单旋盘管内保温 3～6s，进入双套盘管内层通道被进料冷却到出料温度（＜65℃）。如工艺需要提高或再降低出料温度，可通过截止阀接通热源（蒸汽）或冷源（冰盐水等）进入附加的加长型双套盘管下端的外层通道，使内层物料进一步升温或降温。背压阀是可调的，一方面让物料维持在一定的压力之下，使其沸点温度提高防止汽化；另一方面也可用来调节物料流量。

该设备装有电脑控制器，自动检测出料的灭菌温度，由两个二位三通气控阀控制物料进出。当物料温度未达到杀菌温度时，气控阀同时切换，物料经阀及可摆动的弯管而流入贮槽，再经气控阀被供料泵抽吸返回重新加热杀菌；当物料达到杀菌温度时，气控阀又同时切换而恢复正常。

当因突然停电停泵而蒸汽还存在时，为防止物料在高温桶内的旋管中过热结焦，需采用手动紧急措施：先关闭蒸汽阀并通过截止阀排尽高温桶内残汽，再打开冷水阀，当截止阀排出的水变冷后关闭截止阀。设备再通电时，原则上先打开截止阀，用蒸汽将桶内积水排尽，然后关闭截止阀。加热物料时的蒸汽冷凝水由疏水器排出。

3. 刮板式超高温杀菌设备

此类热交换器用于番茄酱等黏性物料或热敏性物料的高温短时杀菌和快速冷却，这里不做详细介绍。

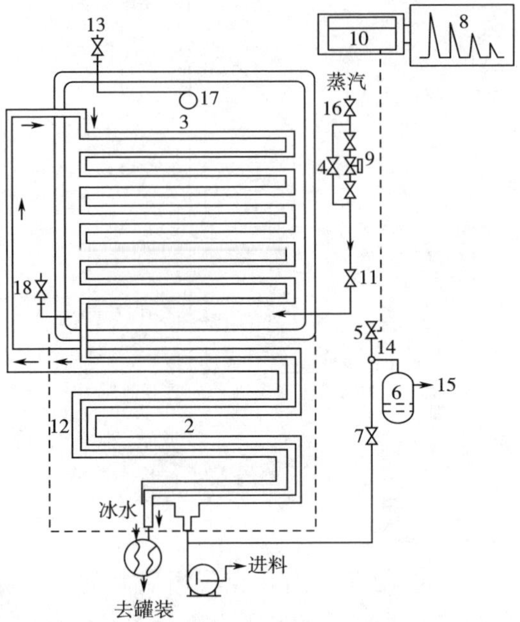

图 4-10　RSCG 01-4C 型环形套管式超高温杀菌流程图

1—供料泵　2—双套盘管　3—加热灭菌室　4—背压阀　5，7—气控阀　6—贮槽　8—微机　9—电控阀　10—微机控制　11—截止阀　12—U 形管　13—冷水阀　14—弯管　15—溢流管　16—蒸汽阀　17—疏水器　18—截止阀

二、 罐头杀菌设备

随着科学技术的发展，罐头工业的生产逐渐形成普通罐头和软罐头两大类。软罐头，国外称蒸煮袋或盒（RetortPouchorTray），是指用软质容器包装，经 100℃以上高温杀菌后达到商业无菌，可在常温下保质一年以上的包装食品。一般有肉禽类、水产类、果蔬类、调料类、主食类、即食菜类等。

软罐头包装食品能部分取代传统的金属和玻璃罐装食品而迅速发展，是由软罐头本身所具有的优点所决定的。用于软罐头的复合软塑包装材料薄而传热快，杀菌时间比金属或玻璃罐短，因此包装制品营养损失少、风味质量好，且节省能源；由于重量轻和包装成本低，包装制品携带和贮运方便，常温下有较长时间的保质期，食用时还可带包装加热再蒸煮以防风味散失，故很受消费者欢迎。

（一）软罐头杀菌装置

软罐头杀菌与常规的金属罐、玻璃罐类似，分为升温、杀菌和冷却三个阶段。其高温杀菌设备与金属罐相同，可采用高温热水或蒸汽杀菌。由于软罐头包装材料的机械强度比金属罐低，热封封口强度也较低，在高温杀菌时容易因包装内外压力不平衡而使包装破裂。所以，在高温杀菌时须用特制限位盘装置，并要求较精确的反压力控制，减少软罐头包装破裂。图 4 – 11 是铝质限位盘结构。

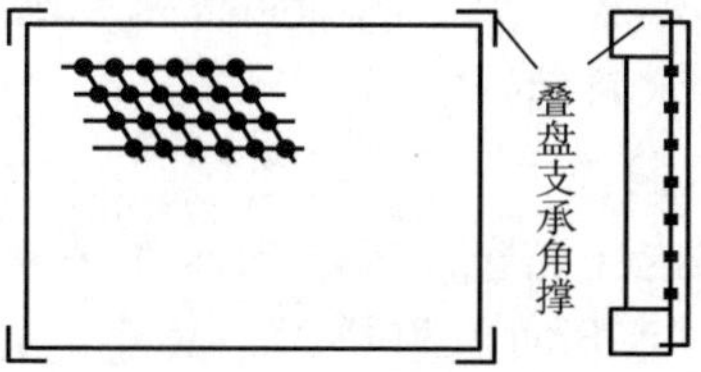

图 4 – 11　铝质限位盘结构

蒸煮袋在盘内排列放置，盘的高度比软罐头略高 5 ~ 10mm，盘底和四壁均布小孔便于高温水或蒸汽通过，杀菌时数只盘叠放在小车上送入杀菌锅。用于蒸煮盒的限位盘与蒸煮袋限位盘略有不同，盘上排列与盒形相同的凹孔，防止蒸煮盒高温杀菌时因盒内外压力不平衡而变形。限位盘的作用有两方面：一是高温杀菌时蒸煮容器因内外压力不平衡的膨胀限制在盘内，借助外力减少蒸煮容器受到的膨胀破坏；二是因软罐头比金属罐重量轻，高温水杀菌时会浮起，限位盘可起定位作用。

大直径金属罐和玻璃瓶罐在杀菌过程中的冷却阶段因杀菌锅内压力急速下降而使罐内外压差急速提高，造成罐盖膨起使封口卷缝受到破坏，影响罐头密封或造成泄漏。因而在冷却阶段向杀菌锅内输入一定压力的压缩空气以补偿因冷却引起的减压，这种冷却时的补压措施被称为反压力杀菌法。软罐头容器包装材料机械强度和封口强度远比金属罐和玻璃罐低，因此软罐头杀菌设备必须有可靠的反压力杀菌系统。其反压力控制主要有两种方式。

1. 定压反压力控制杀菌

这种反压力控制方式在杀菌升温阶段就开始加入压缩空气，使杀菌锅内压比杀菌温度所对应的饱和蒸汽压高 0. 03 ~0. 1MPa 的差压，此差压一直保持到冷却阶段结束。图 4 – 12 是软罐头采用 120℃水蒸气杀菌的锅内蒸汽温度和压力变化图。

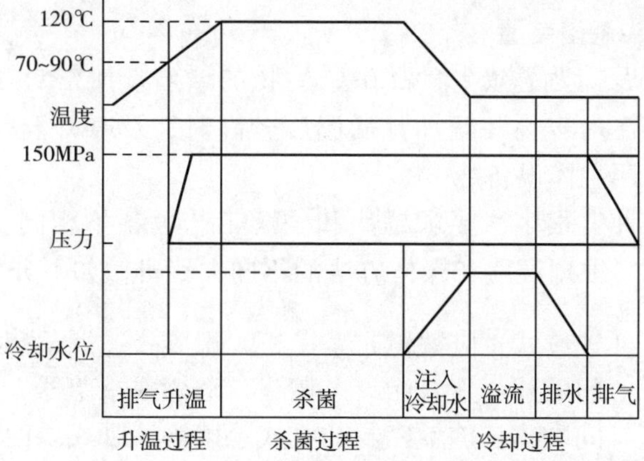

图 4 – 12　水蒸气杀菌的锅内蒸汽温度与压力变化

120℃水蒸气的饱和蒸汽压为0.102MPa，而杀菌锅内压为0.15MPa，定压反压力差为0.05MPa。由于高温热水式杀菌的细菌致死率比水蒸气式杀菌的细菌致死率平稳，故软罐头多用高温热水杀菌。

2. 定差压反压力控制杀菌

所谓定差压是指杀菌锅内压与包装容器内压在杀菌过程中始终保持一定差压。为保持蒸煮盒形状在低真空度下加盖膜热封，故盒内留有少量空气，日本称之为含气包装。含有空气的蒸煮盒如采用定压反压杀菌法，其内部空气在杀菌过程中会膨胀而导致包装盒破裂或变形。因此，蒸煮盒杀菌设备装有定差压程序控制仪表，使杀菌过程中锅内压力与盒内压力始终保持一定差压，保证包装不破裂或不变形。图4－13是定压和定差压反压力杀菌的压力－时间曲线。

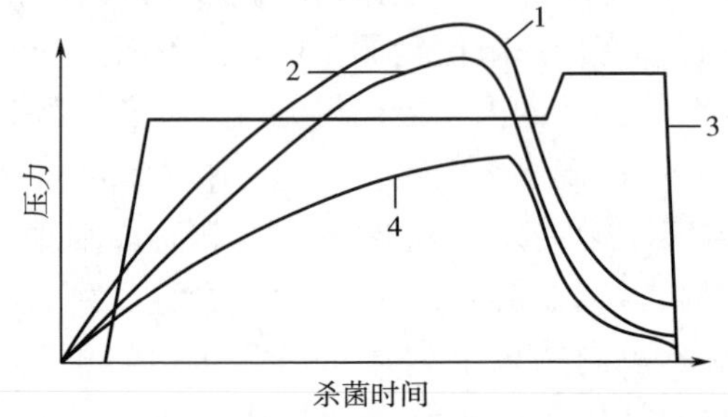

图4－13　定压和定差压反压力杀菌的压力－时间曲线

1—定差压反压力杀菌锅内压力曲线　2—定差压反压力容器内压力曲线

3—定压反压力杀菌锅内压力曲线　4—定压反压力容器内压力曲线

使用定差压杀菌时应注意：通常定差压变化程序有5～10种，必须将蒸煮盒包装食品时顶隙状态以及食品固有的膨胀压力等纳入计算中去，以此来选择合适的杀菌程序。

（二）普通罐头杀菌装置

罐头食品封罐后，为了减少食品中微生物的增殖，使密封在罐内的食品能较长时期保存，必须在内容物装罐加汁后温度较高时，及时升温杀菌。可靠的杀菌设备是罐头食品工厂主体设备之一。

由于罐头食品种类很多，要求罐型和杀菌工艺也各不相同。因此，相应的杀菌设备种类也很多。根据温度和操作方法的不同大致可做如下分类：

杀菌设备
- 常压→
  - 连续式：卧式链带杀菌机、螺旋式连续杀菌机
  - 间歇式：立式敞口杀菌锅、浴槽式杀菌器
- 高压→
  - 间歇式：加盖密封的立式杀菌锅、卧式杀菌锅、回旋式杀菌锅
  - 连续式：静水压杀菌机、水封式连续杀菌机

常压式杀菌设备的杀菌温度在100℃以下，用于 $pH<4.5$ 的酸性食品杀菌，是用巴氏杀菌原理设计的杀菌设备，也属常压杀菌设备。高压杀菌设备一般在密闭的容器内进行，杀菌时通入压缩空气，形成所谓的反压杀菌，杀菌设备内压力大于0.1MPa，杀菌温度通常在120℃左右，多用于肉类罐头的杀菌。

间歇式杀菌用于多品种、小批量的生产，是中小型罐头厂常用的杀菌设备。连续式杀菌设备多用于品种少、批量较大的杀菌。目前国内外的杀菌设备不断向连续化、机械化和自动化方向发展。

根据杀菌设备所需热源，又可分为蒸汽直接加热杀菌、热水加热杀菌、火焰连续杀菌和辐射杀菌等。我国罐头厂绝大多数是用热水加热杀菌。

1. 间歇式杀菌设备

（1）立式杀菌锅　立式杀菌锅属于加压间歇式杀菌设备，不盖锅盖，也可用于常压间歇杀菌，在小型罐头厂使用较广。图4－14所示为立式杀菌锅示意图。

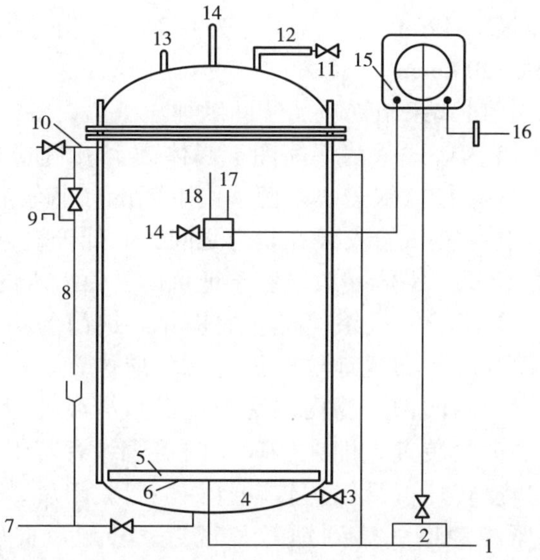

图4－14　立式杀菌锅

1—蒸汽管　2—薄膜阀　3—进水管　4—进水缓冲板　5—蒸汽喷管　6—杀菌篮支架　7—排水管　8—溢水管　9—保险阀　10—排气管　11—减压阀　12—压缩空气管　13—安全阀　14—泄气阀　15—调节阀　16—空气减压过滤器　17—压力表　18—温度计

锅体用钢板压制成圆筒后焊接而成，底部封头多为球形。锅体内壁装有垂直导轨，使杀菌篮与内壁保持一定距离，以利水汽循环。锅口周边设有与锅盖槽孔相对应的蝶形螺栓，作为夹紧锅盖与锅体的构件。锅口的边缘凹槽内嵌有密封填料，保证杀菌时密封良好。为减少热损失，可在锅体外包上一定厚度的石棉保温层。

立式杀菌锅内径1000mm左右，深度视装篮数量而定，但需使锅内热量分布均匀。最上面一个吊篮与锅盖距离250mm左右，冷却水管应装在放入罐后离罐盖100mm左右的位置，溢流水管要高于冷却水管约50mm。杀菌操作时锅体上方要留有一定的空隙；锅体上有一个半圆形（或长方形）的测温室，以便安装温度计；底部有吊篮支架，锅体一般安装在地面下的地坑中，下置800mm，以便于操作。

锅盖为椭圆形封头，铰接于锅体后部边缘，圆周边缘均匀地分布着槽孔，数量与锅体上的蝶形螺栓对应，以紧闭锅盖和锅体。拧开蝶形螺栓，锅盖可借助平衡锤开启。

此外，为了配合杀菌操作，还需配备起吊工具或设备、杀菌吊篮、仪器仪表、空气压缩机等附属设备，以保证杀菌过程的正常进行。

空气压缩机用于反压杀菌和反压冷却，目的是在杀菌、冷却时，平衡罐头内外的压力。GT7C3型立式杀菌锅的有效容积为700L，对于560g装的罐头，每次能杀菌720罐，杀菌温度为120℃，蒸汽压力为0.2MPa，外形尺寸（长×宽×高）为2200mm×1120mm×2000mm。

（2）卧式杀菌锅　卧式杀菌锅也属于间歇加压杀菌设备，在中小型罐头厂中应用较广泛。图4－15为卧式杀菌锅简图。锅体为钢板制成的卧式圆柱形筒体，一端为椭圆封头，另一端铰接锅盖。杀菌锅内下部设有小车轨道，轨道与车间地面同高，方便小车进出。蒸汽管安装在轨道之间，并低于轨道。杀菌锅体装有支架，以固定杀菌锅的位置。锅体一般安装于地坑内，便于水的排放。锅体上装有各种管道与仪表接口，便于完成杀菌工艺的操作。锅门为椭圆形封头，铰接于锅体上，向一侧转动开闭，布置地坑时需考虑相应位置。门的外径较锅体口稍大，锅体口端面有一圆圈凹槽，槽内嵌有弹性而耐高温的橡胶圈，门和锅体的铰接采用自锁楔形块锁紧装置，即在转环及门盖边缘有若干组楔形块，转环上配有几组活动滚轮，使转环可沿锅体转动自如。门关闭后，转动转环，楔合块就能互相咬紧而压紧橡胶圈，达到锁紧和密封。转环反向转动时，楔合块分开，门即开启。

卧式杀菌锅需配备进出锅设备、吊篮、仪器仪表、空气压缩机等附属设备。GTTC5卧式杀菌锅有效容积达2300L，1.0kg装罐头每次可装1500罐，杀菌温度为120℃，蒸汽压力为0.2MPa，外形尺寸（长×宽×高）为3860mm×1850mm×2100mm。

（3）回转式杀菌锅　缩短杀菌时间的措施之一是提高杀菌温度，据资料介绍，温度每升高10℃，则取得同样杀菌效果的时间仅需原来杀菌时间的1/10以下。缩短杀菌时间的另一途径是提高加热介质对被杀菌罐头的传热速率。传统的罐头食品杀菌的加热介质通过罐壁和内容物传递至罐头中心部分，要使罐头内全部食品达到规定的最低安全温度和杀菌时间，则大部分食品保持高温的时间远远超过杀

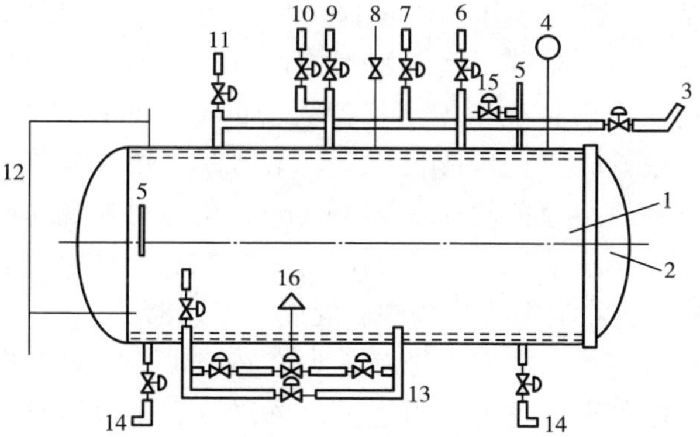

图 4－15　卧式杀菌锅简图

1—锅体　2—锅门　3—溢水管　4—压力表　5—温度计　6—回水管　7—排气管
8—压缩空气管　9—冷水管　10—热水管　11—安全阀　12—水位表　13—蒸汽管
14—排水管　15—泄气阀　16—薄膜阀

菌所需要的时间；对于大容积罐头，这个问题更为突出。结果造成食品的营养成分和风味在加工过程中受到较大的损害。许多国家以这个理论为基础设计了多种高温短时杀菌设备，回转式杀菌锅就是其中重要的一种。这种杀菌锅能使罐头在杀菌过程中处于回转状态，杀菌的全过程由程序控制系统自动控制，杀菌过程的主要参数，如压力、温度和回转速度等均可自动调节与记录。但这种杀菌锅尚不能连续进罐和出罐，属间歇式杀菌设备。图 4－16 即为设有过热水循环方式的回转式杀菌锅。

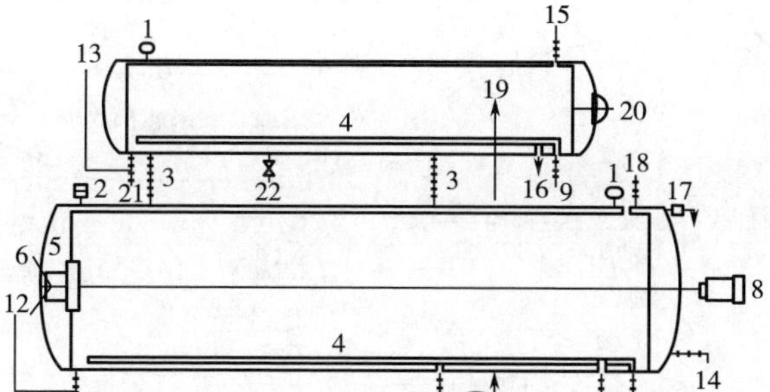

图 4－16　回转式杀菌设备

1—压力表　2—安全阀门　3—上下锅连通阀　4—蒸汽管　5—压力锅活动盖门
6—压力锅快动锁把手　7—上下锅水循环泵　8—调频主电机　9—蒸汽入口　10—增压蒸汽阀门
11—下锅排水阀门　12—下锅水位计　13—上锅水位计　14—下锅入水管　15—上锅进水阀门
16—上锅排水阀门　17—下锅温度控制器　18—排汽阀门　19—上下锅水循环管　20—压力锅盖顶
21—下锅排水阀门　22—下锅进水阀门

上锅实际上是一个高温高压的贮水锅，呈圆筒形的密闭耐压容器，其上部装有液位控制器，主要用于制备下锅杀菌用的过热水。下锅为高压杀菌锅，安装有液位控制器，锅内设有转体支架。当将待灭菌的罐头杀菌篮放入高压杀菌锅后，锅内压紧装置把杀菌篮固定在转体支架上。杀菌锅后端设有传动系统，调频电机可方便地将转体支架的转速控制在 5 ~ 45r/min。在传动装置的旋转部件上设一定位器，可控制转体支架停止转动时停留在某一位置，以便从杀菌锅内取出杀菌篮。支架转轴是空心轴，内设有测定罐头中心温度的传感器。

自动装篮机把罐头装入篮内，每层罐头之间用带孔的软垫板相隔。专用车将杀菌篮送入杀菌锅内带有滚轮的轨道上。杀菌锅装满杀菌篮时，用压紧装置将罐头压紧固定，再挂上护杆，以防杀菌完毕后开启杀菌锅时杀菌篮溜出。

贮水锅与杀菌锅之间用带有连接阀的管道连通，蒸汽管、进水管、排水管和空压管等分别连接两锅的适当位置，在这些管道上分别安装了不同规格的气动、手动或电动阀门。循环泵使杀菌锅中的水快速循环，以提高杀菌效率并使杀菌锅里的水温度均匀一致。冷却水节流泵的作用是向贮水锅注入冷水和向杀菌锅注入冷却水。

2. 连续式杀菌设备

(1) 卧式链带杀菌机　卧式链带杀菌机是常压连续杀菌设备，用于果酱、果汁及一些蔬菜类圆形罐头杀菌。

卧式链带杀菌机有 1 层、3 层、5 层等，现以 3 层为例说明其工作原理。图 4 - 17 为 3 层卧式链带杀菌机。

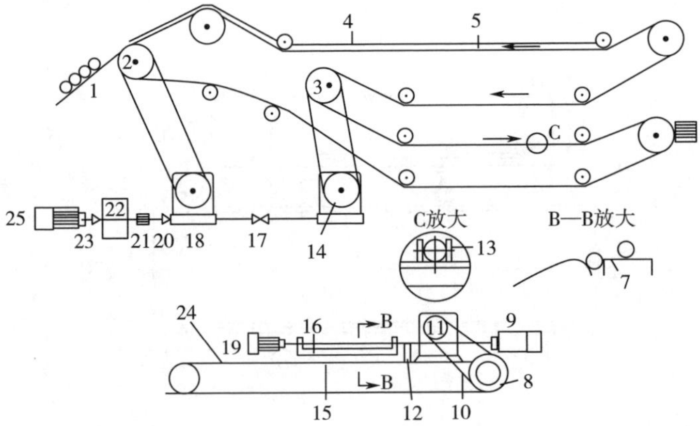

图 4 - 17　3 层卧式链带杀菌机

1—出罐滑轨　2，3—驱动轴　4—链带　5—槽体　6—进罐机构　7—进罐带
8，9—进罐带驱动电动机　10，20，23—联轴器　11，14，18，22—减速机　12—挡板　13—刮板
15—投罐起动电钮　16—拨杆　17—减速机调节器　19—拨罐微电动机
21—安全离合器　24—光电管　25—电动机

封罐机封好的罐头，滑入进罐输送带，当进罐输送带上某一部位罐头数量达到规定值时，拨罐机构把罐头定量拨进杀菌体内。

进罐输送带由进罐带驱动电机、通过联轴器、蜗杆蜗轮减速机组成，再经过链带传动把动力传给电动机，驱动进罐带运动。输送带上逐个排满了罐头，罐头进入杀菌机体的时间是由拨罐机构控制的。进罐带由两根 V 带组成，可以根据罐径调节 V 带间距。拨罐机构安装在进罐输送带上的适当位置，由拨罐微电动机通过减速机、联轴器带动拨杆摆动，把进罐输送带上的罐头拨进杀菌机体。拨罐微电动机的启动有自动和手动两种方式。当自动启动时，在进罐机构边的链传动轴上装有六角控制轮，它随链传动轴一起转动，当六角控制轮触压行程开关时，表示拨罐微电机所在的电路已接通，但电动机还没启动，只有在进罐输送带上排满罐头，将光电管的光线阻断，则光电继电器和时间继电器开始起作用，表示进罐数量已足。只有同时达到上述两个条件时，拨罐机才能启动，将罐头拨入杀菌槽中。手动启动时，当六角控制轮触压行程开关后即发出信号，操作人员就可按启动电钮，启动拨罐微电机，驱动拨杆拨罐。电动机通过联轴器、减速机、安全离合器、联轴器驱动蜗轮减速机工作，蜗轮减速机的一个输出轴上安装链轮，通过链传动，使得驱动轮驱动链带运转。蜗轮减速机通过链传动驱动链带同步运转。链带上装有刮板，推动罐头在槽体内滚动，通过杀菌槽、冷却槽，完成杀菌工序全过程。

GT7C15 型常压连续杀菌机为保证杀菌质量，还装有水温自动控制器，其杀菌温度为 75 ~ 100℃，杀菌时间通过无级调速控制，可在 4 ~ 20min 范围内调节，冷却水温度低于 27℃，冷却后罐头温度在 40 ~ 45℃ 范围内。

（2）静水压连续杀菌设备　静水压连续杀菌设备属于连续加压杀菌设备，用于杀菌温度高于 100℃ 时的杀菌。

静水压连续杀菌设备设计原理是在杀菌设备的进出罐处分别设有两个上水柱，利用水柱高度形成的压力决定饱和蒸汽的压力，以维持所需要的温度。

由于利用水柱的压力，故不需要机械密封装置，结构相对简单，罐头的连续进出可以在开口的情况下进行。图 4 - 18 所示为静水压连续杀菌设备装置示意图。

密封后的罐头底盖相接，卧放成行，按一定数量自动地供给到环式输送链上，由传送器自动送进，按照进罐柱→升温柱（水柱管）→杀菌柱（蒸汽室）→出罐柱（加压冷却）→喷淋冷却柱（常压冷却）→出罐的顺序运行。加压杀菌所需饱和蒸汽与蒸汽室相连呈 T 字形（或称 U 字形管），水柱管的水压头保持平衡，水柱的高度决定了饱和水蒸气压的大小。

罐头从升温柱入口进去，沿着升温柱下降，进入蒸汽室。水柱顶部的温度近似罐头的初温，水柱底部的温度则近似于蒸汽室的温度。因此，在进入蒸汽室前有平稳的温度梯度，而进入杀菌室后，因蒸汽均匀地充满蒸汽室，在这里可进行恒温杀菌。从杀菌室出来的罐头向上升送，这时的温度变化与升温柱恰好相反，

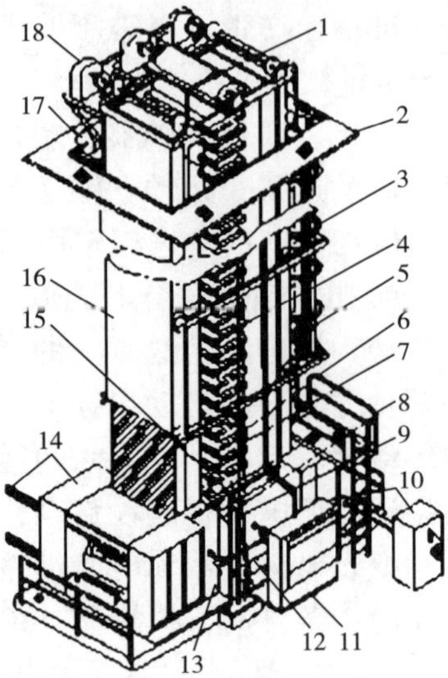

图 4-18 静水压连续杀菌设备装置示意图

1—顶部真空阀 2—顶部平台 3—出罐柱 4—蒸汽室 5—铁梯 6—水平面控制管道 7—溢流管 8—放空气管 9—出气管 10—出罐箱 11—控制仪表 12—冷凝水管 13—蒸汽管 14—进罐箱 15—喷淋器管 16—升温柱（水柱管） 17—无级变速器 18—变速器

罐头所受的压力从大变小，形成稳定的从大到小的温度和压力梯度，这种减压冷却过程十分理想。

由于静水压作用，蒸汽室的温度可达 121℃。经过冷却后的罐头温度为 40℃ 左右。杀菌时间为 20 ~ 80min，调节链条运动速度即可以调节杀菌时间。由于载罐板间距的限制，对圆形罐、方形罐尺寸也有所限制。使用时，水需软化处理才能进入设备，处理后水的硬度应低于 8.1 ~ 12.0 度。

静水压连续杀菌设备运行费用低，比较经济。在相似条件下，与一般杀菌锅相比，可节约蒸汽 70% 以上，节约用水 80% 以上；只需一人操作；占地面积小，具有同等生产能力时设备占地面积仅为 $20m^2$，而间歇式的需 $648m^2$；生产能力大，最多每分钟可达 1000 罐；容罐量大，一般可达 36000 余罐，而间歇式杀菌锅仅有 1700 罐；罐头传送平稳；罐头温度及压力的上升和下降是随水柱形成的温度梯度而逐步变化的，这样可避免受温度和压力的剧烈变化而引起罐头的变形或外伤；适用性强，对果蔬、肉类、汤汁和玉米等罐头及婴儿食品、牛乳、炼乳、咖啡、牛乳巧克力和奶油等乳制品的杀菌，对金属罐、瓶、塑料罐和软罐头等容器都可适用。

（3）水封式连续高压杀菌设备　近年来，罐头生产线正向高速度处理产品方向发展，最快杀菌速度已达 1000 罐/min 以上，还有一个特点是以高温瞬时杀菌为主。同时，以转动杀菌代替静止杀菌已成为一个趋势。上面所说的静水压杀菌设备，解决了作业线高速化而且费用增加不多的问题。静水压式用水柱来维持杀菌压力与温度，不需罐头进出口的密封装置，但必须设有形成水柱的高塔，一般设备都非常高。而水封式的是设计了一种称作鼓形阀（或称作水封阀）的装置，它使罐头不断进出杀菌室中，而又能保证杀菌室的密封，保持杀菌室内的压力与水位的稳定。由于采用了鼓形阀，就不需要高塔，整个设备比静水压杀菌设备小得多。同时，静水压设备中罐头通常是不动的，水封式设备中的罐头是不断滚动的，因而传热效率较高。对同类产品在同样杀菌温度的条件下，其杀菌时间可更短些。国外已广泛使用这两类设备。图 4－19 所示为水封式连续杀菌设备结构示意图。

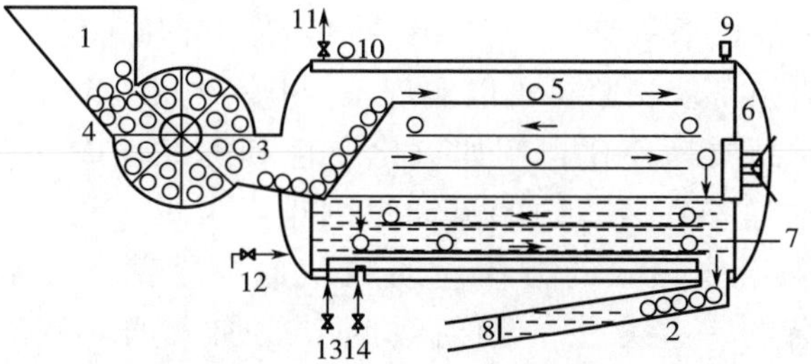

图 4－19　水封式连续杀菌设备结构示意图

1—自动供罐装置　2—自动排罐装置　3—罐头由鼓形阀中排出　4—鼓形阀中进罐　5—罐头
6—杀菌室与冷却槽之间的隔板　7—冷却槽　8—传送器　9—安全阀　10—压力表
11—排气阀　12—冷却水　13—蒸汽管（主）　14—蒸汽管（副）

罐头从自动供罐装置进入输送链带上，然后进入鼓形阀，鼓形阀浸没水中，因此称为水封式。从这里进入杀菌室中的罐头，由环式输送链的传送器带动，在杀菌室内折返数次进行杀菌，因此设计了一条平板链（或导轨），罐头置于其上，平板链运动方向与传送器相反，由于传送器与平板链之间的相对运动，所产生的摩擦力使罐头回转，回转的速度因产品不同而不同，一般为 10～30r/min。若不需回转时，则可去掉传送器下面的导轨，或使平板链运动方向与传送器一致和线速度相同即可。另一方面，改变罐头的回转数就可调节罐头的加热量。根据这个原理，在调换罐头品种时，杀菌时间可以不变，只改变罐头回转数即可。

罐头在杀菌室杀菌后进入加压冷却槽，杀菌室与加压冷却槽之间用钢板隔开，并包上绝缘性能好的绝缘材料。从外表看好像是一个整体的锅，实际上分两层，上层为杀菌室，下层为加压冷却槽。冷却槽的水要经常补充冷水，并且使冷却水强制循环。加压冷却后的罐头从鼓形阀中出来到大气中进行常压冷却。常压冷却在传送器中进行，罐头在这里仍然保持自身的滚转，以达到快速冷却的目的。当冷却至 40℃左右时，罐头从自动排罐装置中排出，从而完成整个杀菌冷却的过程。

三、其他杀菌装置

随着高新技术在食品加工领域的广泛应用，一些新的杀菌装置相继出现，比如欧姆杀菌、过热蒸汽加热杀菌、远红外杀菌等，这些设备各具优点，不断满足实际生产的需要。

1. 过热蒸汽加热杀菌

过热蒸汽适用于粉粒状原料的瞬间杀菌。为防止低水分香料、小麦粉等原料的品质劣化，进行有效的杀菌是必要的，也是相当麻烦的，这是因为原料内部的热传导性能差，容易产生局部温度过高或过低，即难以实现均匀加热；原料的水分含量少，难以有效地杀灭细菌；采用效率较高的湿热杀菌，原料易粘在装置内并结块，因而对诸如粉粒状原料难以实现工业化；与液状或高水分原料相比，低水分原料在加热时品质易变化，例如氧化变色和挥发性成分损失等。与液体原料相比，其定量输送和在装置内的流动很困难。可见，粉粒状原料的加热杀菌存在许多困难。采用非热致的方法对粉粒状原料杀菌，效果虽有可能满足要求，但非热致杀菌的一些方法（如射线照射或加入如环氧乙烷等的化学杀菌剂）的安全性令人怀疑。但是如果采用过热蒸汽与粉粒状物料直接接触进行瞬时杀菌，不仅不会使原料水分增加，而且可以将品质的劣化控制在最低的程度。目前使用过热蒸汽杀菌的装置有以下三种类型，它们均能充分保证粉粒状原料的各粒子在均一的状态下瞬间加热，并在加热后急剧冷却，使产品品质的劣化控制在最低程度。

（1）气流式过热蒸汽杀菌装置　图 4－20 所示为气流式过热蒸汽杀菌粗流程图。其工作过程如下：将待杀菌的粉粒状原料加入过热蒸汽管道，过热蒸汽以约 20m/s 的高速在管道中流动，并夹带加入的原料一起向前输送。原料在管道中颗粒处于悬浮状态，经 3～7s 处理，过热蒸汽和原料的气溶胶混合物进入旋风分离器进行第一次分离，分离出的蒸汽由风机送入过热器加热后重新使用，分离出的固体为杀菌后的产品。为了使产品的含菌率进一步降低，可对第一级分离出来的固体用饱和水蒸气替代过热蒸汽进行第二级杀菌处理，杀菌后再进行分离。第一级分离出来的处于过热温度下的固体，为下一级使用饱和蒸汽进行杀菌提供了可能性。图中的流程，是原料经一次过热蒸汽和二次饱和蒸汽杀菌的过程。过热蒸汽加热原料后再度加热成过热蒸汽重新使用，而饱和蒸汽加热物料后不再重新使用，由冷却水冷凝。该装置可用于香味料、荞麦粉、可可豆和谷类的杀菌。实验表明，过热蒸汽不仅杀菌效果好，而且热敏性物质的保存率也很高。

（2）高速搅拌式过热蒸汽杀菌装置　气流式过热蒸汽杀菌装置适用于连续处理大量单一的原料，但对于品种多而数量少的原料（如药品）的杀菌显然是不适

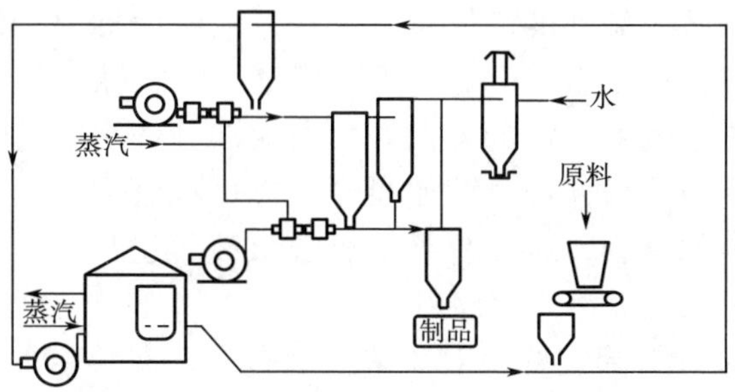

图 4－20　气流式过热蒸汽杀菌粗流程图

合的。为此开发了间歇操作的高速搅拌式的小型过热蒸汽杀菌装置。图 4－21 所示为间歇操作的高速搅拌式杀菌装置的流程图。原料首先进入定量喂料器，然后由进料阀控制进入过热蒸汽瞬时杀菌器。原料在杀菌器中与过热蒸汽混合，过热蒸汽加热原料使其温度升高，从而达到杀菌的目的。为了使过热蒸汽与原料很好地混合，使物料的温度均一，在杀菌器中设置高速搅拌器来搅拌物料。原料在杀菌器中停留 5～15s 后由排料阀排出，排出的物料经旋风分离器分离出产品和蒸汽。冷却后经排料阀排出的产品即为杀菌产品。

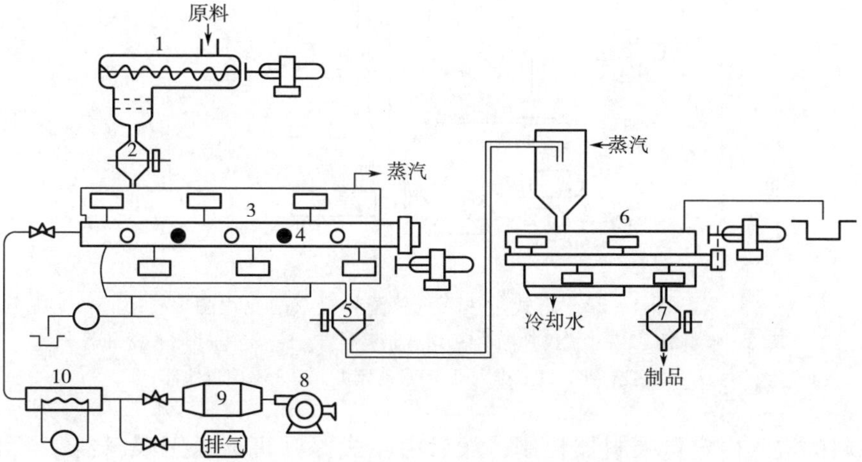

图 4－21　高速搅拌式杀菌装置流程图
1—定量喂料器　2—进料阀　3—过热蒸汽瞬时杀菌器　4—喷嘴
5，7—排料阀　6，8，9—除菌器　10—过热器

过热蒸汽的循环流动过程如下：工作过程中被排出的高压蒸汽与由风机吸入经除菌器除菌后的空气相混合，进入过热器。混合气流在过热器中加热后进入杀菌器内的搅拌器空心轴，再由空心轴上的喷嘴喷出，喷出的空气和过热蒸汽的混合物在杀菌器与原料混合，使原料加热，然后与原料一起从排料阀排出。杀菌器

设有夹套，在夹套中通入额外的高压蒸汽加热，使杀菌器内的温度能更好地保持在较高的水平。冷却器也设有夹套，在夹套中通入冷却水，以冷却经旋风分离器分离的产品。由分离器上方排出的蒸汽，其中大部分作为上述被重新引入再过热的蒸汽，进行循环使用。为保证杀菌效果，操作过程宜采用间歇式操作，但整个过程设计成程序控制的全自动控制操作。目前该装置已用于甘草、桂皮、卡拉胶和淀粉等物料的杀菌，且效果非常理想。

（3）塔式过热蒸汽杀菌装置　对于诸如面包屑、蔬菜等原料，若采用气流式或高速搅拌式的杀菌装置，则容易破坏其形状，因此开发了这种对物料形状破坏度低的塔式过热蒸汽杀菌装置。塔式过热蒸汽杀菌装置的杀菌原理：过热蒸汽在直径500～800mm、高约5000mm的塔式杀菌器内呈螺旋上升，待杀菌的原料从塔上部落下与上升的过热蒸汽相遇。上升的过热蒸汽使下降的原料颗粒呈悬浮状态，能够保证颗粒原料与过热蒸汽充分接触，温度均匀。图4－22所示为用塔式过热蒸汽杀菌装置进行杀菌的工艺流程图。

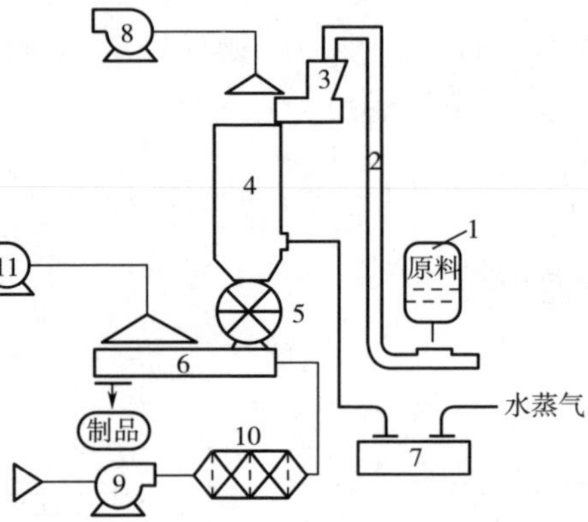

图4－22　塔式过热蒸汽杀菌装置杀菌流程图

1，3—喂料器　2—斗式提升机　4—塔式杀菌装置　5—旋转阀　6—冷却器
7—过热器　8，11—排风机　9—鼓风机　10—除菌过滤器

原料的进入由定量喂料器控制，然后由斗式提升机运送至喂料器，再由它加入至塔式杀菌装置。经过热蒸汽加热杀菌后的物料由旋转阀控制进入冷却器快速冷却，冷却后的物料即为杀菌后的产品。蒸汽的流程如下：饱和水蒸气由过热器加热成过热蒸汽后送入干燥器以加热物料，然后上升至塔顶，由上部收集器收集，最后由排风机排出。冷却器中散发出来的蒸汽也由其上部收集器收集，再由排风机排出。冷却器采用空气冷却，空气经鼓风机送入除菌过滤器过滤，过滤后的无菌空气送入冷却器冷却由杀菌器中放出物料。该装置的杀菌效果比较理想，1s可使原料的含活菌数下降10^2～10^3个数量级。用该装置处理面包屑时，生产能力为2000kg/h，蒸汽用量仅为150kg/h，属于高效节能型杀菌设备。在处理冷冻干燥蔬

菜制品时，由于原料柔软且容重小，若采用气流式或高速搅拌式杀菌装置杀菌，因入口处的旋转阀的输送容积有限，处理能力很小。但若采用塔式杀菌器，生产能力可大幅提高。

2. 远红外加热杀菌

远红外加热杀菌，不需经过热媒，远红外线直接照射到待杀菌的物料上，传热直接由表面渗透到内部，因此远红外线不仅可用于一般的粉状和块状物料杀菌，而且还可用于咖啡豆、花生和谷物的杀菌和灭霉以及袋装食品的直接杀菌。远红外线杀菌效果明显。日本的山野藤吾曾将细菌、酵母和霉菌悬浮液装入塑料袋中进行远红外线杀菌试验，远红外照射的功率分别为；6，8，10 和 12kW。结果表明照射 10min 能使不耐热细菌全部杀死；能使耐热细菌的数量降低 10^5 ~ 10^8 个数量级。照射强度越大，残活菌数越少，但要达到食品保藏的要求，照射功率要在 12kW 以上，或延长照射时间。对于酵母菌，上述照射强度都可使它失活，即对酵母菌，采用 6kW 以上的功率，就足以达到抑制的要求。对于霉菌，8kW 以上的照射功率、10min 的照射就可将其孢子完全杀死。

3. 火焰连续杀菌设备

火焰杀菌是一种常用的高温瞬时杀菌设备。

早在 1961 年国外对火焰杀菌设备就已进行了研究，目前很多国家已实际投产。我国也已设计制造出此类设备，若热源问题解决得好，这种形式的杀菌设备将会很快推广使用。该设备特别适用于蘑菇、玉米、青豆、胡萝卜等蔬菜罐头的杀菌。这种设备的热源不用蒸汽，而是用特制燃烧器或直接火焰对铁盒罐头进行加热杀菌。燃气可用煤气、丁烷、丙烷等。其实际操作过程以蘑菇罐头为例加以说明：罐头以 164 罐/min 的速度由推进杆送入火焰杀菌设备，首先通过机组头部的常压蒸汽段，使内容物在 4min 内预热至 95.6℃，随后罐头滚过 5 组燃烧器，火焰约为 1000℃，使内容物在 4min 内升温至 124℃。然后通过另外 4 组燃烧器使其在 124℃下保温 4min，“保温”燃烧器上的火焰间隔比“升温”燃烧器设置要远，以能供给一定热量维持杀菌温度即可。同时，当罐头通过加热面时，内容物接收到更迭的热脉冲，可提高微生物的致死率。罐头最后被送至喷水冷却段，使内容物在 4min 内冷却到 43.3℃。从升温至冷却结束整个杀菌过程只需 16min，大大缩短了杀菌时间，保证了产品的质量并提高了生产效率。火焰杀菌的温度是由控制系统自动控制的。罐头在杀菌过程中是滚动的，其滚动速度对产品杀菌有一定影响，一般以 10 ~ 22r/min 为宜。整个设备主要由链传动装置构成，罐头置于链带的传送器上，链带下面设有火焰喷口。链带分两层，运动方向相反，这样，罐头在行进中因受到不同运行方向链带的作用力而自身滚转，滚转过程中由火焰直接加热，传热速度很快，达到了高温短时杀菌的目的。虽然杀菌时火焰直接加热罐头，但对彩印罐外观不会损伤，因为其传热速度快且时间短。

项目二 焙烤设备

面包、饼干等成型后，置于烤炉等焙烤设备中，经烘烤，使坯料变熟，成为多孔性海绵状结构的产品，并具有较深的颜色和令人愉快的香味及优良的保藏和便于携带的特性。

一、焙烤原理

将成型的制品放入烤炉，经过高温加热使产品成熟，如饼干、面包、糕点等。当生坯入炉时就受到高温包围，淀粉和蛋白质发生一系列理化变化，开始时制品表面受到高温影响使水分大量蒸发，淀粉糊化，糖和氨基酸反应，外表形成薄薄的焦黄色外壳，然后外部水分逐渐转变为气态向坯内渗透，加速生坯熟化，形成疏松状态。

二、焙烤工艺要点

焙烤过程中，烘焙温度的选择是关键因素。适宜的温度可使产品外形丰满，形状整齐，色泽黄亮，内部松脆。炉温、面火、底火的调节和高低温的先后顺序以及烘焙时间的长短都要根据制品种类、要求不同而调整。例如，水分含量低的饼干、香糕等要采用低温烘焙，达到熟而不焦；而要求含水量较高的松软面包，体积膨胀时宜用中温烘焙；广式月饼的外皮不要求变形，馅心已经事先熟化，炉温则可以稍高一些。具体炉温和烘焙时间应视产品特性而定。焙烤食品出炉后，必须立即冷却，然后进行包装。

三、焙烤设备

烤炉是最常用的烘烤设备，种类很多。

（一）常用烤炉种类

1. 按烤炉热源分类

根据热源的不同，烤炉分为电烤炉、煤炉、煤气炉和燃油炉等，目前使用最广泛的是电烤炉。电烤炉具有结构紧凑、占地面积小、操作方便、便于控制、生产效率高、焙烤质量好等优点。其中以远红外烤炉最为突出，它利用远红外线具有加热速度快、烘焙时间短、烘焙均匀和表层加热效果好的特点，提高生产效率，节约电能，在烤炉行业广泛应用。

2. 按结构形式分类

食品烤炉按结构形式不同，分为箱式炉和隧道炉两类。

（二）不同结构形式的烤炉

1. 箱式炉

箱式炉外形如箱体，按食品在炉内的不同运动形式，分为烤盘固定式箱式炉、风车炉和水平旋转炉等。其中烤盘固定式箱式炉是这类烤炉中结构最简单，使用最普遍，最具有代表性的一种。图 4－23 所示为几种典型的箱式炉结构。

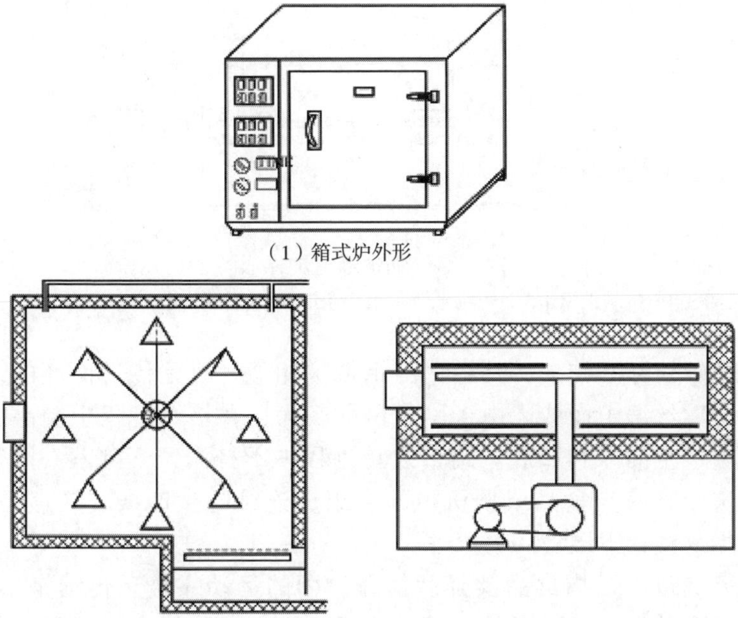

（1）箱式炉外形

（2）风车炉结构　　（3）水平旋转炉结构

图 4－23　几种典型的箱式炉

箱式炉炉膛内安装有若干层支架，用以支承烤盘，辐射元件与烤盘相间布置。烘烤过程中，烤盘中的食品与辐射元件间没有相对运动，适于中小型食品厂使用。

风车炉因烘室内有一形状类似于风车的转篮装置而得名。这种烤炉采用电及远红外加热技术，也可用无烟煤、焦炭、煤气等作热源，热效率高，占地面积小，结构比较简单，生产能力较大，目前仍用于面包生产。缺点是手工装卸食品，操作紧张、劳动强度较大。

水平旋转炉内设有一水平布置的回转烤盘支架，摆有生坯的烤盘放在回转支架上。烘烤时，由于食品在炉内回转，面坯间温差很小，烘烤均匀，生产能力较大。缺点是劳动强度较大，且炉体较笨重。

2. 隧道炉

隧道炉是一种炉体较长、烘室为一狭长的隧道、在烘烤过程中食品沿隧道做直线运动的烤炉，所以称为隧道炉。隧道炉有钢带隧道炉、网带隧道炉、烤盘链条隧道炉和手推烤盘隧道炉等几种。

隧道炉主要由炉体部分、加热系统和传动系统三部分构成，各种隧道炉的炉体及加热部分基本相同，主要是传动系统不同。

图4－24所示为钢带隧道炉，钢带隧道炉是指以钢带为载体，沿隧道运动的烤炉，简称钢带炉。由于钢带只在炉内循环运转，所以热损失少。

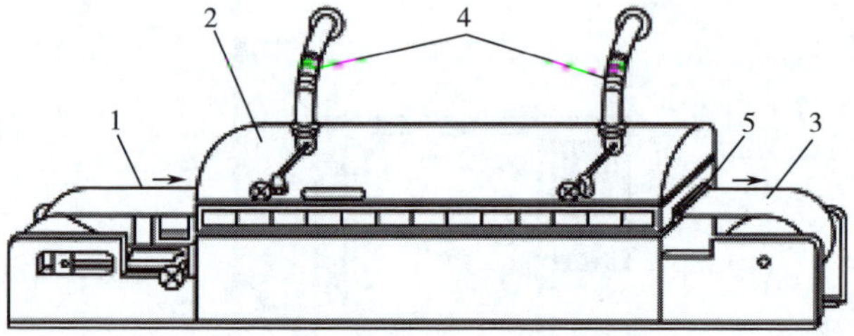

图4－24　钢带隧道炉外形图

1—入炉端钢带　2—炉顶　3—出炉端钢带　4—排气管　5—炉门

网带隧道炉简称网带炉，其结构与钢带炉相似，只是传送面坯的载体采用网带，网带由金属丝编织而成。由于网带网孔较大，在焙烤过程中制品底部水分容易蒸发，不会产生油滩和凹底。网带运转过程中不打滑、不跑偏，网带炉焙烤产量大，热损失小，易与食品成型机械配套组成连续的生产线。缺点是不易清理，网带上的污垢易粘在下层食品上。

烤盘链条隧道炉是指食品及其载体在炉内的运动靠链条传动来实现的烤炉。根据焙烤食品品种不同，链条炉的载体大致有两种，即烤盘和烤篮。烤盘用于承载饼干、糕点及花色面包，而烤篮用于听型面包的烘烤。手推烤盘隧道炉，是靠人力推动烤盘向前运动。操作时，进出口各需一位操作者来完成装炉和出炉。炉体短，结构简单，适用面广，多用于中小型食品厂。

（三）不同热源的烤炉

1. XDTM型隔层式电烤炉

该炉可烘焙各种糕点制品，采用隔层式结构，全炉分为四层，每一层为一个独立的烤炉，每层烤炉的底火与面火可分别自动控制，可同时烘烤不同的制品。为满足烘焙各种食品的工艺要求，每层烤炉设有蒸汽装置，通入水后立即产生的大量蒸汽可减缓面包表层水分的丢失。该炉独特的功率转换装置，可充分利用热惯性，使烤炉的加热功率只有装机功率的一半，加上良好的保温性能，使其热效率高，能耗低。最高使用温度可达300℃。

2. MBH－3旋转式热风烤炉

该烤炉是旋转式热风循环烤箱，系法式花色面包生产线配套设备，可用于面包、蛋糕及点心的烘焙。

整个烤炉由烤室、小车、加热装置、热风循环装置、风量调节器、喷水加湿装置、传动装置及电器控制装置等组成。

工作原理：烘焙时，采用对流的热风循环和缓慢自转小车相结合，使食品各部分受热均匀，加上喷水加湿装置，可以有效控制炉内的温度、湿度，使焙烤食品色泽和成熟度一致。

3. GDCB420 型隧道式远红外烤炉

这种烤炉主要用于饼干类食品的烘焙。基本结构由炉体、传输机构、控温系统等部分组成。工作原理：制品由输送带承载，在炉体内边运动边被加热烘焙。

（四）烤炉选择

烤炉的选择与焙烤食品的质量、生产成本和经济效益等直接相关，因此选用时第一要注意不同产品对温度要求不同。焙烤食品品种很多，对炉温要求各不相同，应注意选择炉温可以在较大范围内进行调节和控制的烤炉，以适应不同品种产品的生产；第二是不同热源的选择，热源包括燃油、燃气、电热、微波炉等，要因地制宜，根据实际情况选用，以降低生产成本，增加经济效益。目前我国饼干、面包食品工厂采用的远红外烤炉由炉体、传动装置、辐射元件、控温装置等组成，按在加热过程中食品与辐射元件的相对位置可分为固定式和通道式两种，一般食品厂均采用通道式，食品原料在通道中通过即被烤热干燥，可连续生产。这种烤炉按其所用输送设备的形式又分为链式炉和带式炉。链式炉适用于面包、蛋糕、月饼的烘焙；带式炉多用于饼干的烘焙。

项目三 预煮机械

在食品加工过程中，有些物料需要经过预煮、油炸等处理，以达到物料脱水、抑制或杀灭微生物、调制食品的目的。大多数不经过高温热处理（如正常装罐所达到的温度）的蔬菜在加工和贮藏（即使是冷冻）之前，必须加热至足以使物料中酶失活的温度，这种以失活酶为目的的热加工被称为预煮。预煮并不是不分青红皂白地加热，温度太低是无效的，而太高的温度又会因过度蒸煮而损害蔬菜的营养，当采用冷冻法保持蔬菜的新鲜品质时更是如此。对将要冷冻的蔬菜进行预煮是必要的，因为冷冻只能减缓酶的作用，而不能破坏或完全中止它的作用。如果在冷冻前不进行预煮，那么蔬菜在冷冻几个月后，将慢慢地产生许多异味和异常颜色，还将产生许多其他种类的酶促变质。蔬菜中有两种耐热较强的酶，即过氧化氢酶和过氧化物酶。如果这两种酶被破坏了，那么其他会导致变质的酶肯定会失活。人们已经知道不同的蔬菜中的过氧化氢酶和过氧化物酶所需要的有效热处理条件，并且建立了多种灵敏的化学方法来检测预煮处理后可能残余的酶活力。

因为各种蔬菜的大小、形状、热传导性和天然酶的含量不同，所以只能在实验的基础上确定预煮处理的条件。如同对罐头食品的杀菌一样，食品体积越大，热力达到中心所需时间越长。如豌豆的预煮要比带穗轴玉米时间短得多。体积较小的蔬菜在沸水中只需 1~2min 就可达到充分预煮的目的；而体积大的则需要几分钟。用高温高压蒸汽预煮所需时间更短，但对蔬菜造成热损伤的风险较大。表 4-1 为不同体积的冷冻蔬菜在 100℃ 水中的预煮时间。

表 4-1　　冷冻蔬菜在 100℃水中预煮时间

蔬菜	粗端直径范围/mm	时间/min
芦笋	≤8	2
	9.5~14	3
	≥15.9	4
青刀豆	≤8	1~1.5
	8~9.5	2~3
	≥9.5	3~4
玉米（切开或整根）	连穗轴预煮、冷却然后切开	2~3
带穗轴的玉米	≤41	7
	41~50	9
	≥50	11

用来进行预煮的设备有夹层锅、预煮机，后者又分为链带式连续预煮机和螺旋式连续预煮机两种。

一、 夹层锅

夹层锅又名二层锅，是罐头食品调味煮汁的主要设备，常用来热烫、预煮各种原辅材料。

设备结构简单，使用方便。常用的夹层锅为半球形，按其操作方式的不同，可分为固定式夹层锅和可倾式夹层锅，见图 4-25。

固定式夹层锅的进蒸汽管安装在与锅体中心线成 60°角的壳体上，出料通过底部接管，利用落差排料，或在底部接口处安装抽料泵，把物料用泵抽至其他高位容器。因此固定式夹层锅常用来调配汤汁等液体物料。当容器大于 500L 或用做加热稠性物料时，常带有搅拌器，搅拌器的搅拌叶片有桨式和锚式，转速一般为 10~20r/min。可倾式夹层锅的进蒸汽管从安装在支架上的填料盒中接入夹层。锅体由两层球形壳体组成，内层材料是 3mm 厚的不锈钢板，外层材料是 5mm 厚的普通钢板，内外两层壁板相互焊接。由于夹层加热室要承受 0.4MPa 的压力，其焊缝应有足够的强度。

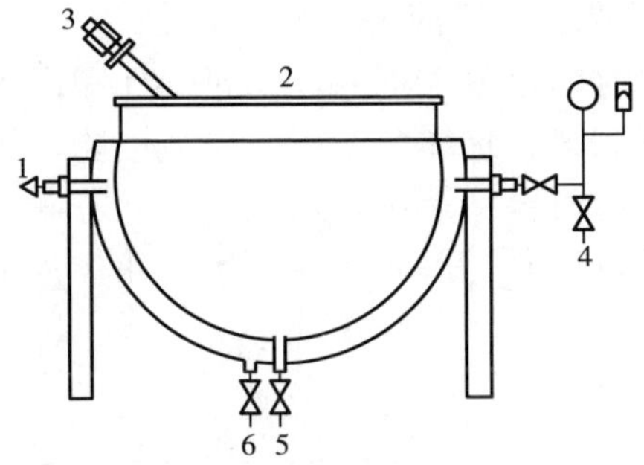

（1）固定式夹层锅

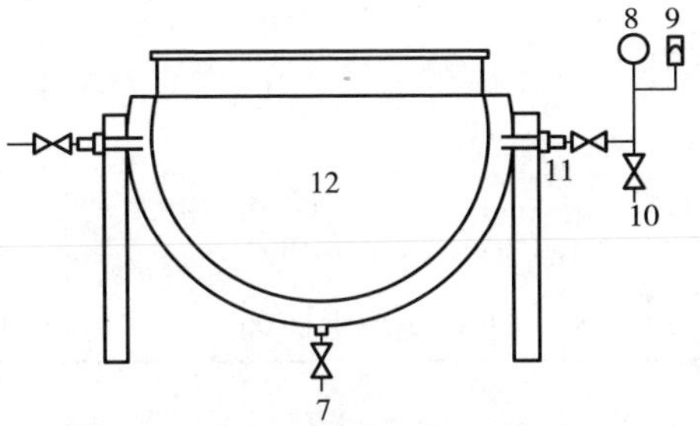

（2）可倾式夹层锅

图 4－25　两种夹层锅

1—不凝气体出口　2—锅盖　3—搅拌器　4—进蒸汽管　5—物料出口　6—冷凝水出口
7—蜗轮　8—压力表　9—安全阀　10—蒸汽进管　11—手轮　12—锅体

操作时可先将物料倒入锅内，夹层里通入蒸汽，通过锅体内壁进行热交换，用以加热物料。加热结束后，转动手轮，驱动蜗轮使锅体倾斜，倾斜角度可在 0°～90°的范围内任意改变，以倒出物料。可倾式夹层锅因此得名。夹层锅锅体两侧焊制轴颈，支承于支架两边的轴承上，轴颈一般采用空心轴，蒸汽管从这里伸入夹层中。为防止漏汽，周围加填料制成填料盖（或称填料盒）密封。但对可倾式锅体，因倾倒时轴颈绕蒸汽管回转而容易磨损，故此处仍易泄漏蒸汽。

机架用槽钢或两个具有 T 形断面的铸铁支架和一根连接两个支架的螺杆组成。进气管在夹层锅装有压力表的一端，不凝气体排出管在另一端。压力表旁装有一个安全阀，生产中如果排汽端因故受阻或其他原因引起压力升高，超过允许压力时，安全阀能自动排汽，以确保夹层锅的安全生产。锅内蒸煮物料时，由于蒸汽通过锅内壁与物料进行热交换，必然有冷凝水产生，一部分冷凝水停留在夹层内，积累到一定量后，可听到夹层内水的冲击声，影响蒸煮物料的速度，此时应及时打开接在不凝气体出口上的旋塞放出冷凝水。为提高热效率，在冷凝水排出口可装一只疏水阀，以便冷凝水经常排放。每次使用完毕后，要将夹层内的冷凝水放净，以便下次使用。夹层锅内壁球体部分用不锈钢板焊接而成，焊缝部分经不起长时间、高浓度的盐溶液或酸溶液等物料的腐蚀，在生产结束后，必须及时清洗，避免将此类物料长时间存放于锅内。蜗轮蜗杆和锅体两边的轴承油杯处要经常加润滑油，始终保持润滑，这样既便于操作，也能延长设备的使用寿命。夹层锅是一种压力容器，使用时要定期进行耐压试验，若发现焊接部分过薄甚至漏汽时，就要停止使用，进行维修，以防事故发生。几种常用规格的夹层锅技术特性见表4－2。

表4－2　　几种夹层锅的技术特性

设备型号	GT611	GT612	GT613	GT614
容量/L	100	200	300	400
蒸汽压力/MPa	0.203	0.253	0.304	0.304
出料管直径/mm	38	38	50	50
设备总重量/kg	150	300	400	500
外形尺寸/mm（长×宽×高）	880×880×1030	1000×1000×1160	1120×1120×1225	1260×1260×1300

二、链带式连续预煮机

链带式连续预煮机用链带作为牵引构件，在链带上装上斗槽即为斗槽式，如青刀豆连续预煮机；在链带上装上刮板即为刮板式预煮机，如蘑菇连续预煮机。图4－26为刮板式连续预煮机示意图。

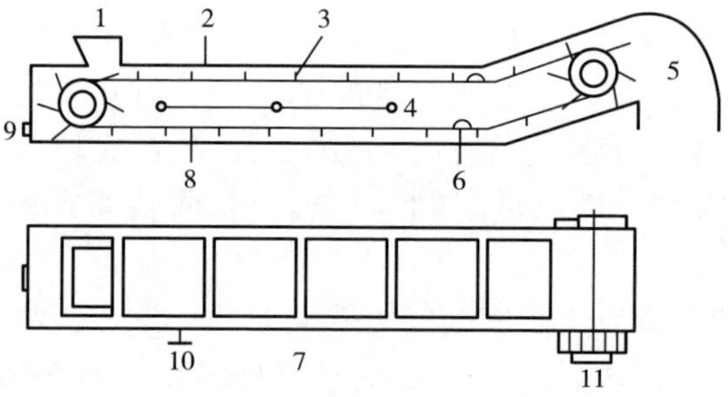

图4－26　刮板式连续预煮机

1—进料斗　2—盖　3—刮板　4—蒸汽管　5—卸料斗　6—压轮　7—钢槽
8—链带　9—排污口　10—溢流口　11—传动系统

预煮机外部是个很大的钢槽，用一定厚度的不锈钢板焊接而成。钢槽的钢板应焊接平整，在链带的驱动轮、尾轮以及由水平面过渡到倾斜段的链带压轮处，都要加强钢板的刚度和强度，以利支承。整个钢槽焊接在由型钢制成的支架上，里面装入一定液位的水，液位的高低用溢流口控制。钢槽的底面向排污口倾斜，以便排放污水。钢槽的顶部有数块盖，安放在钢槽边缘的水封槽内，预防蒸汽泄漏。钢槽的前端装置有进料斗，物料用提升机连续供料，后端装有卸料斗，用于预煮后的物料及时冷却。预煮机的另一重要部分是输送链带，链带由电动机和传送系统驱动，物料预煮时间通过调节链带速度控制。链带由链板构成，刮板焊在链板上。为了减小刮板在水中的运行阻力，刮板上钻许多小孔，孔径大小以不能通过原料为准。压轮使链带从水平段过渡到倾斜段，并能起到张紧链带的作用。刮板、压轮、链带全部浸在钢槽的水中，故都必须用不锈钢制造。钢槽中的水通过蒸汽管直接加热，蒸汽管上开有许多小孔，小孔的总截面积应等于加热管的纵截面积，小孔的分布原则是靠近进料斗处多些，靠近卸料斗处少些，这样可使刚进预煮机的原料温度迅速升高到预煮温度。为了不使蒸汽直接冲击物料，小孔大多开在两侧，这样还可以加快钢槽内水的循环，使槽内水温比较一致。一般加热蒸汽压力要求大于0.45MPa。这种预煮机的特点是能适应多种物料的预煮，物料经预煮后被机械所损坏的也很少。缺点是清洗非常困难，占地面积较大，同时一旦链带在槽内卡死，检修很不方便。两种链带式预煮机的主要技术特性见表4－3。

表4－3　两种链带式预煮机的主要技术特性

种类	刮板式	斗槽式
生产能力/(t/h)	2.14（蘑菇）	3.12（青刀豆）
链带速度/(cm/s)	0.01	0.025
预煮时间/min	8	3
预煮水温/℃	98～100	98～100
蒸汽压力/MPa	0.405	0.405
主轴转速/(r/min)	1.05	3.2
电动机功率/kW	1.5	2.8
外形尺寸（长×宽×高)/mm	7030×700×1000	1100×1100×1700

三、螺旋式连续预煮机

螺旋式连续处理设备供经过洗涤后的蘑菇进行预煮，经过调速也适合部分其他果蔬品种。螺旋式连续预煮机的结构见图4－27。

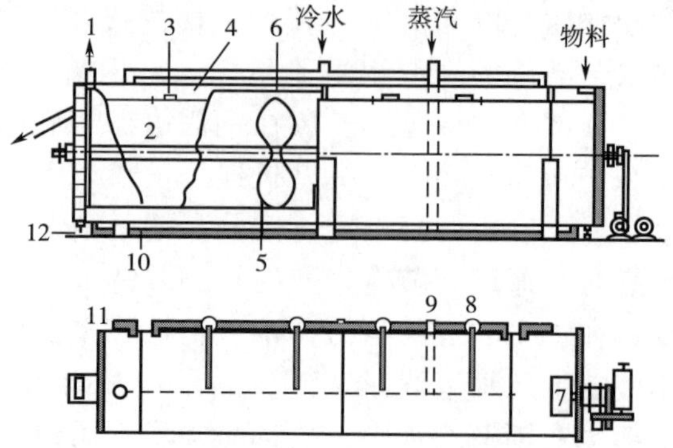

图 4－27　螺旋式连续预煮机

1—排气口　2—螺旋轴　3—铰带　4—机壳　5—螺旋叶片　6—筛网圆筒　7—进料口　8—重锤　9—进水管　10—蒸汽进管　11—溢流管　12—排水口

预煮时，首先从进水管加入冷水至溢流水位，开启蒸汽进管通入蒸汽，将冷水加热至 96～100℃。接通电源，使螺旋轴转动，然后由提升机将蘑菇送到进料口连续进料，这时蘑菇在筛网圆筒内边预煮边由螺旋叶片推进至出料转斗中，出料转斗随螺旋轴一起转动，把预煮后的蘑菇带入出料斜槽，由斜槽滑入冷却槽冷却。靠近出口处有排气口，将预煮液中的不凝气排放掉。加热蒸汽从预煮机底部进入，从两根喷管的喷口中喷出蒸汽直接对水进行加热。预煮机两边各有一溢流管，将设备内超过规定水位的水和浮在水面的杂物排放出去，底部有排水口，可将机内脏水全部排掉，便于设备清洗。

筛网圆筒由不锈钢板辊压而成，圆筒钻有许多小孔，孔的排列为正三角形，筛网圆筒固定在机壳上。螺旋轴贯穿筛网圆筒，支承在机壳轴承上，由电动机和传动系统驱动。螺旋轴上焊有不锈钢制成的螺旋叶片，螺旋叶片与筛筒内壁之间的距离为 2mm 左右。出料处有出料转斗（图 4－28），出料转斗沿圆周分布许多斗室，一般以 12 个为宜，这样可以保证卸料连续均匀。出料转斗与螺旋轴固接，转速与螺旋轴转速相同。当物料由螺旋叶片推至出料转斗时，旋转的转斗将物料捞进斗室里，当已进料的斗室转到最高位置时把物料倾倒至出料斜槽中，斗室一个接一个回转从水中捞起预煮后的物料，转到最高处卸料。出料转斗的出料能力要稍大于螺旋叶片的输送能力，才能保证物料不会在预煮机中停留时间太长，超过预煮要求。出料转斗能保证在水位不变的情况下，把物料连续从预煮机内送到出料口的斜槽，然后滑送到冷却槽中。

标准化的蘑菇螺旋预煮机型号为 GT6J20，其生产能力可达 3～3.5t/h，物料预煮时间为 8～9min，水温 98℃左右，蒸汽压力 300kPa，配备两台电动机：主机功率为 2.2kW，转速在 120～1200r/min 范围内调速，开盖电动机功率为 0.6kW，转速为 1380r/min，外形尺寸（长×宽×高）6300mm×1800mm×2800mm。

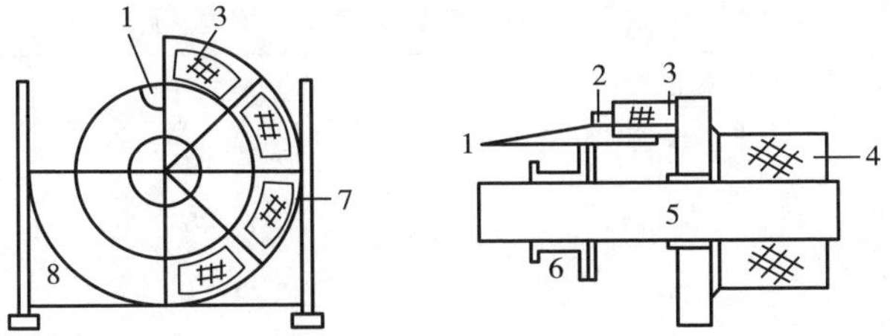

图 4－28　出料转斗

1—出料槽　2—端板　3—转斗　4—筛筒　5—螺旋轴　6—密封圈　7—机架　8—机壳

项目四　油炸机械

油炸作为食品熟制和干制的一种加工工艺由来已久，油炸也是较古老的烹调方法之一。油炸食品在加工过程中能够比较彻底地杀灭食品中的微生物，从而延长食品的保质期，并增添独特的食品风味，改善食品营养成分的消化性，并且其加工时间也比一般的烹调方法要短。在我国，油炸也早已作为家庭和餐厅常用的一种烹调手段。在食品加工业中，也经常采用油炸方式来加工一些以米粉和坚果为原料的食品。

用油炸工艺生产的食品品种有果蔬制品（如炸马铃薯片、炸香蕉片等）、油炸坚果、炸面包圈、膨化快餐食品、冷藏方便食品（如炸鱼、鸡、肉和休闲风味食品）等。随着人们生活水平的提高和生活节奏的加快，方便食品所占的比重将越来越大，油炸技术能很好地适合于这类食品的制作。因此，近几十年来，油炸食品在国际上有了很大的发展，在我国油炸食品的发展也很快，油炸方便面便是其中之一。各地美式炸鸡的纷纷出现以及油炸果蔬制品的不断开发都说明油炸在方便食品生产中占有重要的位置。

油炸的方法主要有浅层油炸和深层油炸，或者又分为常压深层油炸和真空深层油炸；还可以分为纯油油炸和水油混合式油炸。传统的油炸工艺，油温在 160℃以上，有时甚至达到 230℃以上的高温，如此高的温度显然对食品的营养成分，特别是对一些热敏性营养物质有一定的破坏作用。诚然，这种破坏作用不单取决于油温的高低，更取决于食物的温度和在高温下的停留时间。油炸对食品营养成分的影响和油炸食品的安全性是人们非常关注的问题，表 4－4 列出了几种食品油炸前后营养成分含量变化情况。从表中可以看出，油炸前后食品的蛋白质和无机盐的含量没有明显变化，脂肪含量有所增加。这是因为尽管油炸时油温较高，但食品内部温度一般不会超过 100℃，因此油炸对食品营养成分破坏很少。还有资料研究表明，深层油炸对食品维生素的影响类似于其他加工方法，只会导致 5%～15%的损失。

表 4-4　　油炸前后鱼、牛肉和土豆的成分含量变化

食品	样品	样品质量	水分	蛋白质	脂肪	灰分
鳕鱼	炸前	100	79.46	18.09	1.03	1.26
	炸后	71.11	46.98	18.46	4.08	1.26
腌鱼	炸前	100	72.88	18.91	5.47	1.89
	炸后	65.00	31.92	18.13	12.80	1.85
牛肉	炸前	100	75.57	21.54	2.04	0.70
	炸后	65.21	35.95	20.00	4.48	0.52
马铃薯	炸前	100	54.22	5.01	0.27	1.69
	炸后	54.96	26.54	2.64	3.57	0.91

油炸对食品营养价值的影响主要与油炸的工艺条件有关。在理想的操作条件下，油炸应该是比较安全的食品加工手段。下面介绍几种食品加工业上常用的水油混合式油炸和后来发展起来的真空低温油炸工艺及设备。

一、 间歇式水油混合式油炸设备

水油混合式油炸是指在同一敞口容器内加入油和水，相对密度小的油占据容器的上半部分，相对密度大的水则占据容器的下半部分，在油层中部水平安装电热管加热。常用的水油混合式深层油炸，由于电热管水平置于锅体上部油层中，油炸时食品处于油没过电热管60cm左右的上部油层中，食品的残渣则沉入底部的水中，这样在一定程度上缓解了传统油炸工艺造成的残渣碎屑与油混合在一起，使油变得混浊的问题。因为沉入下半部的食物残渣可以过滤除去，且下层油温比上层油温低，因而油的氧化程度也可得到一定程度的缓解。

但油锅底部的油还是只能随食物残渣一起被排出，并有一部分要扔掉，因为油的使用时间较长，黏度变大，微小的食物残渣会附着于油中，使油质变坏，因此用一段时间后油锅底部的油就得作为废油弃去。实际采用该工艺炸制食品时，由加热器对炸制食品的油层加热升温，同时油水界面处设置的水平冷却器以及强制循环风机对下层冷却，使下层温度控制在55℃以下。炸制食品时产生的食物残渣从高温炸制油层落下，积存于底部温度不高的水层中，同时残渣中所含的油经过水分离后返回油层。这样，残渣一旦形成便很快脱离高温区而进入低温区，避免了前面所讲的危害。另外，下部水层还兼有滤油和冷却作用。

水油混合式工艺具有限位控制、分区控温、自动过滤、自我洁净的优点。如果严格控制上下油层的温度，就可使得油的氧化程度显著降低，浑浊情况大大改善，而且用过的油无需再行过滤，只要将食物分解的渣滓随水放掉即可。这样，在炸制过程中油始终保持新鲜状态，所炸出的食品不但色、香、味俱佳，而且外

观干净漂亮。更重要的是，没有与食物残渣一起弃掉的油，更没有因氧化变质而成为废油扔掉的油，从而所耗的油量几乎等于被食品吸收的油量，补充的油量也近于食品吸收的油量，节油效果明显。图 4 – 29 所示为间歇式无烟型多功能水油混合式油炸设备。

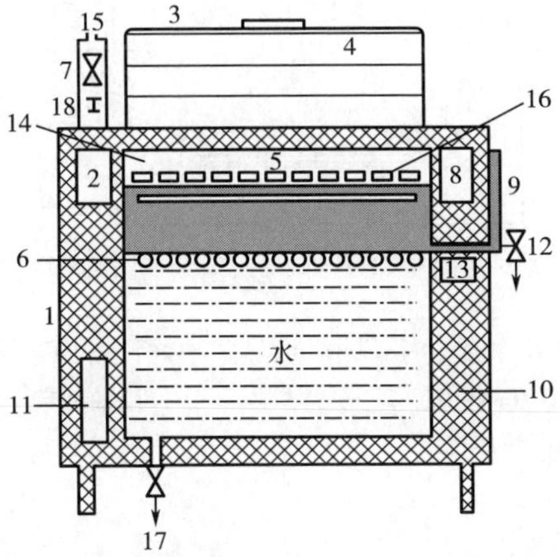

图 4 – 29　间歇式无烟型多功能水油混合式油炸设备

1—箱体　2—操作系统　3—锅盖　4—炸笼　5—滤网　6—冷却循环气筒　7—排油烟管　8—控温仪　9—油位计　10，14—油炸锅　11—电器控制系统　12—排油阀　13—冷却装置　15—排油烟孔　16—加热器　17—排污阀　18—脱排油烟装置

用该设备炸制食品时，将滤网置于加热器上，在油炸锅内先加入水至油位计规定的位置，再加入炸用油至油面高出加热器上方约 60cm 的位置。由电气控制系统自动控制加热器使其上方油层温度保持在 180 ~ 230℃，并通过控温仪准确显示其最高温度。炸制过程中产生的食物残渣从滤网漏下，经水油分界面进入油炸锅下部冷水中，积存于锅底，定期由排污阀排出。油炸过程中产生的油烟从排油烟孔进入排油烟管，通过脱排油烟装置排除。排油阀具有放油和加水双重作用。由于加热器被设计成仅在上表面 240℃的圆周上加热，再加上油炸锅上部外侧涂有高效保温隔热材料，这样，加热器所产生的热量就能有效地被油炸层所吸收，热效率得到进一步提高，而加热器下面的油层温度则远远低于油炸层的温度。当油水分界面的温度超过 50℃时，由电气控制系统自动控制的冷却装置立即强制大量冷空气经由位于油水分界面上的冷却循环系统抽出，形成高速气流，将大量的热量带走，使油水分界面的温度能自动控制在 55℃以下，并通过控温仪显示出来。

间歇式水油混合式油炸设备可以设计成多种形式。它的设计思想和工作原理与前面介绍的设备基本相同。从图 4 – 30 可以看出，其基本组成部分仍为上油层、下油层、水层、加热装置、冷却装置、滤网等。冷却装置装在油水界面处，上油层的加热采用了内外同时加热以提高加热效率的加热方式，这样还可以使上油层的油温分布更均匀。另外一个不同之处是截面设计采用了上大下小的结构方式，即上油层的截面较大，下油层和水层的截面较小，以便在保证油炸能力的情况下，减小下油层的油量，避免过量的油在锅内不必要的停留和氧化变质。若与相同截面的设计相比，则可使炸用油更新鲜，产品质量更好。

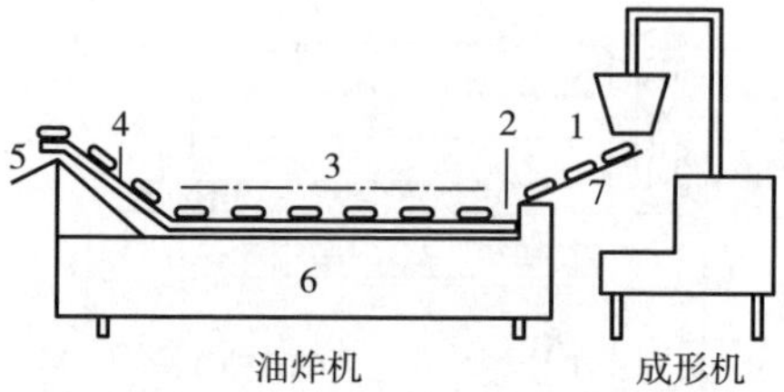

图 4－30　内外同时加热式油炸设备原理图

1—出自成形机的食品生坯　2—油炸机入口　3—潜油网带　4—炸货输送带　5—油炸机出口　6—机体　7—食物生坯输送带

二、 水油混合式连续深层油炸设备

水油混合式连续深层油炸设备可以进行自动连续操作，图 4－31 所示为连续深层油炸设备示意图。

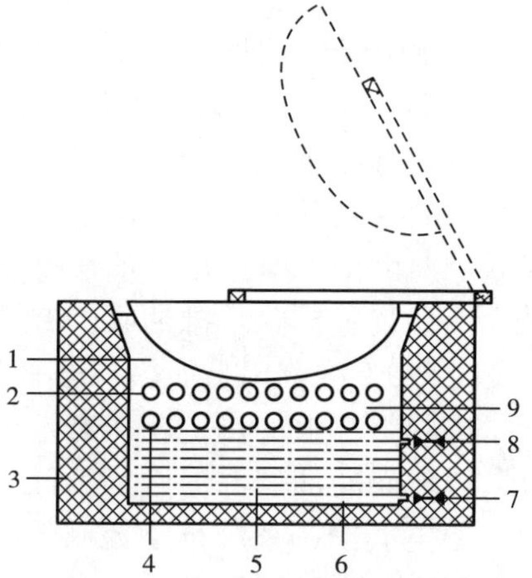

图 4－31　连续深层油炸设备

1—上油层　2—加热筒　3—外围加热夹套　4—冷却筒　5—水层　6—油炸池　7—排水阀　8—给水阀　9—下油层

连续深层油炸机的主要部件有：机体、食物生坯输送带和潜油网带。机体内装有油槽和油槽加热装置。待炸食品成形坯由入口处进入油炸机后，落在油槽内的网状输送带上。由于生坯在炸制过程中，水分大量蒸发，体积膨松，相对密度减小，因此易漂浮在油面上，这样便造成其上下表面色泽差异很大，成熟程度不一。所以油槽上设有潜油网带，强迫炸坯潜入油内。潜油网带与炸坯输送带回转方向相反，但速度一致，同步协助生坯前进。油的加热方式主要有电加热和煤气加热两种。这种连续式深层油炸设备适于作为一般的纯油深层油炸设备，如果作为水油混合式深层油炸设备，必须在油槽中设计加热管及冷却筒，同时在油槽中必须放入水和油，情况类似前面述及的间歇式设备。

三、 真空低温油炸

真空低温油炸是利用在减压条件下，食品中水分沸点降低，可在短时间内快速脱水的原理实现在低温条件下对食品进行油炸的工艺。真空低温油炸是在 20 世纪 60 年代末、70 年代初开始在国外推行的，有间歇式真空低温油炸和连续式真空低温油炸两种工艺。间歇式真空低温油炸设备是早期产品，连续式真空油炸设备是新近发展起来的，美国和日本等国已有定型产品流行，我国近年也已研制成功。目前我国的食品厂采用的还多是间歇操作的真空油炸设备。真空低温油炸设备开始时用于油炸马铃薯片，得到了比一般传统油炸工艺更好品质的产品，后来又有人用它干燥苹果片。20 世纪 80 年代以后，该技术的发展更快，应用的范围更广。真空低温油炸技术将油炸和脱水作用有机地结合起来，使该技术具有独特的优越性和广泛的适应性，尤其对含水量高的果蔬，效果更加理想。

油炸工艺有熟制作用和干制作用。常压下进行的油炸工艺，因油炸温度较高，有氧环境的氧化影响难以避免。食品的真空低温油炸，由于真空的存在，使得脱水占有相当重要的地位，因此与传统意义上的油炸有所不同。近年来我国对真空低温油炸技术进行了研究开发和设备引进，市场上也有国内生产或进口的真空低温油炸食品，这种食品较好地保留了其原料的原有风味和营养成分，味道可口，品种广泛，产品附加值高，因此具有广阔的开发前景。目前市场上出售的真空油炸食品水果类有苹果、猕猴桃、草莓、葡萄、香蕉等；蔬菜类有胡萝卜、南瓜、番茄、马铃薯、大蒜、青椒和洋葱等；肉食类有鱼片、虾、牛肉干等；此外，还有各种干果如花生和大枣等。

1. 真空低温油炸炸制要点

（1）对原料果实或蔬菜的加工特性应有充分的了解对原料的酶活性、组织中的含气量及含水量、糖类物质、淀粉含量以及某些特有成分，尤其是脂溶性成分和光敏性物质应有充分的了解。不同种类的原料加工特性不同，同一种类的原料因品种不同，加工特性也不同。如红玉苹果，质地比较疏松，切片过薄容易切碎，油炸时也容易破碎；切片过厚导致油炸时间过长，即使表面炸焦，内层水分仍不易脱出，果片不脆，颜色也不好看。同一品种，成熟度不同，甚至采摘后后熟时间不同其加工特性也不同。例如香蕉，在成熟过程中淀粉含量由26%下降至1%，糖含量由1%升至19.5%。随着糖含量的增加，果实变得越来越软，不易加工。对香蕉来说，最适成熟度在八成熟左右。这时果实有一定的硬度，风味也已形成，既方便加工，又能保证产品有良好的风味和外形。其他原料的情况也是如此。

（2）油炸经过挑选、清洗、切片、护色、灭酶、漂洗、糖置换等处理的片状原料可在真空油炸机中进行油炸。将原料放入网状容器，置于油炸锅内已预热好的油中，关闭真空油炸锅，并开始抽气。开始时，由于大量的热被原料吸收，油温下降。随着真空度的升高，原料中的水分开始蒸发。经过一段时间，油温和真空度都处于相对平稳的状态。随着油炸过程的不断进行，原料的水分含量不断降低，其表面首先干燥，而后内部水分的迁移速度减慢，水分蒸发速度减慢。此时，应适当降低加热强度，但油温还要逐步上升。

在整个油炸过程中，真空度和温度的控制至关重要。水的蒸汽压随温度的升高而升高。当水的蒸汽压高于锅内压力时，就出现暴沸现象，大量的油随水汽被抽出。为克服暴沸，可采用逐步减压，缓慢加温的方法。换言之，最初原料含水量很高时，真空度和温度不宜过高，即使这样也有大量水分蒸发逸出。随着原料水分的减少，可逐步减压和加温。油炸一段时间后，真空度达到某一水平，且保持平稳，而温度上升则加快，这说明原料中的水分含量已显著下降。直至几乎没有水汽逸出时，就可停止操作。此时产品含水分在3%左右。由此可见，可以通过真空度、温度随时间变化的情况来判定油炸作业的终点。

（3）注意事项

①油炸前油需预热，这样可以提高传热效率，减少起动时间，防止原料在油中长期停留发生褐变，避免微生物在较低温度下滋长。

②原料置于网状容器中油炸，其堆积厚度对产品质量也有影响，因为由于重力的作用，上层原料对下层原料挤压，使产品变形甚至破碎，或者挤在一起相互粘连，使一部分炸不透，影响产品品质的均一性。原料层厚度过大必然造成上、下层所受油层静压力不同，导致下层原料的水分逸出较慢，产品的品质不均。

③除了原料的堆置厚度要适当外，网状容器应能旋转。这样，对油有强制循环的作用，原料受到搅动，挤压在一起的可以散开，受热能够更均匀。

2. 真空低温油炸设备

（1）间歇式真空低温油炸设备　图4－32所示为一套间歇式真空低温油炸装置的系统简图。

油炸釜为密闭器体，上部与真空泵相连，为了便于脱油操作，内设离心甩油装置。甩油装置由电动机带动，油炸完成后降低炸油液面，使炸油液面低于油炸产品，开动电动机进行离心甩油，甩油结束后取出产品，再进行下一周期的操作。油的输送由真空泵控制，即由真空泵来控制油炸釜的油液面高度。过滤器的作用

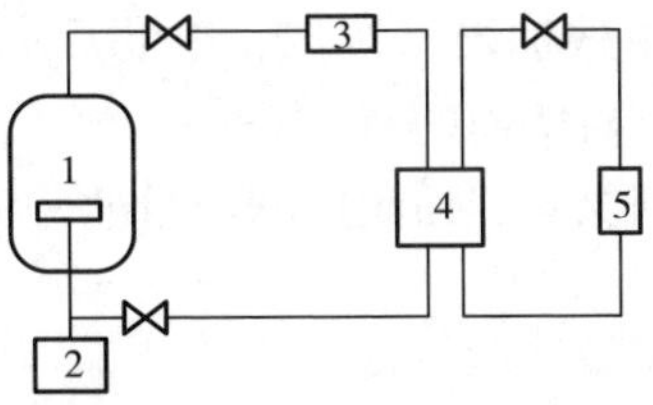

图 4－32　间歇式真空低温油炸装置

1—油炸釜　2—电动机　3—真空泵　4—贮油箱　5—过滤器

是过滤炸油，及时去除油炸产生的渣滓，防止油被污染。

（2）连续式真空低温油炸设备　图 4－33 所示为连续式真空低温油炸设备的结构示意图，其主体为一卧式筒体。待炸坯料由闭风器进入（闭风器的结构见图 4－34），落入具有一定油位的筒体进行油炸，坯料由输送器带动向前运动，输送器的运动速度根据油炸要求而定。油炸结束后，炸好的产品由输送器带入无油区输送带，产品在输送带上边沥油边向前运动，最后产品由出料闭风器排出。

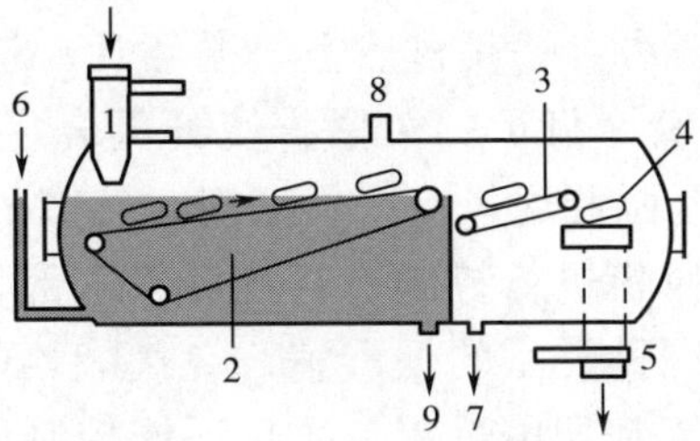

图 4－33　连续式真空低温油炸设备

1—闭风器　2—输送器　3，4—无油区输送带　5—出料闭风器　6—加油管

7—残油出口　8—真空泵接口　9—废油出口

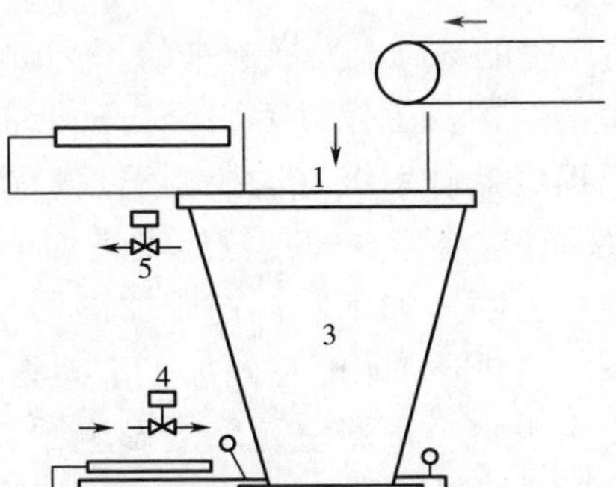

图 4－34　闭风器结构示意图

1，2—隔板　3—落料斗　4，5—气动装置

油从加油管进入筒体，由残油出口排出，过滤后循环使用。筒体通过真空泵接口与真空泵连接，以实现油炸时所需的真空条件。由于入料和出料均采用了闭风器，因此设备内的真空度可以得到保证，而闭风器质量的好坏直接关系到能耗的多少。

项目五 烟熏机械

肉食制品的热处理工序主要包括烘干、烟熏、蒸煮、冷却。为了完成上述热处理工序，过去利用单独的烘干、烟熏、蒸煮和冷却设备。随着现代技术的发展，近年来已研制出一些热处理设备，具有烘干、烟熏、蒸煮、冷却和清洗等效能，称为自动熏室。

熏烟是由木材（锯末）不完全燃烧产生的。熏烟的成分常因燃烧温度、燃烧室的条件、形成化合物的氧化程度以及其他许多因素的变化而有差异。一般认为燃烧温度在300～400℃、氧化温度在200～250℃所产生的熏烟质量高。实际燃烧温度以控制在343℃左右为宜。

1. 烟熏室

烟熏室的基本类型有三种，一是自然空气循环式，就是把刨花放在炉内摊平，上层撒一层锯末，用火点着，将炉门关紧，使其闷烧生烟。也有用煤气烧铁板，使其上面的锯末发烟。二是强制通风室，是采用空气调节或强制通风式的烟熏房。这种熏室，空气循环由鼓风机进行控制，空气可以全部再次循环，或部分再次循环，或全部向外排除掉。这种类型的烟熏室，空气能均匀流动，还能良好地控制湿度，它不仅能更正确地控制烟熏过程，而且还能控制比烟熏更重要的熟煮温度以及成品的干缩度。三是自动熏室，它是能陆续完成烘干－烟熏－蒸煮－冷却等工序的设备。自动熏室又可分为（单机）全自动万能型、半连续型和连续熏制蒸煮－冷却生产线几种。

2. （单机）全自动万能熏室

这种熏室是在强制通风室的基础上发展起来的。

（1）全自动万能熏室的结构及工作过程　全自动万能熏室的基本工作原理是在密闭的熏室内，由电子程序控制系统自动控制温度、湿度和时间。控制加热器加热空气，风机通过倒置的管道将热空气交替地喷进加工室；控制烟发生器生烟，利用风机将烟与热空气混合后喷入加工室；控制加湿器喷热蒸汽，利用风机加强热蒸汽在加热室中的循环；控制冷却水喷嘴向加工室喷洒冷却水。

全自动万能熏室主要由熏室、机器室、熏烟发生器、蒸汽喷射装置、冷却水喷管、熏制小车和蒸煮浅盘及控制器等组成。

①熏室：如图4－35所示，熏室为一金属室，室壁和顶均采用厚度约50mm的最佳隔热材料（如石棉）隔离室内外温度的传递。室内及外部壁均用1～1.5mm厚的不锈钢板制成。内部的加强筋板和连接螺栓也采用不锈钢材料。在熏室的左

右两侧装有供吊车用的导轨，该导轨由带有刻槽的3mm厚的薄不锈钢板构成。地板用3mm厚倒棱钢板制成，并高出周围物体50mm。地板可选用瓷砖或类似的材料，地板朝向门处呈倾斜状，入口桥是可倾斜的，并装配有金属配件的防滑装置。该桥由带有加强筋的3mm厚的不钢板制成。在门的左边和右边安装坚固的门柱，门上装有两个压力杆锁。拉动一个门把手，门即可被打开，门大约50mm厚，并与门框全面加以特别密封。

图4－35　熏室

熏室内的空气导管由1mm厚的薄不锈钢板制成，装设在室内顶部的左右两侧。在其下部牢固地焊接上由薄钢板或薄铜板制成的特制喷嘴。图4－36所示为烟熏室内烟流示意图。

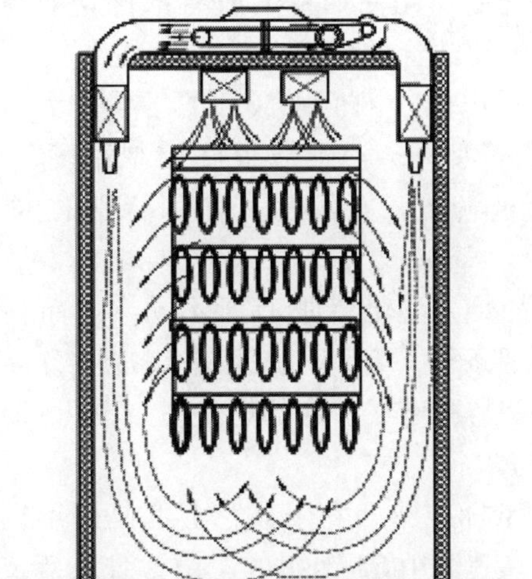

图4－36　烟流示意图

②机器室：机器室由2mm厚的不锈钢板制成，采用法兰连接在金属室的顶部

或后部。机器室内安装有加热器、通风机、排气通风扇、风门和净化装置等。用蒸汽加热的热交换器是用平滑的不锈钢管制成的，有的外部带有增加散热效果的散热片。加热器管内通入6~8个大气压的蒸汽。从熏室的内部通过观察孔可以很容易地看到空气加热器。通风机是用2mm厚的薄不锈钢板特制的风扇，该风扇叶轮应经过静态和动态平衡，其叶片形状经特殊设计，使叶轮上不会存有任何焦油存积物，从而保证风扇能顺利地运转。风扇通常由电动机通过V带传动或直接传动而旋转，推动气体产生循环流动。在风扇或风道内装有用不锈钢板制成的交替式风门片。它们由电动机、齿轮通过链系及安全离合器而传动，左右交替开闭。这样循环的空气流便可以交替地通过左侧或右侧的空气导管，再经空气喷嘴而流入熏室中。另外，还有一个熏烟风门和一个新鲜空气风门，它们由气动操纵，可以采用手动和全自动的控制系统，分别控制熏烟和新鲜空气进入机器。输送新鲜空气的管子安在设备的顶部或后面下部，如果空气不是非常热或很潮湿，室内空气可循环使用，并不需要补充新鲜空气。

排气通风扇也是用不锈钢材料制成，它带有三相电动机及用塑料制成的特殊叶轮。该风机也可以单独设置在熏室顶部。当加工完毕，在打开熏室房门时，必须接通排气风扇，以避免蒸汽或熏烟对操作人员的干扰，在非循环使用烟、汽时，在湿度太高，烟太多时也要适当排放。排气风扇安装在置于设备顶部的排放管尽头，排放管为直径200mm的不锈钢管。排放管内也有风门式的调节器，同熏烟风门和新鲜空气风门一样可由压缩空气控制。压缩空气和控制盘的顶部相连。净化装置为标准化设备，该装置主要是由蒸汽喷射器组成，它用于把净化剂或水射到机器室中。因为循环空气的作用使两室内所有部件均能与净化剂相接触，有效地完成清洁工作。该装置由铸铁管件组成。

③熏烟发生器：很早以前，人们以成捆的木柴作为生烟的燃料，后来人们发现使用木柴生烟效果并不理想，它不能很好控制温度，也不能很好控制烟的浓度。因此这种方法逐渐被淘汰，并发明了使用特别的木屑或锯末来生烟的烟发生器。

尽管各个厂家生产的烟发生器外形有所不同，然而其基本结构和使用的生烟方法是相似的。根据熏烟条件，它们一般均采用逐步升高温度的方法来生烟。其结构均有一个料斗和一个与机座在一起的燃烧室。图4-37所示为熏烟发生器工作原理示意图。

如爱特姆斯RES23型标准熏烟发生器，上部是用不锈钢制成的带盖圆锥形料斗。料斗中有一搅拌器，其轴用60钢制成，由滚珠轴承支承在料斗上，并由装于料斗外部的电动机通过链系传动带动搅拌器工作。下部圆筒形燃烧室装于机座箱内，机座由灰口铸铁构成，圆筒形燃烧室四周有小孔，称为圆筒形炉栅。其上部与锥形料斗的下端相接，下底部有一个不断动荡的篦子，在圆筒形炉栅下端四周装有环状电点火防震装置。

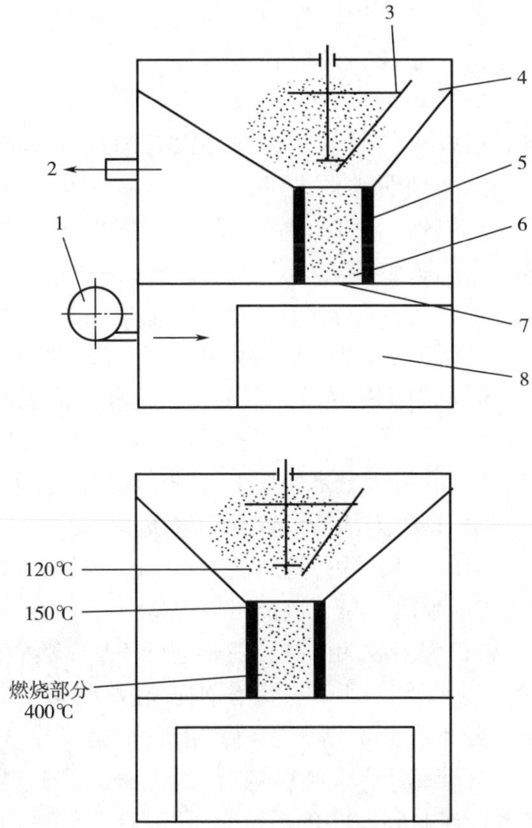

图 4-37　熏烟发生器工作原理示意图

1—风机　2—出烟　3—搅拌器　4—料斗　5—燃烧室　6—电点火线圈　7—篦子　8—灰箱

下部机座内带有特制挡板的燃灰箱（用不锈钢板制成）及一个灰铸铁制成的不变形的风门，风门处可装小型鼓风机。工作时木屑或锯末在料斗中由上往下流动，被搅拌器传送到燃烧室，在燃烧室下端“篦子”四周的电点火线圈作用下木屑被点燃，并在吹风机鼓风的作用下进行熏烧。木屑熏烧温度，在燃烧室的最下端为 400℃，往上温度逐渐下降到 200℃，到燃烧室上部约为 150℃，到进料斗的下部时则降到 120℃。这就形成了木屑从进料到燃烧温度逐步升高的变化梯度。在木屑进行真正燃烧之前先在 120～200℃ 区域内逐渐经过一道干馏工序。

这时，对温度敏感的组分未曾到达灼热区就分解了。真正的燃烧在大约 300℃ 开始，那些估计在这种温度下解离的组分发生分解。结果能得到十分浓密、平衡得很好的熏烟。这些熏烟通过烟道抽走，经过洗净后通入熏室。由于“篦子”不断动荡，则可不断地向下排出熏烧过的木材，落入燃灰箱中，烟气发生器的工作可以自动控制，间隔工作。为了避免烟雾中的灰尘和其他有害物质对制品造成危害，在烟发生器出烟的通路上常设有过滤网及水过滤器作为烟气净化器。

爱特姆斯熏烟发生器还有两种附件。一种是木片配给器。它可以将用机器切削的各种木头（如山毛榉、赤杨、橡树和桦木等）的木片（4～6mm），按一定的混合比率供给烟气发生器，并可以调节检查混合比率。另一种是自动灭火器。因为在一定环境下，例如在好火的时候，进料斗没有添加新木片，燃烧室会出现明火。这种灭火器的探头检测到明火后，发出一个电脉冲送往电磁阀，电磁阀控制将水喷进燃烧室。一旦火焰熄灭，阀门就关闭，烟气发生器立刻继续作用，因为烟床不受少量水的影响。探头装有一个探测器，保证系统不由于脏物污染而失去效用。有一个光电池的光源检查防护玻璃板的污染，如果产生过分的污染，会提醒操作者清洗玻璃板（若不清洗玻璃板，则不能重新产生烟气）。

另外还有一种生烟方法，即使用一种烟熏液。这种方法比燃木熏烟有一定的优越性。它不需要熏烟发生器的设备，可以节省投资；烟熏液的成分稳定，而且可以循环使用；烟熏液在制造中没有一般燃木生烟不可避免的微粒物质，因而可以在很大程度上缓和致癌物质的产生；这种方法还可以利用软质木锯末，只要注意预先除掉软质木锯末中含有的焦油状物质即可，除掉这种焦油物和多环烃，可以采用过滤的方式。由于使用烟熏液能避免焦油物质积聚，因而可以保持设备干净。经过烟熏液处理的肉制品，只解决了熏制问题，大多数的肉制品还要进行蒸煮。蒸煮就要另行配置蒸煮设备，先熏后煮的制品外观色泽好，所以，蒸煮前先喷射烟熏液。

④蒸汽喷射装置：实为一个不锈钢喷嘴。用它喷射一个大气压蒸汽的方法来进行蒸煮和提供蒸汽。其管路上设有喷射蒸汽的电磁阀和过滤器。蒸汽通过减压阀、蒸汽分离器和排水管连接到设备的后部。

⑤冷却水喷管：带有许多小孔的冷水喷管水平置于熏室内顶部，在风机作用下冷水呈雾状对制品喷淋冷却。

⑥熏制小台车和蒸煮浅盘：熏制小台车一般由普通钢或不锈钢制成龙门结构（图4－38），既坚固耐用，又可以轻易堆积起来。小台车下有六个塑料小轮能轻易地移动或原地转动。中间一对轮子直径稍大，可以将外侧小轮稍微支离地板面，使台车能走过不平坦的地方并越过门槛。挂制品的熏棒可以横架在台车横架上，费斯曼台车宽一般为112cm，高170cm或200cm。

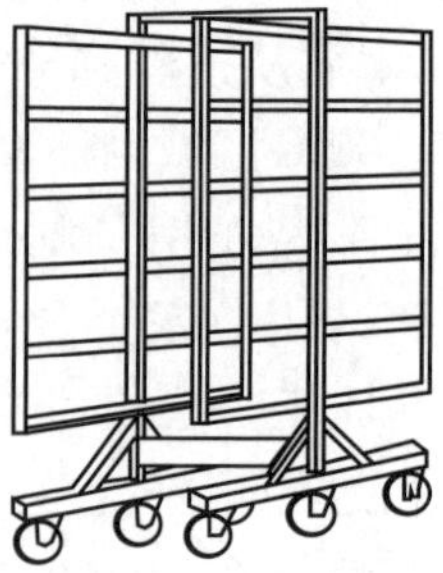

图4－38　熏制小台车

⑦控制器：通常有程序控制系统和微处理机控制两种。微处理机将最佳控制、机动灵活和操作安全结为一体。其最大特点在于能够储存完整的程序，并且只需按一下按钮即可使之开始工作。

厂家在供应设备时，一般都提供一些基本软件。另外，任何程序的任何数量的单指令都可以输入，并且结合起来以构成特定的生产程序。程序之间的关联被自动地存储，并且随时可以读出。除了相当大的程序可变性之外，微处理机凭借故障转换保证具有极高的保护功能，以避免出现错误的光学检验使得在起动前将程序流程预先显示出来。通过增加或暂停某些步骤，随时可以永久地或者为了现行程序修正既存数据。

（2）全自动万能熏室的特点

①操作容易、自动化程度高，只要操作控制盘的开关，将工序调整好后，可自动作业，顺利地加工出制品。

②能快速、均匀地达到工艺所要求的温度、湿度和烟雾浓度（因为有强力的循环式风扇），确保加工制品的速度和质量稳定。

③具有优良的熏烟效果：由于热风的温度能够控制在最适状态，而且熏烟的质量也非常优越（无焦油污染），所以熏制出来的产品芳香可口，风味极佳。

④运转成本较低：由于以蒸汽作为热源，另外使用烟发生器，木材消耗大大减少，所以能够起到节省经费的效果。

⑤干耗少，成品率高：由于进行高精度的湿度控制，所以产品的成品率较高。

⑥安全、耐久：因内部构件全部使用不锈钢制造，所以能保证高的安全性和耐久性，但成本较高。

思考与练习

一、选择题

1. 高温杀菌设备杀菌操作中的压力控制作用是（　　）。

A. 控制温度　　B. 防止罐头变形或破坏

C. 提高传热速率　　D. 杀菌

2. 对食品进行杀菌的目的是（　　）。

A. 保证食品的色、香、味　　B. 钝化酶活性

C. 防止食品发生腐败变质　　D. 增加净含量

3. 流体物料一般采用（　　）灭菌方法。

A. 高温短时杀菌　　B. 超高温瞬时杀菌

C. 常温杀菌　　D. 辐照杀菌

4. 食品焙烤时蒸发掉的水分主要为（　　）。

A. 化学结合　　B. 机械结合水和部分物理结合水

C. 物理结合水　　D. 机械结合水

5. 焙烤过程中，影响产品质量的关键因素是（　　）。

A. 烘焙时间的选择　　B. 烘焙温度的选择

C. 空气湿度的调整　　D. 物料重量的调整

6. 预煮有以下作用（　　）。

A. 食品物料的天然酶失去活力

B. 抑制或杀灭微生物、有效延长食品保质期的作用

C. 使食品增加香气

D. 改变食品的化学成分使其易于加工

7. 真空低温油炸是利用在（　　）条件下，待炸物中水分沸点（　　）能在短时间内迅速脱水的原理，实现在低温条件下对食品进行油炸的工艺。

（1）A. 常压　B. 减压　C. 加压

（2）A. 升高　B. 降低　C. 不变

8. 下列哪些为超高温瞬时杀菌成套设备的主要构成设备？（　　）

A. 预热器　　B. 杀菌器水晶

C. 清洗设备　　D. 搅拌器

二、判断题

1. 超高温杀菌的杀菌温度一般在 100～110℃。（　　）

2. 罐头食品的加压杀菌都采用反压冷却。（　　）

3. 回转式杀菌机杀菌时罐头内容物搅动依靠自重产生的。（　　）

4. 杀菌温度低于 100℃，pH <4.5 的酸性食品属于低温杀菌。（　　）

5. 流体在薄板换热器中流动方向有两种，二者传热效率相同。（　　）

6. 为了除去食品中的病原体和毒素，食品的热处理条件越强烈越好。（　　）

7. 花生、可可豆、腰果、杏仁等坚果最好用烤炉焙烤。（　　）

8. 油炸食品的加工时间比一般的烹调方法要短。（　　）

9. 对于含水量高的水果，真空油炸过程中，脱水与油炸可同时进行。（　　）

三、填空题

1. 加热杀菌方法分为________和________。

2. 卧式杀菌锅由________、________、________、________、________等组成。

3. 超高温杀菌温度一般控制在________，仅需________。

4. 烤炉按结构形式分为________和________两类。按使用热源的不同分为________、________、________和________。目前采用最多的为________。

5. 牛乳在进行超高温短时杀菌时通常的杀菌条件为________、________、________可将微生物孢子完全杀灭。

6. 软罐头杀菌分为________、________和________三个阶段。

7. 软罐头的高温杀菌应采用________或________。

四、简答题

1. 选择热加工方式的前提是什么？
2. 牛乳杀菌采用哪种方法？为什么？
3. 软罐头杀菌用哪种控制方式？
4. 简述几种常用远红外烤炉的形式及特点。
5. 预煮有哪些作用？
6. 油炸食品有什么特点？
7. 简述全自动万能熏室的结构及工作过程。
8. 简述全自动万能熏室的特点。

实训七 杀菌锅的使用

一、目的要求

通过实训，使学生熟悉罐头杀菌设备的构造，掌握罐头杀菌装置的正确使用，在生产中能正确使用罐头杀菌装置。

二、设备与工具

（1）卧式或立式杀菌锅 1 ~2 台。

（2）罐头若干（可用装罐、封盖实习制作的罐头做实验）。

（3）蒸汽源或电加热源。

（4）自来水源。

三、实训内容及步骤

（1）观察杀菌锅的外部结构。

（2）打开杀菌锅锅盖，取出杀菌车或杀菌篮。

（3）将封口后的罐头装入杀菌车或杀菌篮内，然后将杀菌车或杀菌篮放入杀菌锅内，关上杀菌锅锅盖。

（4）向杀菌锅注满水，然后打开蒸汽阀门加热（也可用电加热），并记录预热时间。注意观察压力表和温度表的变化情况。

（5）达到杀菌温度后，开始记录杀菌时间，并关小蒸汽阀门，保持杀菌温度。随时注意压力和温度的变化，做好压力、温度记录。

（6）达到杀菌时间后，停止加热，并排出杀菌水。

（7）根据实验室条件，对罐头进行加压冷却（用空气或蒸汽加压）、常压冷却或空气冷却，并记录冷却时间。

（8）冷却后，打开锅盖，取出罐头，检验罐头杀菌情况，剔除胀罐、凸角、跳盖等残缺罐头，并计算成品比例。

（9）清洗杀菌锅，整理实验器具。

实训八 箱式电烤炉的使用与维护

一、目的要求

通过实训，使学生掌握箱式电烤炉的结构和使用方法。

二、设备与材料

（1）设备与工具：箱式电烤炉、模具等。

（2）原料：精粉、砂糖、葡萄糖浆、花生油、碱水、小苏打、鸡蛋、豆沙。

三、实训内容及步骤

1. 配方

精粉1000g；砂糖350g；葡萄糖浆90g；花生油250g；碱水15g；小苏打5g；熬糖浆用水150ml。成品刷面用鸡蛋2个；豆沙1000g。

2. 生产流程

配料→熬浆、制馅→和面→包馅→成型→烤制→冷却→包装

3. 操作要点

（1）熬浆　应提前一、二天把和皮面的浆熬好。和面时所用糖浆应在42度左右，以防成品出现崩顶等现象。

（2）调制面团　将冷却了的糖浆和油放入和面机搅拌，至匀。和好的糖浆半小时后应“油不上浮，浆不沉淀”。再加入面粉搅拌均匀，即成浆皮面团。一般面团和制时间应在30min内完成，以防面团“走油”上劲。

（3）制馅　将糖、油及面粉、饴糖等放入和面机内擦制至匀，再加入各种果料搅匀即可。馅过硬时可用油或饴糖调节，不宜用水，以防成品馅芯硬化。

（4）包馅、磕制　包馅时将面团制成小面剂，将馅切块，揉成圆柱形，甩手包制，再将生坯放入模子内磕制成形。包馅时面团温度宜在22～28℃，面团应随用随调。

（5）烤制、冷却　将生坯按一定间距码入烤盘，入炉烘烤。炉温为220℃左右，经8～10min，即可出炉，再经20～30min自然冷却，便可包装。

4. 设备维护与清理

（1）打开炉门散热；

（2）温度调节旋钮归零；

（3）用干燥毛巾清理炉膛。

模块五

冷加工机械与设备

学习目标

1. 了解冷却和冻结方式的种类以及食品冷却及冷冻加工机械的分类、结构、工作原理及冻结能力的计算方法；掌握冷冻浓缩及冷冻干燥的基本原理以及冷冻浓缩、冷冻干燥装置的结构及工作原理。

2. 掌握冷却、冻结装置以及冷冻浓缩、冷冻干燥装置工作原理。

3. 冻结能力的计算、各种冷加工机械加工参数的选用。

项目一 冷却装置

食品的冷却实质上是食品与冷却介质进行热交换的过程，食品本身的热量传递给冷却介质，再利用制冷系统把这部分热量移走，使冷却过程得以进行下去，直至食品的温度降低到预定的温度为止。

按照冷却介质和热交换方式的不同，冷却方法可分为空气冷却、水冷却、冰冷却和真空冷却四种。下面介绍空气冷却装置、水冷却装置和真空冷却装置。

一、 空气冷却装置

空气冷却装置布置在食品冷却室或冷却隧道中，利用冷风机送出的冷风在食品间循环，吸收食品的热量。空气冷却装置由冷风机和挡板组合而成，结构简单，安装维修灵活方便。

冷风机有落地式与吊顶式两种，安装在冷却室和冷却隧道的一端或顶部，冷空气沿挡板形成的风道吹向食品，换热后返回。图 5 - 1 所示为食品冷却室结构示意图。

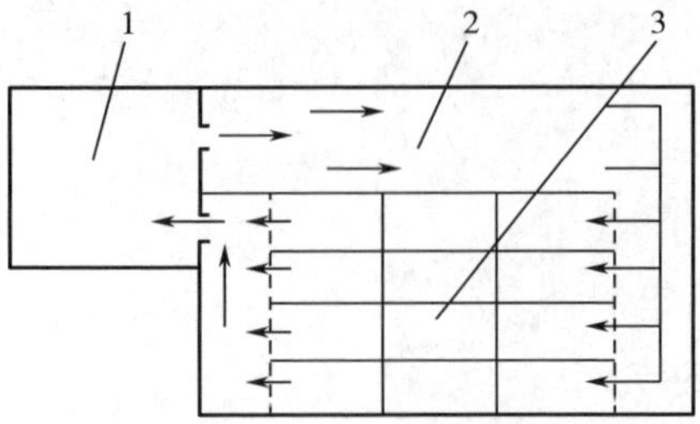

图5－1　食品冷却室结构示意图
1—冷风机　2—冷却室　3—货架

二、 水冷却装置

水冷却装置是将净水或盐水（海水）经过机械制冷处理变成低温的冷却水，然后用冷却水浸泡或喷淋的方式冷却食品。常用的水冷却装置是喷淋式冷却装置（图5－2）。

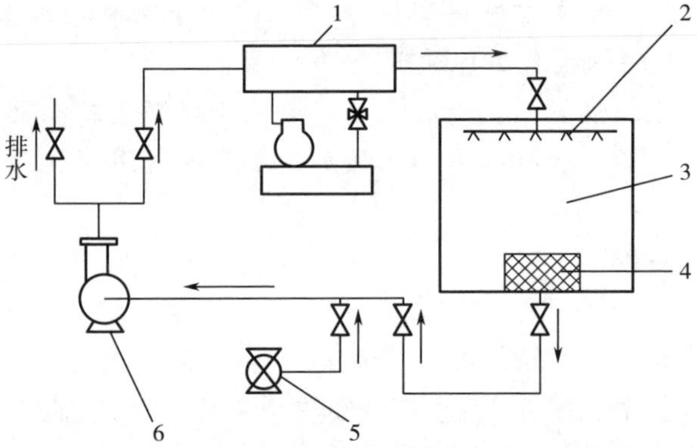

图5－2　喷淋式水冷却装置示意图
1—水冷却器　2—喷嘴　3—冷却舱　4—滤网　5—进水阀　6—循环水泵

喷淋式水冷却装置由水冷却器、冷却舱、水泵及管路组成。净水或盐水（海水）通过制冷机降温，一般净水的温度降至0.5～2℃，盐水（海水）的温度降至－2～－0.5℃；冷却水进入冷却隧道，经喷嘴喷淋至食品表面与食品进行热交换；冷却隧道内设置一条带式输送机运载食品，喷嘴均匀地分布在输送带的上方，冷却隧道的长度由食品冷却时间确定，一般为10m以内，食品冷却的时间大致为几分钟到十几分钟，在此范围内冷却时间的变化可由输送带带速来调控。冷却水的流速会直接影响到食品冷却速度，但水的流速也不宜太快，否则会产生泡沫，影响传热效果。经过热交换的水由冷却隧道底部过滤网过滤后经排水孔排出，冷却水可在系统内循环使用，但须经过滤、添加杀菌剂杀菌并注意用一段时间后应更换。

水冷却装置适合于鲜度下降较快的生鲜食品冷却，通常用于禽类、鱼类和某些水果、蔬菜的冷却。它的优点是冷却速度快，所需的空间小，并避免了产品的干耗。这种装置的缺点是可能产生污染，并且有相当一部分食品与水接触后会影响产品外观并且储存性能下降，不能在此装置中冷却。

三、 真空冷却装置

真空冷却方法是使被冷却的食品处于真空状态，并保持冷却环境的压力低于食品表面的水蒸气压，造成食品中的水分蒸发，水分在蒸发过程中带走大量的蒸发潜热，使食品的温度降低。真空冷却装置如图 5 - 3 所示。

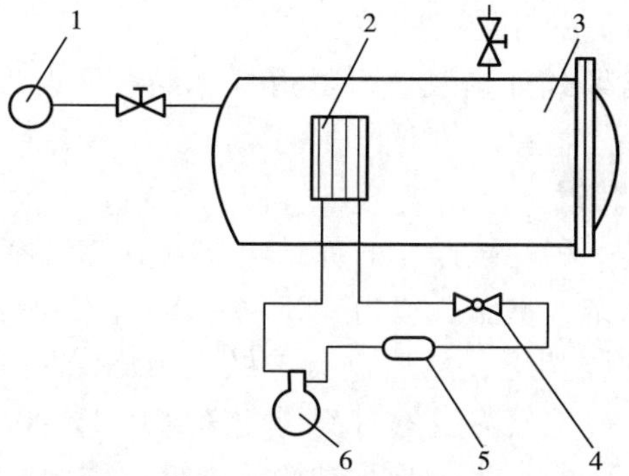

图 5 - 3　真空冷却示意图

1—真空泵　2—冷却器　3—真空舱　4—膨胀阀　5—冷凝器　6—压缩机

真空冷却装置主要用于蔬菜（尤其是叶菜类）的冷却，它的主体是真空舱，经整理的蔬菜装入打孔的纸板箱后，放入真空舱，封闭舱门，打开真空泵使舱内压力降至 6.566×10^{2}Pa，在此压力下，水在 1℃就沸腾，于是蔬菜表面的水分就会迅速汽化，1kg 水变成水蒸气时能够吸收 2464kJ 的热量，这样蔬菜本身的温度便急速下降。

在 6.566×10^{2}Pa、1℃的真空舱内，水由液态变为水蒸气时，体积要增大近 20 万倍，即使使用二级真空泵系统抽真空，也不能将舱内的水蒸气在短时间内排出，真空舱内的压力不可能稳定保持在 6.566×10^{2}Pa 附近，这种情况会造成冷却过程不能继续进行下去。为了快速排除水蒸气，真空舱中设置了一套制冷装置，使水蒸气重新冷凝成水而排除，保证真空舱内稳定的真空度。

真空冷却装置的特点是冷却速度快，一般在 10 ~ 20min 即可完成冷却操作；冷却后的食品储存期长，且冷却过程中水分的蒸发量只有 2% ~ 4%，不会影响蔬菜饱满的外观；易于处理散装的食品。该装置的缺点是成本高，少量使用时不经济。

项目二 冻结装置

食品冻结的方法和装置种类很多，按冷却介质与食品接触的方式可将食品冻结装置分为空气冻结装置、间接接触冻结装置和直接接触冻结装置三大类。

一、空气冻结装置

空气冻结法利用冷空气作为食品的冷冻介质，以自然对流或强制对流的方式与食品进行换热。由于空气资源丰富，无任何毒副作用，其热力学性质早已为人们所熟知，所以，用空气做介质进行冻结是目前我国应用最广泛的一种冻结方法，其冻结设备的型式也很多。空气冻结装置的缺点是由于空气的导热性差，与食品间的换热系数小，故所需的冻结时间较长。

空气冻结装置有隔架式冻结装置、隧道式冻结装置、螺旋式冻结装置和流化床冻结装置等几类。

（一）隔架式冻结装置

隔架式冻结装置是一种间歇操作的冻结设备，其冻结室往往是箱式或房间式，内有蒸发排管制成的隔架，室温一般为 -25 ~ -18℃。这种冻结装置在操作时将食品盛装于料盘中，放在隔架上，然后进行冻结，当冻结完成时，设备停止运转并卸货。在冻结过程中，冷空气靠自然对流（流速为 0.03 ~ 0.12m/s）或利用送风机搅动空气（流速为 1 ~ 2m/s）来与食品进行热交换。图 5 - 4 所示为隔架式冻结间示意图。

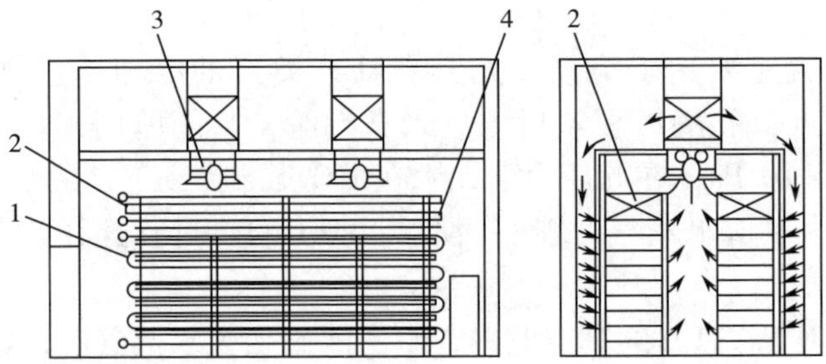

图 5 - 4　隔架式冻结间示意图

1—隔架式排管　2—顶部排管　3—轴流通风机　4—出风口

此类冻结装置结构简单，使用维护方便，费用低。缺点是冻结速度缓慢，一般冷空气自然循环的要 36 ~ 72h，冷空气强制循环的要 20 ~ 48h；此类设备的操作方式为间歇操作，劳动强度大、生产效率低，另外设备的冷负荷也不均匀。

（二）隧道式冻结装置

隧道式冻结装置可以进行连续或半连续的冻结生产，早期的冻结隧道采用了冷空气强制循环的供冷方式，后来“隧道”这一名词扩大到了所有的空气强制循环供冷的冻结装置，而无论其是否具有隧道的形状。根据食品在冻结时的传输方式，隧道式冻结设备可分为传送带式、吊篮式、推盘式冻结装置等几种。

1. 传送带式冻结装置

传送带式冻结装置是典型的隧道式冻结设备，由蒸发器、风机、传送带及包围在它们外面的隔热壳体构成。此类冻结装置中，食品的承载及传输部件是传送带，它有网带和链式传送带两种，传送带不同，冻结装置的结构型式略有不同。传送带式冻结隧道可用于冻结块状食品（如整鱼或鱼片）、剔骨肉、肉制品、果酱及其他包装或散装食品。

图 5 -5 中冻结装置的传送带为不锈钢网带。带减速器的调速电动机通过链传动驱动主动轮，使不锈钢网带向前运动。食品置于网带上，隧道设有冷风机，根据食品在隧道里所处的位置不同，冷空气循环的方式可以设计成顺流、逆流和混流等。网带的上下两面可采用同样的冷空气循环方式，也可在网带下部设一蒸发排管制成的冷冻板与食品换热（图 5 -5 即为此种装置）。一般冷冻板的温度为 -40℃左右，冷空气的温度为 -35℃左右，在此条件下，厚 15mm 的食品冻结时间约为 12min；厚 40mm 的食品冻结时间为 41min。冻结不同的食品可以靠调节传送带的速度来得到不同的冻结时间。

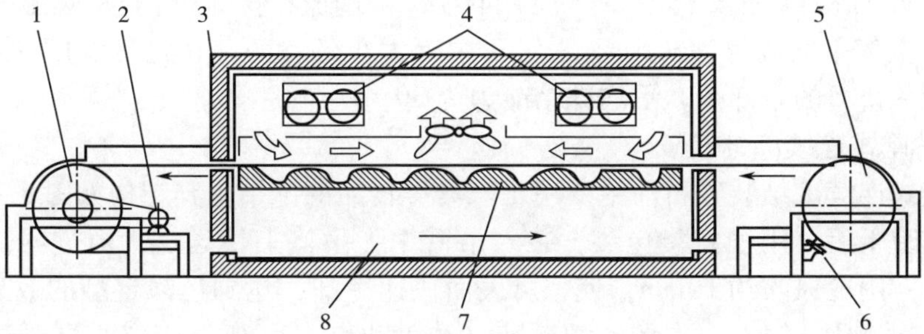

图 5 -5　带冷冻板的传送带冻结装置

1—主动轮　2—调速电机　3—隔热层　4—冷风机　5—从动轮
6—清洗刷　7—冷冻板　8—不锈钢传送带

图 5 -6 所示为带式传送的冻结隧道，其传输系统为两条平行工作的液压驱动链式传送带。食品盛装在冻结盘中，冻结盘有盘盖，盘盖能自动开关，为了产生必要的挤压力，并考虑到产品在冻结过程中的膨胀，盘盖还富有一定的弹性。盘的外部加上了翅片以强化换热。工作时，由装卸设备将冻结盘推上传送带并合盖，

液压传动机构驱动传送带逐步向前移动，使冻结盘通过驱动室进入水分分离室。在分离室内，由于上一工作周期的融霜操作而黏附在盘子外面的大部分水被去除，剩余的水分则结成冰，保证水分不被带入冻结间内，以免蒸发器结霜。食品的冻结过程是在冻结间内进行的，轴流风机吸入经板片式蒸发器冷却的冷空气，向冻结盘压送。为加速冻结过程，并保证食品降温的均匀性，在各个冻结间内，气流流过盘子的方向互为反向。冻结盘到达转向装置时，改变运动方向，随后返回装卸设备。此时，冻结盘自动脱出链条卡扣，在除霜装置上经过热蒸汽加热或温水浸渍后，被送至端部位置并翻转，盘盖自动打开，食品冻块落在输送带上，传输到包装工位。

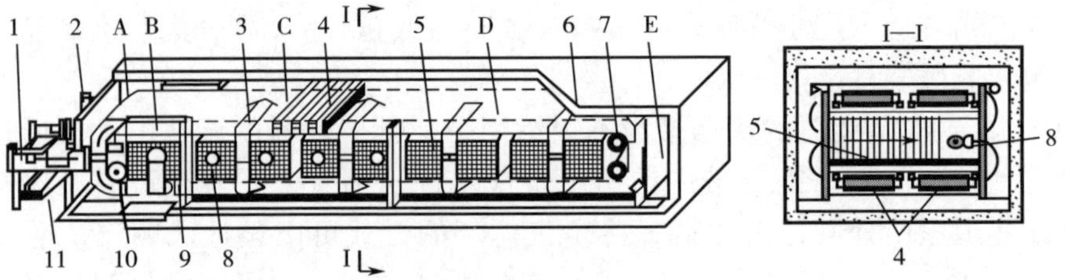

图5－6　带式冻结隧道（前东德生产）

1—装卸设备　2—除霜装置　3—空气流动方向　4—冻结盘　5—板片式蒸发器　6—隔热外壳
7—转向装置　8—轴流风机　9—光管蒸发器　10—液压传动机构　11—冻结块输送带
A—驱动室　B—水分分离室　C，D—冻结间　E—旁路

该装置的特点是投资较少，通用性强；自动化程度较高。其蒸发温度为－41℃，空气平均流速为9.5m/s。对于中等大小的青鱼，在进货温度5℃和热中心温度为－25℃的条件下，平均冻结能力为30t/d。

2. 吊篮式连续冻结装置

吊篮式连续冻结装置目前主要用于家禽等食品的冻结，其结构如图5－7所示。家禽宰杀晾干后，用塑料袋包装，装入吊篮中，吊篮上传送链，由进料口输送到冻结间内，用冷风吹约10min，使家禽表面快速冷却，达到色泽定型的效果。然后进入喷淋间，用－24℃左右的乙醇溶液（浓度40%～50%，由离心泵泵送）喷淋5～6min，使家禽表面层快速冻结。接着回到冻结间，在连续运行过程中，从不同的角度受到风吹，使家禽各处温度均匀下降。冻结过程结束后，吊篮到达卸料口卸料。

冻结间的冷风由落地式冷风机组供给，冷风机组的蒸发器为干式翅片排管，配轴流风机若干台。传送链采用可拆链，链速由冻品的冻结时间和生产能力确定，一般为0.4～1.2m/min。

吊篮式连续冻结隧道的特点是机械化程度高，减轻了劳动强度，提高了生产效率，冻结速度快、冻品各部位降温均匀，色泽好，质量高；主要缺点是结构不紧凑，占地面积较大，风机耗能高，经济指标差。

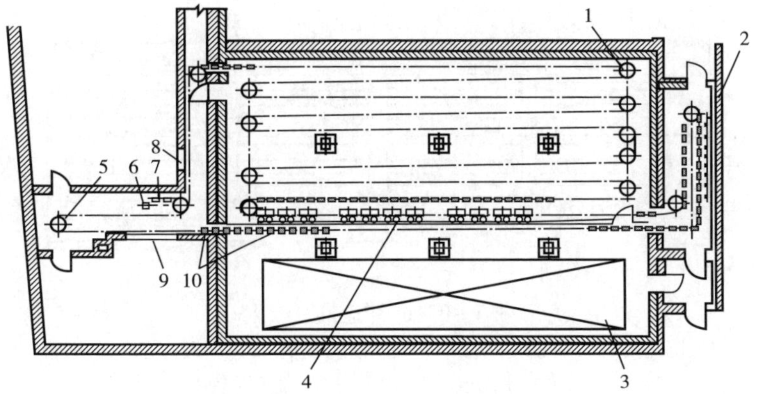

图5－7　吊篮式连续冻结装置

1—横向轮　2—乙醇喷淋系统　3—蒸发器　4—轴流风机　5—张紧轮
6—驱动电机　7—减速装置　8—卸料口　9—进料口　10—链盘

3. 推盘式连续冻结隧道

这种装置主要用于冻结果蔬、虾、肉类副食品和小包装食品等。其结构如图5－8所示，由隔热层、冷风机、冲霜淋水管、冻结盘提升装置构成。

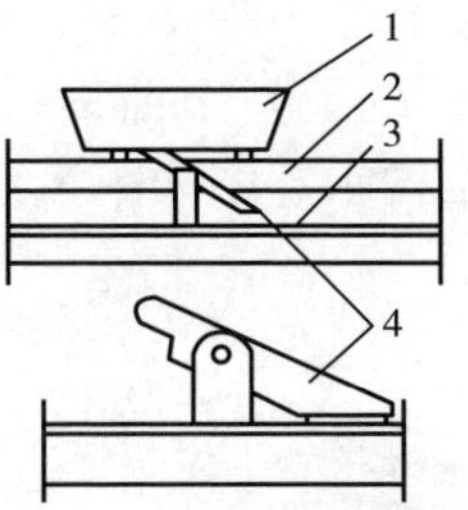

图5－8　推盘式连续冻结隧道

1—冻结盘　2—滑轨　3—推动轨　4—推头

盛装食品的冻结盘在货盘入口处由液压推盘机构推入隧道，每次同时进两只盘，冻结盘到达第一层轨道的末端后，被提升装置升到第二层轨道……在此过程中，冻品被冷风机强烈吹风换热，不断地降温，冻结后经出口推出。

冻结盘推进设备的推进装置如图5－9所示。冻结盘底部焊有两条扁钢，承放在两道扁铁组成的滑轨上，每对滑轨有两个推动装置。在液压系统的作用下，推头顶住盘底的扁钢，将冻结盘向前推进。当推头后退复位时，被冻结盘后端的扁钢压下，滑过后，由于偏心作用，推头自动抬起、复位并进入推进状态。通过推头的反复动作，冻结盘便向前移动。

通过时间继电器控制液压系统的电磁阀可改变传送速度，以调整食品的冻结

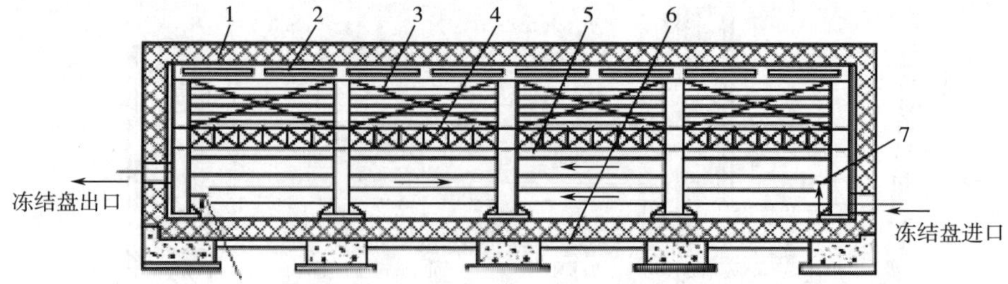

图 5-9　冻结盘推进装置

1—隔热层　2—冲霜淋水管　3—翅片蒸发排管　4—冷风机　5—集水箱
6—水泥空心板　7—冻结盘提升装置

时间，一般可调范围为 40～60min。这种冻结装置可以根据具体情况做成多层或多排输送结构。

推盘式连续冻结隧道的特点是连续生产，冻结速度较快；构造简单、造价低；设备紧凑，隧道空间利用较充分。

（三）螺旋式冻结装置

螺旋式冻结装置是一种高效的多用途设备，既适合一些无包装食品的单体冻结（如饺子、烧卖、贝类、果蔬及汤圆、鱼丸等），也适合于有包装的食品冻结（如冰淇淋的硬化）。该装置实际上是一种特殊的多层带式隧道冻结装置，它是把由活动扣环组成的不锈钢网带做成了一个曲面，围绕着中心转筒，重叠缠绕成 15～30 层的螺旋带式系统，其结构示意图如图 5-10 所示。

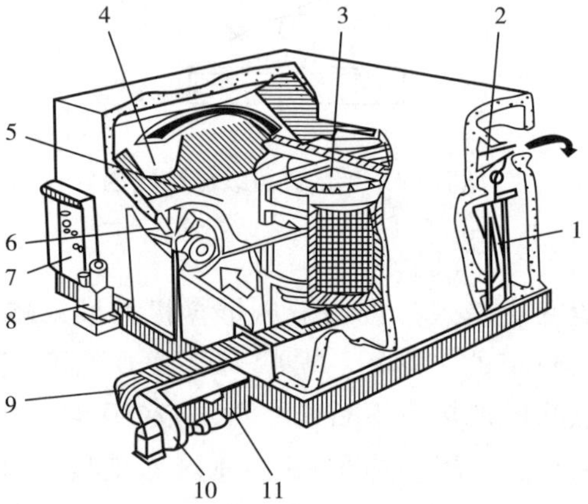

图 5-10　螺旋式冻结装置

1—平带张紧装置　2—出料口　3—转筒　4—翅片蒸发器　5—分隔气流通道的顶板　6—风扇
7—控制板　8—液压装置　9—进料口　10—干燥传送带的风扇　11—传送带清洗系统

这种装置由转筒、翅片蒸发器、风机、传送带及一些附属设备组成。其主体部分为一个液压传动的中心转筒，靠摩擦力带动传送带随着转筒一起运动。传送带的螺旋升角约为2°，由于转筒的直径较大，所以传送带接近于水平，食品或冻结盘不会下滑。

被冻结的食品可直接放在传送带上，也可采用冻结盘，食品随传送带进入冻结装置后，由下盘旋而上，冷风则由上向下呈竖向流动，与食品逆向对流换热，提高了冻结速度，与空气横向流动相比，冻结时间可缩短30%左右。食品在传送过程中逐渐冻结，冻好的食品从出料口卸出。冻结装置还配有传送带的清洗和吹干系统，供冻结无包装食品时使用。

螺旋式冻结装置占地面积小（其占地面积仅为一般水平输送带面积的25%），可连续化生产，生产效率高，可以方便地调节冻结时间，冻结产品质量好；该装置的缺点是在小批量、间歇式生产时，耗电量大，成本较高。

（四）流化床冻结装置

食品流态化冻结装置的工作原理是用一股高速冷空气向上吹颗粒食品，颗粒食品被吹起并悬浮在气流中，颗粒间相互碰撞、混合，使颗粒暴露在冷气流中，迅速地冻结。采用这种方法冻结食品时，由于高速冷气流的包围，强化了食品冷却、冻结的过程，有效传热面积较正常冻结状态大3.5～12倍，换热强度也大大提高，从而大大缩短了冻结时间。该装置具有冻结速度快、冻结产品质量好、耗能低和易于实现机械化连续生产等优点，适合于冻结球状、圆柱状、片状及块状颗粒食品，尤其适合于果蔬产品的单体快速冻结加工。

流化床冻结装置通常由物料传送系统、冷风系统、除霜系统、围护结构、进料机构和控制系统组成。而按其机械传送方式可分为斜槽式流态化冻结装置、带式流态化冻结装置（其中又可分为一段带式和两段带式流态化冻结装置）和振动流态化冻结装置（其中包括往复振动和直线振动流态化冻结装置）。

1. 斜槽式流态化冻结装置

斜槽式流态化冻结装置也称盘式流态化冻结装置，如图5－11所示。这种冻结装置没有传送带，颗粒食品在一块固定的多孔底板（称为槽或盘）上靠穿过多孔底板的冷空气的力量移动，槽的进口稍高于出口，以便食品可借助风力自动向前移动，冻结的食品由出料口的滑槽连续排出。

在斜槽式流态化冻结装置中，产品层的厚度可达到120～150mm，虽然厚度增加可使冻结量提高，但风机的能量消耗也将过多。产品层的厚度、冻结时间和冻结产量均可通过改变进料速度和排出堰的高度来调节。

该装置的蒸发温度在－40℃以下，垂直向上的风速为6～8m/s，冻品间风速为1.5～5m/s，冻结时间一般为5～10min。斜槽式流态化冻结装置的主要特点是构造简单、成本低；冻结速度快，冻品降温均匀，质量好。

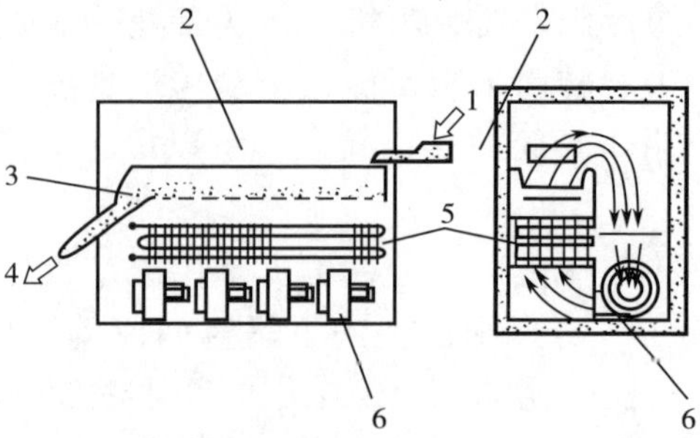

图 5-11　斜槽式流态化冻结装置

1—进料口　2—斜槽　3—排出堰　4—出料口　5—蒸发器　6—风机

2. 一段带式流态化冻结装置

一段带式流态化冻结装置与斜槽式冻结装置不同，在该装置中产品是靠传送带输送，而不是借助气动来通过冻结间的，见图 5-12。

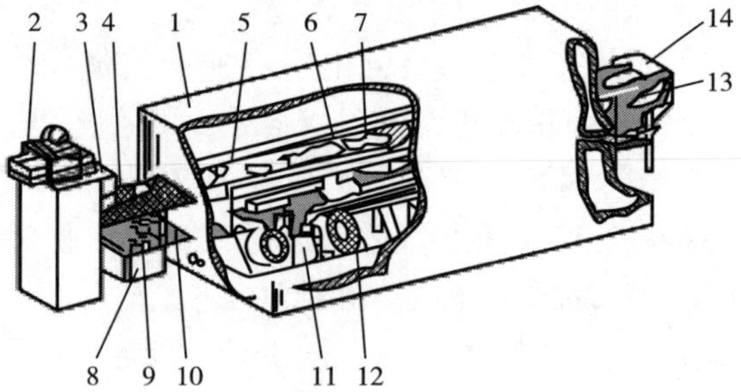

图 5-12　一段带式流态化冻结装置示意图

1—隔热层　2—脱水振荡器　3—计量漏斗　4—变速进料带　5—松散相区　6—匀料棒　7—稠密相区　8~10—传送带清洗、干燥装置　11—离心风机　12—轴流风机　13—传送带变速驱动装置　14—出料口

食品首先经过脱水振荡器去除表面的水分，然后随进料带进入松散相区域，此区域的流态化程度较高，食品悬浮在高速的气流中，从而避免了食品间的相互黏结。待到食品表面冻结后，经匀料棒均匀物料，到达稠密相区域，此时仅维持最小的流态化程度，使食品进一步降温冻结。冻结好的食品最后从出料口排出。

与斜槽式流态化冻结装置相比，该装置允许冻结的食品种类更多、产量范围更大；由于颗粒之间摩擦强度小，因此易碎食品通过冻结间时损伤较小；但由于食品厚度较小、冻结时间较长，所以单位面积的冻结量较斜槽式流态化冻结装置小。

3. 两段带式流态化冻结装置

两段带式流态化冻结装置将食品的冻结分为前后两个区段，分别由两段传送带输送食品，除传送带外，其他结构与一段带式流态化冻结装置基本相同；第一段传送带为表层冻结区，功能相当于一段式的流态化区域；第二段传送带为深温冻结区，功能与一段式的半流态化区域相同。两段传送带间有一高度差，当冻品由第一段到第二段时，因相互冲撞而有助于避免彼此黏结。

与一段带式冻结装置相比，两段式系统更适合于大而厚的产品，如肉制品、鱼块、肉片、草莓等；上层带子的移动速度可比下层带子的快3倍，这样，上层带子上的产品层较薄，再加上该段的气流速度也较高，从而防止了食品颗粒黏结。

4. 往复振动式流态化冻结装置

图5－13所示为国产往复振动式流态化冻结装置。其主体部分为一带孔不锈钢钢板，在连杆机构带动下做水平往复式振动。钢板厚2～3mm，孔径3mm，孔距8mm，每500mm长度为一孔群，间隔20mm，以增强流化床的强度。脉动旁通机构为一旋转风门，可按一定的角速度旋转，使通过流化床和蒸发器的气流量时增时减（10%～15%），因而可以调节到适于各种食品的脉动旁通气流量，实现最佳流态化。

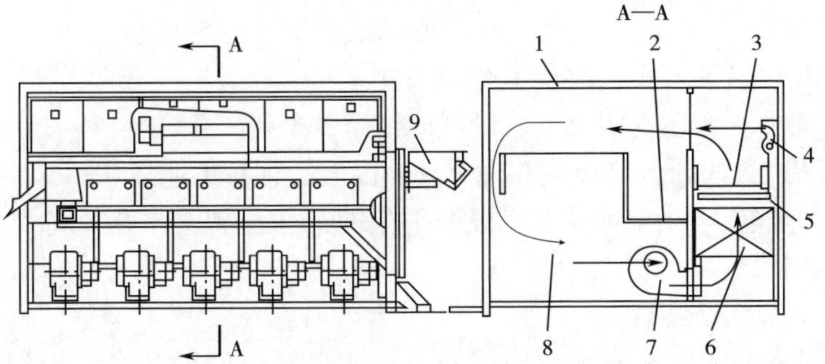

图5－13　往复振动式流态化冻结装置

1—隔热箱体　2—操作检修廊　3—流化床　4—脉动旋转风门　5—融霜淋水管
6—蒸发器　7—离心风机　8—冻结隧道　9—振动布风器

冻结装置运行时，食品首先进入预冷设备，表面水分被吹干，表面硬化，避免了相互间的粘连。进入流化床后，冻品受钢板振动和气流脉动的双重作用。冷气流与冻品充分混合，实现了完全的流态化。冻品被包围在强冷气流中，时起时伏，像流体般向前传送，确保了快速的冻结。这种方式消除了沟流和物料跑偏现象，使冷量得到充分有效的利用。

流态化冻结装置适用于冻结球状、圆柱状、片状、块状颗粒食品，尤其适于果蔬类单体食品的冻结。

二、间接接触冻结装置

间接接触冻结法指的是把食品直接放在由制冷剂（或载冷剂）冷却的金属板、盘、带或其他冷壁上，与金属表面接触进行热交换。间接接触冻结法由于直接接触换热，与空气冻结法相比，具有热效率高、冻结时间短的特点，同时供冷不采用冷风机，可显著节约能源。该法适宜冻结形状规则的产品。

间接接触冻结装置有三种主要类型：平板式冻结装置、立式平板冻结装置和圆筒型冻结装置。

（一）平板式冻结装置

平板式冻结装置的主体是一组空心钢质或铝合金平板，平板用柔性耐压胶管与冷冻装置连接，将制冷剂引入平板内。工作时将食品放在两相邻的平板间，借助油压系统使平板与食品紧密接触换热。金属平板具有良好的导热性能，当接触压力为7～30kPa时，传热系数可达93～120W/(m^2·K)。

平板冻结装置的特点如下：

（1）对厚度小于50mm的食品，冻结速度快，干耗小，冻品质量高。

（2）在相同的冻结温度下，它的蒸发温度可比吹风式冻结装置提高5～8℃，而且不用配置风机，电耗比吹风式冻结装置减少30%～50%。

（3）可在常温下工作，改善了劳动条件。

（4）占地少，土建费用低，建设周期也短。

平板冻结装置的缺点是厚度超过90mm以上的食品不能使用；未实现自动化装卸的装置仍需要较大的劳动强度。根据平板的工作位置，平板式冻结装置可分为卧式和立式两种。

1. 卧式平板冻结装置

卧式平板冻结装置普遍用于冻结长方体或尺寸规则的产品。根据操作方式和机械化程度，这种装置又可分为间歇式和连续式两种。

（1）间歇卧式平板冻结装置　如图5－14所示，冻结平板设在一个隔热层很厚的箱体内，箱体的一侧或相对的两侧有门。一般有6～16块平板，平板间距由液压升降装置调节，冻结平板上升时，两板最大间距可达130mm；下降时，两板间距视食品冻结盘的高度而定。如不使用冻结盘，为了防止食品变形和压坏，可在平板之间放入与食品厚度相同的限位块。冻结时，先将冻结平板升至最大间距，把食品放入，再降下上面的冻结平板，压紧食品。依次操作，直至把冻结盘放进各层冻结平板中为止。然后供液降温，进行冻结。

间歇卧式平板冻结装置的主要缺点是装卸需要的劳动力多，操作时有停工期（每个周期10～30min）。

（2）连续卧式平板冻结装置　如图5－15所示，食品装入冻结盘并自动盖上

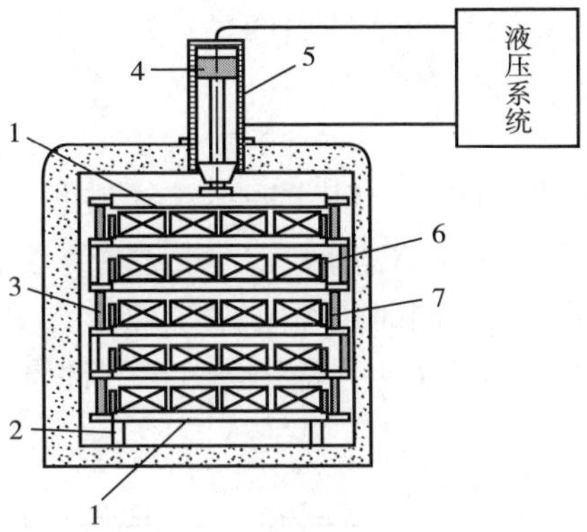

图 5－14　间歇卧式平板冻结装置

1—冻结平板　2—支架　3—连接铰链　4—液压元件　5—液压缸　6—食品　7—木垫块

盖后，随传送带向前移动，并由压紧机构对冻结盘进行预压缩，最后，冻结盘被升降机提升到推杆前面，由推杆推入最上层的两块平板间。当这两块平板之间填满冻结盘时，再推入一块，则位于最右面的那个冻结盘将由降低冻结盘装置送到第二层平板的右边缘，然后被液压推杆推入第二层平板之间。如此不断反复，直至全部平板间均装满冻结盘时，液压装置压紧平板，进行冻结。冻结完毕，液压装置松开平板，推杆继续推入冻结盘，此时，位于最低层平板间最左侧的冻结盘则被推杆推上卸货传送带，在此盖从冻结盘上分离，并被送到起始位置，而冻结盘经翻转装置翻转后，食品从冻结盘中分离出来，经翻转机构再次翻转后，冻结盘由升降机送到起始位置，重新装货，如此重复，直至全部冻结货盘卸货完毕时，平板间又填满了未冻结的产品，再进行第二次冻结。除冻结盘装货外，所有操作都是按程序自动完成的。

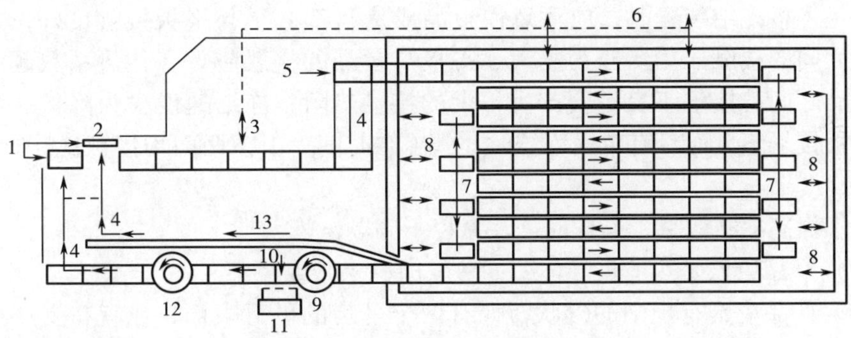

图 5－15　连续卧式平板冻结装置

1—货盘　2—盖　3—冻结前预压　4—升降机　5—推杆　6—液压系统　7—降低冻结盘装置
8—液压推杆　9—翻盘装置　10—卸料　11—传送带　12—翻转装置　13—盖传输带

卧式平板冻结装置主要用于冻结分割肉、肉副产品、鱼片、虾及其他小包装食品的快速冻结。

2. 立式平板冻结装置

立式平板冻结装置的结构原理与卧式平板冻结装置相似，只是冻结平板垂直排列，如图 5 – 16 所示。该装置在工作时冻品可直接倒入平板间进行冻结，便于机械化操作，可节省大量劳动力；同时由于省略了储存和处理冻结盘的装置，大大缩小了占用空间。但不如卧式灵活，一般只能生产一种厚度的块状产品。

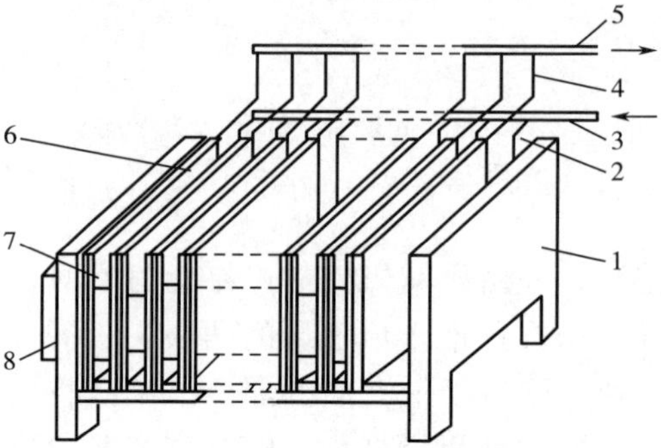

图 5 – 16　立式平板冻结装置

1—机架　2，4—橡胶软管　3—供液管　5—吸入管　6—冻结平板　7—定距螺杆　8—液压装置

冻结结束后，冻品脱离平板的方式有上进上出、上进下出和上进旁出等多种。平板的移动、冻品的升降和推出等动作均由液压系统驱动和控制。平板间装有定距螺杆，用以限制两平板间的距离。立式平板冻结装置最适用于散装冻结无包装的块状产品，如整鱼、剔骨肉和内脏，但也可用于包装产品。

3. 平板式冻结装置的使用

使用平板冻结装置时，应注意使食品或货盘都必须与平板接触良好，并控制好二者之间的接触压力。压力越大，平板与食品的接触越好，传热系数越大。平板与食品之间若接触不良，会产生很大的接触热阻，冻结速度大为降低。当食品因与平板接触不良而只有单面冻结时，其冻结时间为上下两面均接触良好时的 3 ~ 4 倍。

为了提高冻结效率，操作时需注意以下问题。

（1）产品应该是热的良导体，如鱼、肉、果酱或蔬菜。

（2）产品应具有规则的形状，如有两个平坦的平行表面，或者在受压后能变成这种形状。

（3）包装充实，没有空隙。

（4）装载用的盘子表面平坦。

（5）平板表面应干净，没有杂物或霜、冰等残渣。如平板上冻结一层冰，就会使冻结时间延长36%～60%。

（6）食品与冷表面间的接触压力对传热系数影响也很大，当接触压力从0增大到2.9N/cm^2时，传热系数可以从23$W/(m^2 \cdot K)$增大到122$W/(m^2 \cdot K)$，而冻结时间从3.9h减少到1.7h。接触压力不能太大，否则将挤碎冻品，破坏冻品的品质。因此，对于不同的冻品，应选择最佳的接触压力。

（二）钢带式冻结装置

如图5－17所示，钢带式冻结装置有一条环状的厚约1mm的不锈钢传送带，承载着食品穿过冻结室。在冻结室内，采用由钢带的下方向钢带喷射－40～－35℃的氯化钙盐水或丙二醇溶液，或使钢带滑过固定的冷却面（蒸发器）的方法使食品降温，同时，冻结室上部可装有空气冷却器，用冷风补充冷量，冷风的温度约－40℃，冷风的方向可与食品平行、垂直、顺向或逆向。传送带移动速度可根据冻结时间进行调节。因为产品只有一边接触金属表面，食品层以较薄为宜。钢带室冻结装置冻结速度较快，冻结20～25mm厚的食品约需30min，而15mm厚的只需12min。

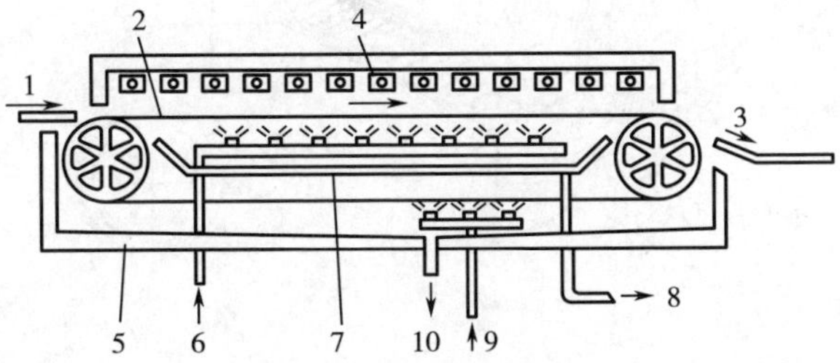

图5－17　钢带式冻结装置

1—进料口　2—钢质传送带　3—出料口　4—空气冷却器　5—隔热外壳　6—盐水入口　7—盐水收集器　8—盐水出口　9—洗涤水入口　10—洗涤水出口

钢带式冻结装置适于冻结鱼片、调理食品及某些糖果类食品等。该装置能在带长方向上将冻结室分成几个温区操作以适应不同食品的冻结工艺要求；同其他间接接触式冻结装置相比，钢带式冻结装置结构简单，操作方便；可通过改变带长和带速大幅度地调节产量；缺点是占地面积较大。

（三）圆筒型冻结装置

圆筒型冻结装置主体为一个圆筒，由不锈钢制成，在其内表面或外表面冻结产品，冻结后的产品从圆筒表面连续地刮除，能得到较高的冻结速度。该类装置如在外表面冻结产品，圆筒设计成可旋转的形式，称为回转式冻结器；在圆筒内表面冻结产品，圆筒一般固定不动，最典型的是冰淇淋凝冻机。圆筒型冻结装置通常用于冻结液体产品，回转式冻结器也可用于冻结鱼片、块肉、虾片、菜泥等食品。

1. 回转式冻结器

如图 5－18 所示，回转式冻结器的圆筒是卧式的，其外壁为冻结表面，内壁之间的空间供制冷剂直接蒸发或供载冷剂流过换热，制冷剂或载冷剂由空心轴一端输入筒内，从另一端排出。冻结固体的食品时，冻品呈散开状由入口被送到转筒的表面，由于转筒表面温度很低，食品立即粘在上面，进料传送带再给冻品稍施加压力，使它与回转筒表面接触得更好；冻结液体的食品时，装置的结构略有不同，一般将圆筒的一部分沉浸在液态食品的料槽内，圆筒回转即可形成冻层。转筒的转速根据冻结食品所需时间调节，每转一分钟至几分钟。转筒回转一周，完成食品的冻结过程，冻结食品转到刮刀处被刮下，刮下的食品由出料传送带输送到包装生产线。

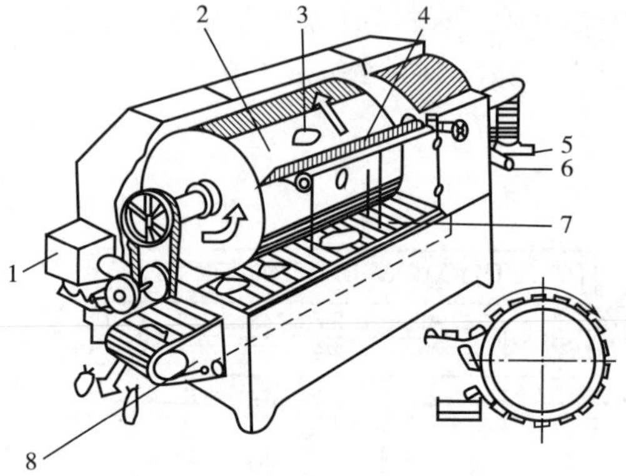

图 5－18　回转式冻结装置

1—电动机　2—滚筒冷却器　3—进料口　4—刮刀　5—盐水入口　6—盐水出口　7—刮刀　8—出料传送带

该装置的特点是占地面积小，结构紧凑，连续冻结生产效率高；冻结时间短，干耗小，保证了产品的物理和化学稳定性。

2. 冰淇淋连续凝冻机

冰淇淋连续凝冻机是一种用于冰淇淋生产的连续冻结器，它既可以冻结流质物料，也可以在物料中混入空气，形成冰淇淋一定的膨胀率。该凝冻机由机座、凝冻筒、物料进料系统、空气进入系统、冰淇淋泵、制冷系统、融霜系统和电气控制系统等组成，其结构如图 5－19 所示。

该机的主体是凝冻筒，凝冻筒为一夹套式金属圆筒，内胆由硬质铬镍合金钢制成，内壁经过精磨，内有主轴，旋转搅拌器和不锈钢刮刀一起安装在主轴上。旋转搅拌器中空，在长度方向上具孔，空气由此掺入冰淇淋；两片不锈钢刮刀相向安装，在主轴旋转时，借助于离心力，可以紧贴钢管内壁，将冻结于内壁的冰淇淋刮下。制冷剂在夹套内蒸发，完成与物料的热交换。夹套与外壳之间为绝热

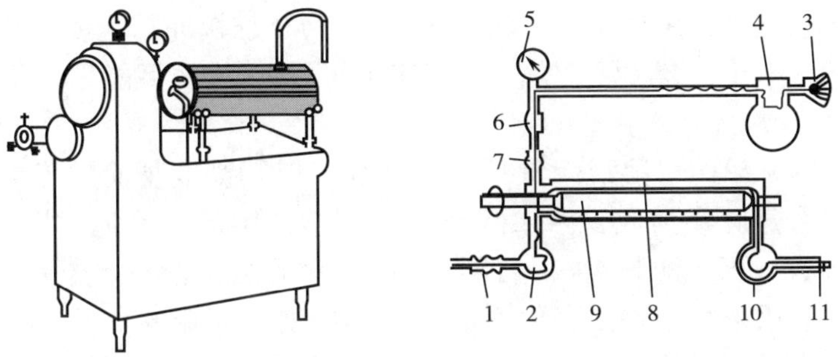

（1）外观　　（2）工作原理

图 5－19　冰淇淋连续凝冻机

1—混合物进入阀　2—混合物供料泵　3—空气过滤器　4—空气压缩机　5—压力表　6—空气压力控制阀　7—止回阀　8—夹套式金属圆筒　9—带刮刀的搅拌器　10—冰淇淋泵　11—冰淇淋出口

层。混合物料通过凝冻筒需 1～4min。

为了实现空气与物料的混合，可用一台空气压缩机将过滤后的空气压入，空气压力根据冰淇淋的类型和产量控制在 $1.37 \times 10^5 \sim 6.9 \times 10^5$Pa；也可用混合物供料泵同时吸入空气。冰淇淋连续凝冻机带有加热融霜系统，当凝冻筒内物料由于操作不当等原因造成搅拌器主轴冻结，或者需要停车进行清洗时，断开搅拌器和压缩机马达电源，打开加热融霜电磁开关，并开启手动阀门，就可以进行加热融霜，对筒内物料进行解冻。冰淇淋连续凝冻机制冷系统采用直接蒸发式制冷，蒸发温度应保持在 －30℃，允许波动幅度为 ±0.5℃。由于机械的限制及其他方面的原因，冷凝器的冷凝面积设计得较小，在操作时要求较低的冷却水温或充足的冷却水量。

三、 直接接触冻结装置

直接接触冻结法是使被冻结食品（包装或不包装）与冻结剂直接接触，食品在与冻结剂换热后，迅速降温冻结。食品与冻结剂接触的方法有喷淋法、浸渍法，也可两种方法同时使用。

直接接触冻结法所使用的冻结剂有两类：一类是经制冷系统降温后的载冷剂，另一类是超低温制冷剂。该方法要求冻结剂无毒、不易燃、不易爆，与食品接触后，不对食品产生污染，不改变食品原有的成分和性质。根据所使用的冻结剂不同，直接接触冻结装置可分为载冷剂冻结装置和超低温制冷剂冻结装置。

（一） 载冷剂接触冻结装置

常用的载冷剂有盐水、丙二醇、丙三醇等水溶液。

作为载冷剂的盐水通常为氯化钠或氯化钙的水溶液。盐水黏度小，比热容大，价格低廉，但其腐蚀性强，使用时应加入一定量的防腐蚀剂（常用的防腐蚀剂为重铬酸钠和氢氧化钠，用量视盐水浓度而定）。为了加快冻结速度，盐水的浓度应使其冰点低于或等于 -18℃，以增加热交换的温差。盐水不能用于不应变成咸味的未包装食品。

丙二醇、丙三醇的水溶液无毒且无腐蚀性，但其黏度高而加工贵，换热较盐水差。丙二醇有辣味，为此，丙二醇在直接冻结法中的用途通常限于包装食品，60%（质量分数）丙二醇与40%（质量分数）水的混合物的冰点为 -51.1℃；丙三醇有甜味，可用来冻结水果，但不能用于不应变成甜味的食品，67%（质量分数）丙三醇水溶液的冰点为 -47℃。要想达到更低的温度，可使用聚二甲基硅醚或右旋柠檬碱，其冰点分别为 -111.1℃和 -96.7℃。

图5-20所示为一种盐水浸渍冻结装置，主要用于鱼类的冻结。其特点是冷盐水既起冻结作用，又起输送鱼的作用，省去了机械送鱼装置，冻结速度快，干耗小，当盐水温度为 -20～-19℃时，每千克25～40条的沙丁鱼从初温4℃降至中心温度 -13℃仅需15min。装置中与盐水接触的容器用玻璃钢制成，有压力的盐水管道采用不锈钢材料，其他盐水管道采用塑料，从而解决了盐水的腐蚀问题。

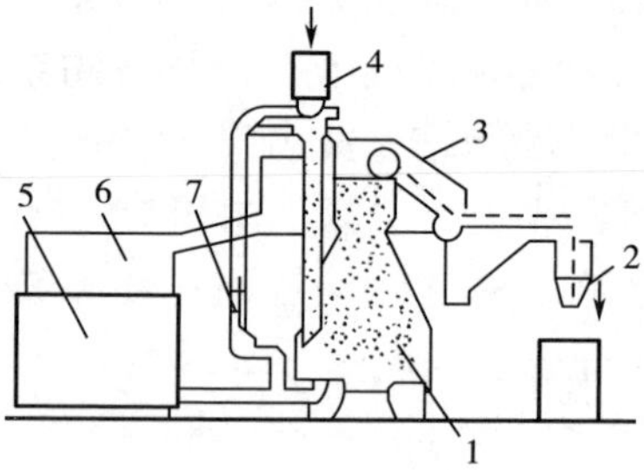

图5-20　盐水连续浸渍冻结装置

1—冻结器　2—出料口　3—滑道　4—进料口　5—盐水冷却器　6—除鳞器　7—盐水泵

该装置工作时，冷盐水被盐水泵输送到进料口，在此处与鱼混合后进入进料管，盐水涡流下旋，使鱼克服浮力而到达冻结器的底部，冻结后，鱼体密度减小，慢慢浮至液面，然后由出料机构送到滑道，在此鱼和盐水分离，鱼进入出料口。在冻结器内，盐水与鱼体换热后温度升高，密度减小，从而使冻结器中的盐水呈一定的温度梯度，上部温度较高的盐水溢出冻结室与鱼体分离，进入除鳞器除去鳞片等杂物，然后返回盐水箱，与盐水冷却器直接换热后降温，完成一次工作循环。

（二）超低温制冷剂冻结装置

同一般的冻结装置相比，这类冻结装置的冻结温度更低，所以常称为低温冻结装置或深冷冻结装置。其共同特点是没有制冷循环系统，在低温液体与食品接触的过程中实现冻结。常用的超低温制冷剂有液态氮、液态二氧化碳和液态氟利昂。

1. 液氮冻结装置

液氮的汽化潜热为198.9kJ/kg，定压比热容为1.034kJ/(kg·K)，沸点为-195.8℃。从沸点到-20℃冻结终点所吸收的总热量为383kJ/kg，其中-195.8℃的氮气升温到-20℃时所吸收的热量为182kJ/kg，几乎与汽化潜热相等，这是液氮的一个特点，在实际应用时，这部分冷量应加以利用。

液氮冻结装置大致有浸渍式、喷淋式和冷气循环式三种型式。几乎适于冻结一切体积小的食品。液氮冻结装置的特点有：①液氮无毒，且对食品成分呈惰性，在冻结和带包装贮藏过程中替代了空气，可防止食品的氧化、变色且有保香作用；②由于液氮与食品直接接触，以200℃以上的温差进行强烈的热交换，故冻结速度极快，每分钟能降温7~15℃。食品内的冰结晶细小而均匀，对冻品组织的破坏性小，冻品质量高；③食品与液氮接触完全，传热阻力小；④冻结食品的干耗小，用一般冻结装置冻结的食品，其干耗率在3%~6%，而用液氮冻结装置冻结，干耗率仅为0.6%~1%，所以，适于冻结一些含水分较高的食品，如杨梅、番茄、蟹肉等；⑤占地面积小，一次性投资低，生产效率高；⑥液氮成本高，不宜冻结廉价的食品。

(1) 液氮喷淋冻结装置　图5-21所示为喷淋式液氮冻结装置示意图，它由隔热隧道式箱体、喷淋装置、不锈钢丝网带、传动装置、搅拌风机、电气控制柜等组成。食品放置在传送带上，依次经过预冷区、冻结区、均温区冻结。风机将冻结区内温度较低的氮气输送到预冷区，经换热使食品预冷。预冷后的食品进入冻结区后，雾化管喷出的雾化液氮直接喷淋在食品表面，食品被冷却而冻结。冻结温度可通过调整储液罐压力改变液氮喷射量来控制，冻结时间可通过调节传送带速度来调整，以满足不同种类和形状食品的工艺要求。由于食品表面和中心的温度相差很大，所以完成冻结过程的食品需在均温区停留一段时间，使其内外温度趋于均匀。

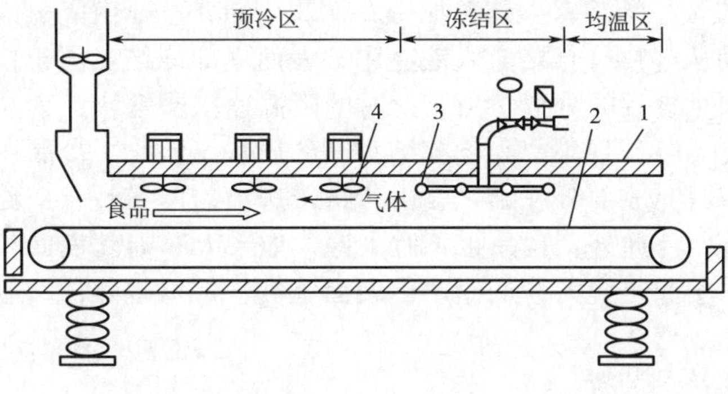

图5-21　喷淋式液氮冻结装置示意图

1—壳体　2—传送带　3—喷嘴　4—风扇

对于5cm厚的食品，经过10~30min即可完成冻结，冻结后的食品表面温度为-30℃，中心温度达-20℃。冻结每千克食品的液氮耗用量为0.7~1.1kg。

图5-22所示为一种新型的旋转式液氮喷淋隧道，其主体为一个旋转的绝热不锈钢圆筒，圆筒的中心线与水平面之间有一定的角度。食品进入圆筒后，表面迅速被喷淋的液氮冻结，由于圆筒有一定的倾斜度，再加上其不断地旋转作用，食品及汽化后的氮气一同翻滚着向圆筒的另一端行进，使食品得到进一步的冻结，食品与氮气在出口分离。

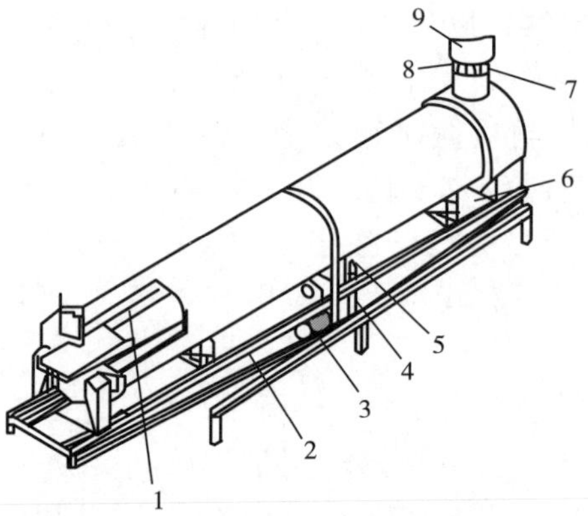

图5-22　旋转式液氮喷淋隧道示意图
1—喷嘴　2—倾斜度　3—变速电动机　4—驱动带　5—支撑轮
6—出料口　7—氮气出口　8—空气　9—排气管

该装置占地面积小，产量大。由于不设风扇，在冻结时没有外界空气带入的热量，液氮的冷量全部用于食品的降温，单位产量的液氮耗量相对较低，液氮的利用率高。主要用于块状肉和蔬菜的冻结。

（2）液氮浸渍冻结装置　装置如图5-23所示，主要由隔热的箱体和食品传送带组成。食品从进料口直接落入液氮中，表面立即冻结。由于换热，液氮强烈沸腾，有利于单个食品的分离。由于此时的降温速率非常快，食品会由于热应力等原因而发生低温断裂现象，影响冻结食品的质量。因此，食品在液氮中的停留时间不宜太长，只完成部分冻结，就由传送带送出，再到另一个温度较高的冻结间作进一步的冻结。此外，食品也不宜太厚，如果太厚则其表面与中心将产生极大的瞬时温差，引起热应力，从而产生表面龟裂，甚至破碎，一般食品的厚度以小于10cm为宜。

2. 液态CO_2冻结装置

液态CO_2在大气压的沸点为-78.5℃，汽化潜热为575kJ/kg，比热容为0.837kJ/(kg·K)。CO_2在常压下不能以液态存在，因此在隔热的耐压罐内运输和储存，压力为0.8~2.5MPa，温度为-45~-12℃。在冻结装置中，液态CO_2喷淋

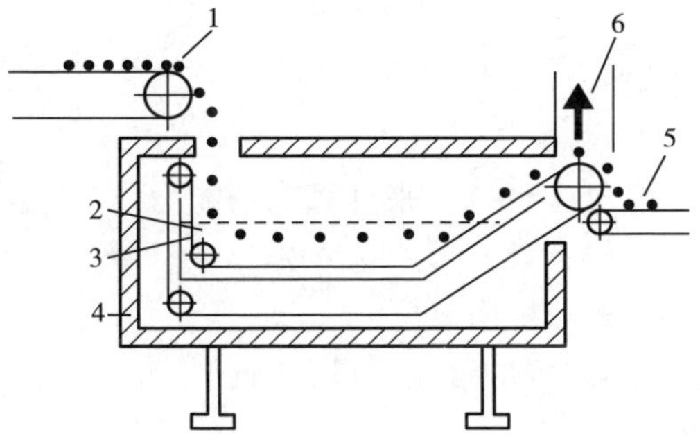

图 5－23　液氮浸渍冰结装置示意图

1—进料口　2—液氮　3—传送带　4—隔热箱体　5—出料口　6—氮气出口

到食品表面后，立即变成蒸气和冰。其中转变为固态干冰的量为43%，转变为气态的量为53%，二者的温度均为－78.5℃。液态 CO_2 全部变为－20℃的气体时，吸收的总热量为621.8kJ/kg，其中15%为显热量，由于显热量所占份额不大，一般没有必要利用，因此，液态 CO_2 喷雾冻结装置不像液氮喷淋装置那样做成长形隧道，而是做成箱形，内装螺旋式传送带来冻结食品，如图5－24所示。

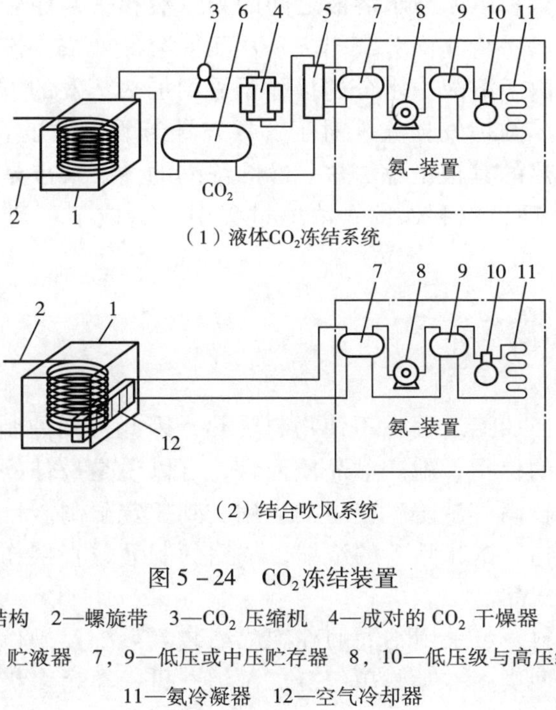

图 5－24　CO_2 冻结装置

1—冻结器围护结构　2—螺旋带　3—CO_2 压缩机　4—成对的 CO_2 干燥器　5—CO_2 冷凝器
6—液态 CO_2 贮液器　7，9—低压或中压贮存器　8，10—低压级与高压级氨压缩机
11—氨冷凝器　12—空气冷却器

由于 CO_2 资源丰富，一般不采用回收装置，当希望回收时，应至少回收80%的 CO_2。

四、 冻结装置的冻结能力

各种冻结装置均可用式（5-1）来计算冻结能力：

$$G = m/t = V\rho/t \tag{5-1}$$

式中 G——冻结能力，kg/s；

m——每次放入冻结装置的食品质量，kg；

t——冻结时间，s；

V——冻结装置中食品的体积，m^3；

ρ——食品的密度，kg/m^3。

由于同一冻结装置可用于不同种类食品的冻结，其冻结时间也不一样。生产厂家已通过实验或计算机模拟测定了不同食品的生产量数值，在选择时可参考。

项目三 冷冻浓缩装置

冷冻浓缩方法是利用冰与水溶液之间的固-液相平衡原理，先将稀溶液中作为溶剂的水冻结，然后将冰晶分离出去，从而使溶液增浓。该方法对热敏性食品的浓缩特别有利。由于溶液中水分的排除不采用加热蒸发的方法，所以可避免芳香物质因加热而造成的挥发损失。对于含挥发性芳香物质的食品采用冷冰浓缩，其品质优于利用加热的其他浓缩方法。冷冻浓缩的主要缺点是制品加工后还需冷冻或加热等方法处理，以利保藏；浓缩过程中会造成不可避免的损失，且成本较高。

一、 常用冷冻浓缩装置

冷冻浓缩由于在加工过程中不使物料受热，因此得到的制品在色、香、味方面均得到最大限度的保留，就产品品质而言，可以说是最佳的。但由于浓缩极限的限制及操作成本较高等缺陷，使得其应用受到一定限制。目前主要用于高档饮品、生物制品、药物、调味品等的浓缩，浓缩的制品或直接作为成品，或作为冷冻干燥过程中的半成品。

对于不同的原料，可采用不同的冷冻浓缩装置系统及操作条件，冷冻浓缩装置系统大致可分为两类，一类是单级冷冻浓缩；另一类是多级冷冻浓缩。后者在制品品质及回收率方面优于前者。

（一）单级冷冻浓缩装置

图5-25所示为采用洗涤塔分离方式的单级冷冻浓缩装置示意图。它主要由旋

转刮板式结晶器、混合罐、洗涤塔、融冰装置、原料贮罐、泵等组成。

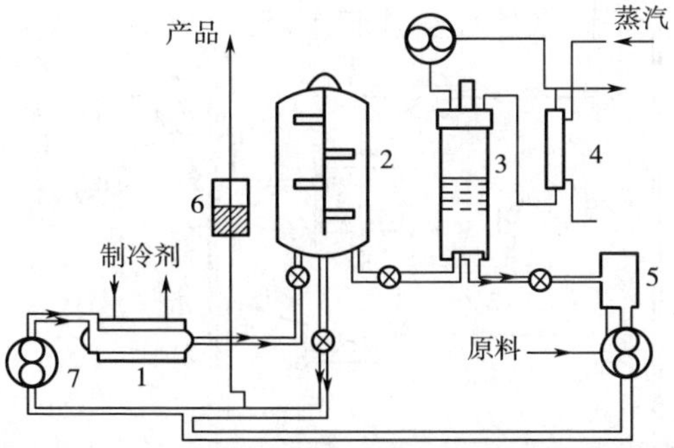

图 5-25 单级冷冻浓缩装置示意图

1—旋转刮板式结晶器 2—混合罐 3—洗涤塔 4—融冰装置 5—原料贮罐 6—成品罐 7—泵

料液储存在贮罐中，操作时由泵送入旋转刮板式结晶器，在结晶器内冷却至冰晶出现并达到要求后进入带搅拌器的混合罐，在混合罐中，冰晶继续生长，然后大部分浓缩液作为成品进入成品罐，从混合罐中出来的冰晶中会夹带部分浓缩液，故需经洗涤塔洗涤，洗下来的一定浓度的洗液进入原料贮罐，与原料液混合，同时与混合罐出来的少部分浓缩液混合后再进入结晶器结晶，此处与浓缩液混合的目的是使进入结晶器的料液浓度均匀一致。经洗涤后的冰晶通过熔冰装置（通常在洗涤塔顶部）熔化后可作为洗涤塔的洗涤水使用。

采用单级冷冻浓缩装置可以将浓度为 8～14°Bx 的果汁原料浓缩为 40～60°Bx 的浓缩果汁。

（二）多级冷冻浓缩装置

多级冷冻浓缩是指将上一级浓缩得到的浓缩液作为下一级的原料进行再次浓缩的一种冷冻浓缩操作。

图 5-26 所示为咖啡的二级冷冻浓缩装置流程示意图。咖啡料液（浓度 26%）由进料管进入原料贮罐，被泵送至一级结晶器，结晶后混合液进入一级分离机离心分离，得到的一级浓缩液（浓度 <30%）由管进入一级浓缩液贮罐，再由泵送入二级结晶器，经二级结晶后的冰晶和浓缩液的混合液进入二级分离机进行离心分离，浓缩液（浓度 >37%）作为产品从成品管排出。为了减少冰晶夹带浓缩液的损失，两个离心分离机内的冰晶均需洗涤，若采用熔冰水（沿管进入）洗涤，洗涤下来的稀咖啡液分别通过管，进入原料贮罐，所以原料贮罐中的料液浓度实际上低于最初进料液浓度（<24%）。为了控制冰晶量，一级结晶器中的进料浓度需维持一定值，这可利用浓缩液的分支管路，用调节阀控制流量进行调节，以使一级结晶器中的冰晶含量在 20%～30%（质量分数）。实践表明，当冰晶占 26%～30% 时，分离后的咖啡损失小于 1%。

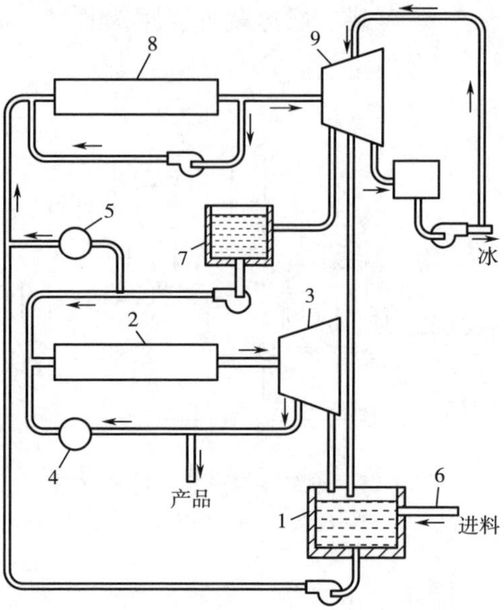

图 5 - 26　二级冷冻浓缩装置流程示意图

1—原料贮罐　2—二级浓缩液贮罐　3—二级分离机　4，5—调节阀　6—进料管

7—一级浓缩液贮罐　8—一级结晶器　9—一级分离机

二、冷冻干燥装置

冷冻干燥是利用冰晶升华的原理，将已冻结的食品物料置于高真空度的条件下，使其中的水分从固态直接升华为气态，从而使食品干燥。该方法又称为真空冷冻干燥法或升华干燥法。冷冻干燥法常用于肉、蛋、水产、果蔬、速溶饮料、香料等食品的干燥，其特点如下。

（1）能最大限度地保存食品的色、香、味。如蔬菜的天然色素保持不变，各种芳香物质的损失可减少到最低限度。

（2）特别适合于热敏性物质的干燥。能保存食品中的各种营养成分，尤其对维生素 C，能保存 90% 以上。

（3）干制品重量轻、体积小，贮藏时占地面积小，运输方便。各种蔬菜经冷冻干燥后，重量减少许多，体积缩小到几十分之一。由于体积减小，相应地包装费用也少得多。

（4）干制品复水快，食用方便。因为被干燥物料含有的水分是在结冰状态下直接蒸发的，故在干燥过程中，水汽不带动可溶性物质移向物料表面，不会在物料表面沉积盐类，也不会使物料干燥后因收缩引起变形，故极易吸水恢复原状。

（5）因在真空下操作，氧气极少，因此一些易氧化的物质（如油脂类）得到了保护，微生物和酶的活动也受到了抑制。

（6）冷冻干燥法能排除95%～99%以上的水分，产品能长期保存而不变质。

（一）冷冻干燥的主要过程

冷冻干燥的基本过程分为以下三个阶段。

第一阶段：预冻。为了防止干燥产品发泡气鼓而使内部产生较多的孔洞，在抽真空前产品首先要预冻。预冻的速度一般控制在每分钟降低1～4℃，时间为2h左右，要求预冻的温度低于食品的共熔点5℃，一般为－30℃左右。

第二阶段：升华。预冻的产品在高真空度下开始升华过程，由于水分的升华要吸收热量，产品本身的温度会随之降低，为了防止干燥速度下降，此时需要对产品加热，使产品的温度始终保持接近而又低于物料的共熔点。同时为保持干燥室内的真空度，应不断排出升华所形成的大量水蒸气，一般设备为了经济，采用冷凝法去除水蒸气，即用冷凝器的冷却表面凝结水蒸气，使之在冷凝器表面形成冰霜。

第三阶段：加热蒸发结合水分。产品中未冻结的结合水分需要靠加热蒸发除去，在高真空度条件下，一般加热温度不超过40℃，食品水分降低到预定值后即可破坏真空，结束干燥，并对冷凝器进行除霜。

（二）冷冻干燥装置的主要组成

冷冻干燥装置主要由干燥室和制冷系统、真空系统、加热系统和控制系统等组成。

1. 干燥室

冷冻干燥室有圆筒形和矩形两种。矩形干燥室有效使用空间大，但在真空状态下，箱体受外压较大，为了防止受压变形，需采用槽钢、角钢或工字钢在箱体外加固，小型冷冻干燥设备常采用矩形干燥室；大中型食品冷冻干燥设备的干燥室以圆筒形居多，圆形干燥室在直径比较小的情况下能承受较大的外压，周边可不用加强肋，因而用材料少。

干燥室要求能制冷到－40℃或更低温度，又能加热到50℃左右，也能被抽成真空。一般在室内做成数层搁板，干燥室的门及视镜等要求制作得十分严密，以保证室内达到需要的真空度。

2. 制冷系统及冷凝器

制冷系统由冷冻机组与冷冻干燥箱、冷凝器内部的管道等组成，承担食品预冻和冷冻干燥过程中凝结水蒸气这两部分冷负荷。冷冻机可以是互相独立的两套，即一套制冷冷冻干燥室，一套制冷冷凝器，也可合用一套冷冻机。冷冻机可根据所需要的不同低温，采用单级压缩、双级压缩或者复叠式制冷机。制冷压缩机可采用氨或氟利昂制冷剂，在小型冷冻干燥系统中也有采用干冰和乙醇的混合物作制冷剂的。

冷凝器可设在冷冻干燥室内与干燥室制成一体，也可放置在干燥室与真空泵之间。冷凝器应该有足够的冷凝表面，其表面温度应在－50～－40℃或更低。冷凝器的结构有螺旋盘管式和平板式，其放置方式应保证盘管或平板表面结霜均匀且对不凝结气体的流动阻力要小。冷凝器设有除霜装置。

3. 真空系统

真空系统由冷冻干燥室、冷凝器、真空阀门和管道、真空设备和真空仪表构成，其任务是在一定时间内抽除水蒸气和不凝气体，维持干燥室内食品水分升华和解吸所需的真空度。目前在冷冻干燥设备中使用的真空设备有两种。

（1）多级蒸汽喷射泵　多级蒸汽喷射泵能将水蒸气和不凝气体一并抽出，优点是结构简单，无需机械动力，检修方便，故障率低，对材质要求不高，但要求配备蒸汽锅炉和充足的水源。其工作原理是利用高压蒸汽通过喷嘴时形成的低压高速气流，将干燥室中的水蒸气和不凝气体吸走，水蒸气进入冷凝器被冷凝成水，不凝气体经过多级蒸汽喷射泵抽除，水蒸气喷射泵工作原理见图5－27。蒸汽喷射泵一般在五级以上，采用性能先进的蒸汽喷射泵二级即能达到生产要求。

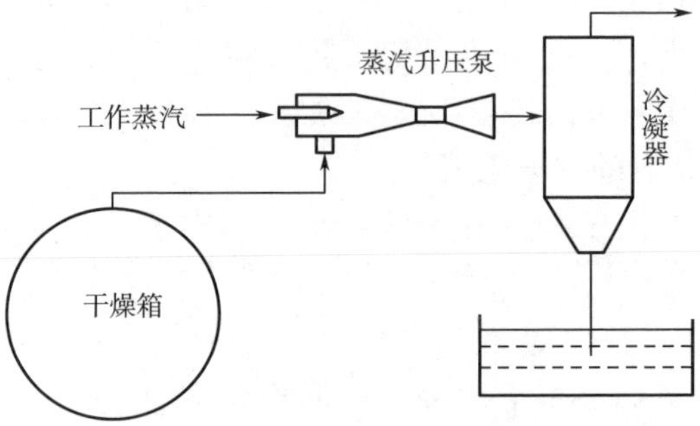

图5－27　水蒸气喷射泵工作原理图

（2）组合式真空系统　组合式真空系统在真空泵前设置一个冷凝器，将水蒸气重新冷凝成冰，这样可以保护真空泵且减少所需真空泵台数。组合的形式有：干燥室＋冷凝器＋油封式机械真空泵；干燥室＋冷凝器＋罗茨泵＋油封式机械真空泵；干燥室＋冷凝器＋罗茨泵＋双级水环泵等。

4. 加热系统

加热系统的作用是加热冷冻干燥箱内的隔板，促使产品中水分升华有直接加热和间接加热两种，如图5－28所示。

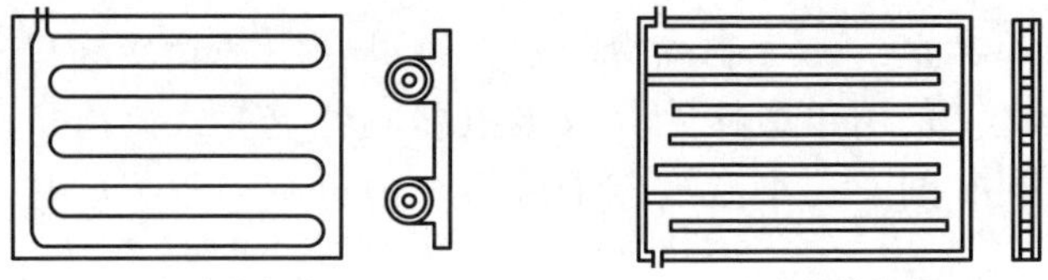

图5－28　加热隔板的形式

直接法采用外包绝缘材料和金属保护套的电热丝直接对隔板加热。为了获得均匀的隔板温度和防止隔板向后发生翘曲，这种加热方式要求隔板有一定的厚度。直接加热法的特点是结构简单，易实现自动控制，但热惰性较大。

间接法利用电或其他热源加热传热介质，再将其通入搁板的栅格或流动通道间。加热热源有电、煤、气等，传热介质有水蒸气、水矿物油、乙二醇和水的混合液等。

（三）冷冻干燥装置的型式

食品冷冻干燥机有间歇式和连续式两种。

1. 间歇式冷冻干燥设备

间歇式冷冻干燥设备适用于多品种、小产量的食品生产。采用单机操作，灵活方便，如一台设备发生了故障，不会影响其他设备的正常运行；设备的加工制造和维修保养简便；操作时便于控制物料干燥时不同阶段对加热温度和真空度的要求。其缺点是由于装料、卸料和启动等预备性操作，使设备的利用率较低，能量浪费大；若满足一定量的生产要求，往往需要多台单机，且各单机均需配以整套的附属系统，使设备投资和操作费用增加。

目前先进的间歇式冷冻干燥机设有完善的集中控制系统，在各个干燥箱之间可实现顺序启动或交替工作的方式，实现多台机组的系统优化，从而可提高设备利用率，降低能量消耗。

箱式冷冻干燥设备是典型的间歇式冷冻干燥机，其结构见图 5－29，其特点是，干燥箱内的多层搁板不但可以用来搁置被干燥的食品，而且，在食品冻结时可提供冷量，在随后的干燥中可提供升华热量和解吸热量。

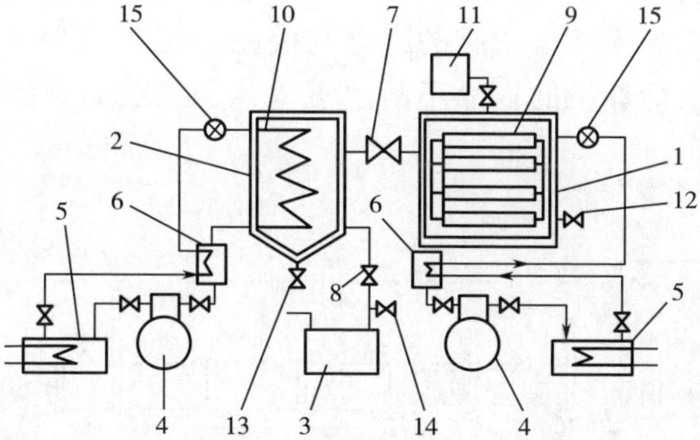

图 5－29　箱式冷冻干燥设备组成示意图

1—冷冻干燥箱　2—冷凝器　3—真空泵　4—制冷压缩机　5—水冷却器　6—热交换器　7—冷凝器阀门　8—真空泵阀门　9—板温指示　10—冷凝温度指示　11—真空计　12—放气阀　13—冷凝器放气出口　14—真空泵放气阀　15—膨胀阀

其冷冻干燥过程如下：如果食品是在干燥箱外预冻结，在食品托盘移入干燥箱之前，必须对冷凝器和干燥箱进行空箱降温，以保证冻结食品移入干燥箱后能迅速启动真空系统，避免已冻结食品融化；如果食品是在干燥箱内预冻结，当食品温度达到共融点温度以下，冷凝器温度达到约 -40℃时，开启真空泵使干燥箱真空度达到工艺要求值。随着食品表面升华，搁板开始对食品加热，直至冷冻干燥结束。

2. 连续式冷冻干燥设备

连续式冷冻干燥设备从进料到出料连续操作，适用于单品种、大批量产品的生产，尤其适用于浆状或颗粒状食品的生产。其优点是设备利用率高，便于实现自动化生产，劳动强度低。缺点是在干燥的不同阶段虽然可以控制不同的干燥温度但不能控制不同的真空度；设备复杂，制造精度要求高，投资大。目前比较典型的连续式冷冻干燥设备有水平隧道式和垂直螺旋式。

（1）水平隧道式　图 5 - 30 所示为水平隧道式连续冷冻干燥机简图。食品首先在预冻结间内冻结，随后在装料间内装盘，当装料隔离室的真空度达到隧道干燥室的真空度时，打开干燥室与装料隔离空间的闸阀，使料盘进入干燥室。关闭闸阀后破坏装料隔离室的真空度，准备接收下一组料盘的进入。卸料隔离室与装料隔离室的工作过程相辅相成，从装料隔离室进入隧道干燥室一组料盘的同时，已干燥好的一组料盘将从隧道干燥室的另一端进入卸料隔离室，此时，卸料隔离室的真空度已预抽空到隧道干燥室的真空度。当关闭卸料隔离室与隧道干燥室间的闸阀后，破坏卸料隔离室的真空，将干燥好的食品移送到卸料和包装处理间。如此反复进行，使每一次开闭闸阀都将有一组新的料盘送入，一组已干燥好的料盘推出。也就是说，从预冻结间进入装料隔离室和从卸料隔离室进入卸料间，隔离室内真空度的形成与破坏、闸阀的开启与关闭是相互关联的。在保证隧道干燥室真空度的情况下，待加工的食品不断地进入，加工后的食品不断地被移出，形成连续干燥作业状态。

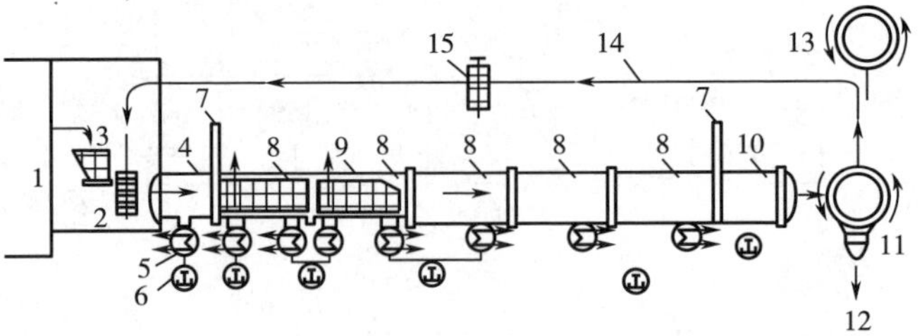

图 5 - 30　水平隧道式连续冷冻干燥机简图

1—冷冻室　2—装料室　3—装盘　4—装料隔离室　5—冷阱　6—抽气系统　7—闸阀　8—冷冻干燥隧道　9—带有吊装和运输装置的加热板　10—卸料隔离室　11—卸料室　12—产品出口　13—清洗装置　14—传送运输器的吊车轨道　15—吊装运输器

（2）垂直螺旋式　这种连续式冷冻干燥机特别适用于加工颗粒状食品。其结构与工作原理如图 5－31（1）和图 5－31（2）所示。中间干燥室上部有两个交替开启的进料口，下部也有两个交替开启的出料口，两侧各有一个相互独立的冷凝器，通过大型的开关阀门与干燥室相通，实现了交替融霜的目的。其工作过程如下：经过预冻结的颗粒食品从顶部两个入口密封门轮流地落到顶部圆形的加热盘上，干燥室的中央立轴上装有带铲的搅拌臂，立轴旋转时，铲子搅动物料，不断地使物料向加热盘外缘移动，直至从加热盘外缘落到直径较大的下一块加热盘上。在下一块加热盘上，铲子迫使物料向中心方向移动，一直移至加热盘内边缘而落入第三块加热盘上，此盘大小与顶部第一块盘相同。物料如此逐盘下落，直到从最底下的一块加热盘上落下，并从两只密封口之一卸出。物料从顶部落入到底部排出的运动轨迹实际上是一个螺旋线，而且颗粒在各个加热盘上所受到的温度也不同。以冷冻干燥质量分数为40%的咖啡为例，加热盘总面积为175m^2，咖啡颗粒从入口到出口经过了约100min，除去水分量为500kg/h，各层加热盘的温度是：前两个加热盘的温度约为40℃，之后的6个加热盘的温度约在67℃，再后的21个加热盘温度约在74℃，最后6个加热盘的温度约在35℃。

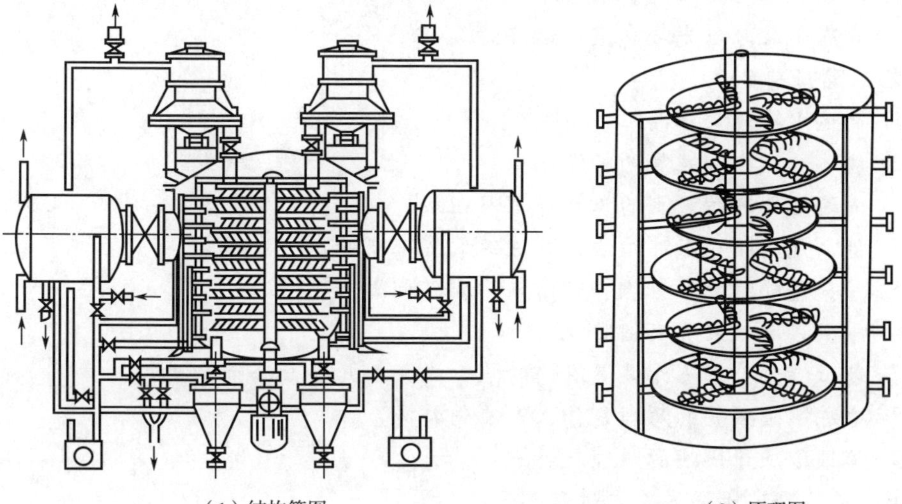

（1）结构简图　　（2）原理图

图 5－31　垂直螺旋连续式冷冻干燥机

思考与练习

一、名词解释

空气冻结法　冷冻浓缩　冷冻干燥

二、填空题

1. 真空冷却装置主要用于________尤其是________的冷却。

2. 按冷却介质与食品接触的方式可将食品冻结装置分为________、________、________三大类。

3. 根据食品在冻结时的传输方式，隧道式冻结设备可分为________、________、________冻结装置等几种。

4. 流化床冻结装置通常由________、________、________、________、________、________组成。

5. 间接接触冻结法指的是把食品直接放在由________冷却的金属板、盘、带或其他冷壁________与接触进行热交换。

6. 间接接触冻结装置有三种主要类型________、________、________。

7. 超低温制冷剂冻结装置常用的超低温制冷剂有________、________、________。

8. 冷冻干燥的基本过程分为________、________、________三个阶段。

三、判断题

1. 厚度超过90mm以上的食品不能使用平板冻结装置冻结。（　　）
2. 超低温制冷剂冻结装置没有制冷循环系统。（　　）
3. 对热敏性食品来说，采用冷冻浓装置浓缩更有利。（　　）
4. 冷冻干燥时应先抽真空，后冻结。（　　）

四、简答题

1. 简述水冷却装置的工作原理。
2. 简述真空冷却装置的特点。
3. 简述空气冻结装置的工作原理及组成。
4. 什么是间接接触冻结法，其冻结装置有哪些？
5. 为提高冻结效率，操作时需注意哪些问题？
6. 平板式冻结装置有何特点？
7. 超低温制冷剂冻结装置有何特点？常用哪几种制冷剂？
8. 冷冻浓缩装置的原理是什么？有何特点？
9. 谈谈冷冻干燥法的原理及特点。
10. 简述冷冻干燥的基本过程。

实训九　真空冷冻干燥机械的使用、调整与维护

一、目的要求

通过实训，使学生掌握真空冷冻干燥设备检修的基本方法。

二、设备与工具

（1）真空冷冻干燥设备两台。

（2）检修工具2套。

三、实训内容及步骤

（1）打开冻干燥机机箱左侧的总电源开关，气压数显为大气压 110kPa。

（2）按住冷冻干燥机控制面板上的总开关键 3s 以上，温度数显为冷阱的实际温度。

（3）启动冷冻干燥机制冷机，预冷 30min 以上。

（4）将样品放入样品架，盖上有机玻璃罩，并启动真空泵。

（5）待上海知信冷冻干燥机的气压数显稳定后，记录温度和气压数值，停机。

（6）记录停机前的温度和气压数值。

（7）按住冷冻干燥机控制面板的充气阀，并立即关闭真空泵。

（8）气压数显为大气压时，打开有机玻璃罩，取出样品。

（9）关闭冷冻干燥机的制冷机，按住总开关键 3s 以上，最后关闭总电源开关。

（10）等冷阱中的冰完全化成水后，打开机箱左侧的出水阀放水，并用干布清洁冷阱内壁，盖上大张滤纸防尘。

模块六

成型、挤压机械与设备

学习目标

1. 了解成型、挤压机械与设备的作用。

2. 掌握压延机、饼干成型机等设备的主要部件结构、设备的使用及维护方法。

项目一 压延机

压延机械是指完成压延操作的机械设备。在食品加工过程中，许多物料都需要经过压延操作，如饼干生产中的压片，糖果生产中的拉条，面条、方便面生产中的压片和成型，巧克力生产中的物料粉碎、研磨等，这些都属于压延操作。

本项目仅以饼干辊压机械为例进行论述。

一、压延原理

（一）压延

压延亦称辊压，是借鉴轧钢机械操作而得名的。压延操作是指由旋转的成对压辊对物料施以挤压、摩擦，从而使得通过辊间的物料在此作用下变形成为具有一定形状规格的产品，如图 6－1 所示。

（二）理想压延过程

在压延过程中，物料经过各对压辊后产生塑性变形的程度受许多因素影响。通常理想压延过程具有以下条件：

（1）每对压辊的直径相等、速度相等，且同时驱动。

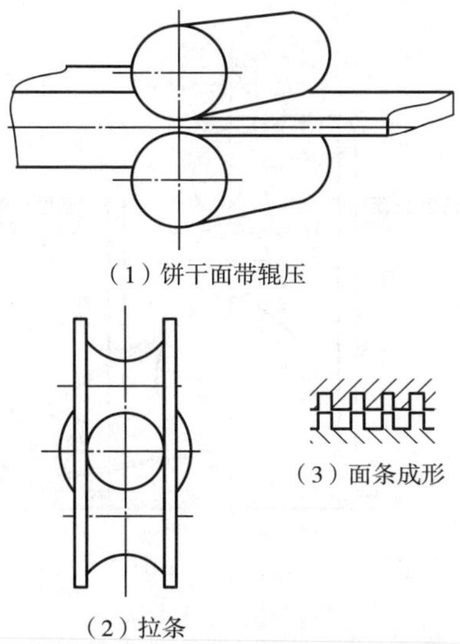

图 6－1　压延操作示意图

（2）被压物料等速运动。

（3）物料仅承受压辊施加的力作用。

（4）压延的对象是连续的，机械性质是均匀的。

（5）被压物料的体积不变。

显然，理想压延过程与实际压延过程是有差距的。但这一差距可以通过实验进行适当的修正和完善，从而得出与实际过程相近的结果。

（三）压延机械的型式

饼干压延机械是用于对调制完毕的韧性饼干及苏打饼干面团在进入成形机以前进行压延成片（带）的操作机器。

其主要型式如下：

（1）按物料通过压辊时的运动位置可分为卧式压延机和立式压延机。

（2）按压辊的形式可分为对辊式压延机和辊－平面式压延机。

（3）按压辊的运动方式可分为固定辊式压延机和运动辊式压延机。

（4）按工作性质可分为间歇式压延机和连续式压延机。

二、卧式压延机

卧式压延机结构比较简单，多为间歇式操作。图 6－2 所示为间歇卧式压延机外形图，它主要由上压辊、下压辊、压辊间隙调节手轮、撒粉装置、工作台、机架及传动装置等组成。上、下压辊安装在机架上，工作转速一般在 0.8～30r/min 范围以内。上压辊的一侧设有刮刀，以清除粘在辊筒上面的少量面屑。另外，较先进的压延机上设置有自动撒粉装置，它可以避免面团与压辊粘连。

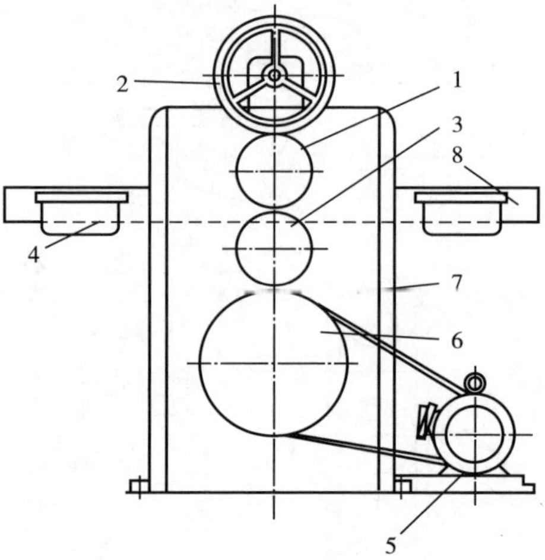

图 6-2 间歇卧式压延机外形图

1—上压辊 2—调节手轮 3—下压辊 4—干面粉 5—电动机 6—带轮
7—机架 8—工作台

图 6-3 所示为间歇卧式压延机的传动系统结构简图。动力由电动机驱动，经一级带轮及一级齿轮减速后，传至下压辊；再经齿轮带动上压辊回转，从而实现了上、下压辊的转动压片操作。压辊之间的间隙通过手轮可随时任意调整，以适应

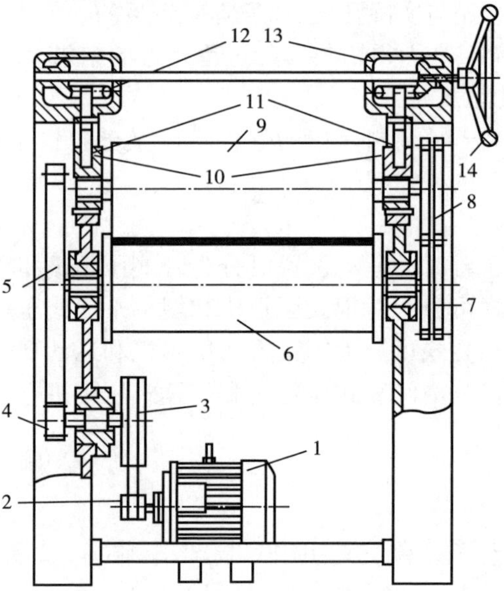

图 6-3 间歇卧式压延机传动系统结构简图

1—电动机 2，3—带轮 4，5—齿轮 6—下压辊 7，8—齿轮 9—上压辊
10—上压辊轴承座螺母 11—升降螺杆 12，13—圆锥齿轮 14—调节手轮

压延过程中压制不同厚度面片的工艺需要。调节手轮经一对圆锥齿轮啮合传动，使升降螺杆回转，从而带动上压辊轴承座螺母做升降直线运动，以完成压辊间隙的调节操作。一般调整范围为0～20mm。由于两压辊之间的传动为齿轮传动，传动比通常为1，主动辊由另一齿轮带动，因此，在调节压辊间隙时，只能调节被动压辊。

间歇式压延机工作时，面片的前后移动、折叠、转向均需人工操作。如果只采用单向辊压，则需多台间歇式压延机组合在一起，中间由输送装置连接，这样即可与饼干成型机联合组成自动生产线。

三、 立式压延机

立式压延机与卧式压延机相比，具有占地面积小，压制面带的层次分明，厚度均匀，工艺范围较宽，结构复杂的特点。图6－4所示为立式压延机操作示意图，它主要由面斗、压辊、计量辊、折叠器等组成。

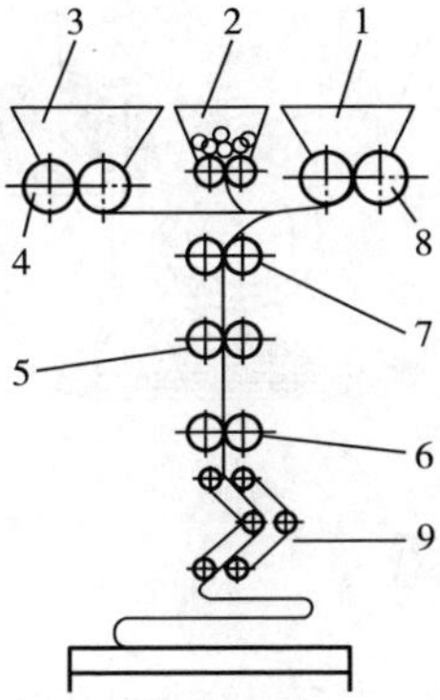

图6－4　立式压延机操作示意图

1，3—面斗　2—油酥料斗　4—喂料辊（压辊）　5～7—计量辊　8—喂料辊　9—折叠器

在立式压延操作中面带依靠重力垂直供料，这可以免去中间输送带，使机器结构简化，而且辊压的面带层次分明。这种机器大都设置有计量辊，计量辊由间距可随面带厚度自动调节的等径等间距的2～3对压辊组成，它的作用是控制压延成形后的面带厚度均匀一致。生产苏打饼干时，立式压延机需设有油酥料斗，以便将油酥夹入面带中间。折叠器的作用是将经过辊压计量后的面带折叠，以使成型后的制品具有多层次结构。

四、 多层压延机

多层压延机是一种新型的高效能压延设备，主要应用于起酥生产线中。这种起酥线在生产苏打饼干时，面团不必经过发酵。面带经过该压延机的连续辊压后，面层即可达120层以上，且层次分明、酥脆可口，外观及口感良好，故称为多层压延机。

（一）起酥线的工作原理

起酥线的工作过程主要包括两部分，即夹酥与压延。

1. 夹酥

图6－5所示为起酥线夹酥过程示意图。首先将调和好的面团送入水平输面绞龙中，接着面团经回转的水平输面绞龙、输面竖绞龙输送，由复合嘴外腔挤出而成形为空心面管。与此同时，奶油酥经叶片泵输送，沿垂直输面绞龙内孔，由复合嘴内腔挤出并黏附在面管内壁上。从而形成了内壁夹酥的中空面管。这种成型方式称为“灌肠成型”，它的优点主要是面皮与奶油酥的环面连续、厚度均匀一致。此后面管再经过初级压延、折叠即成为多层叠起的中间产品。

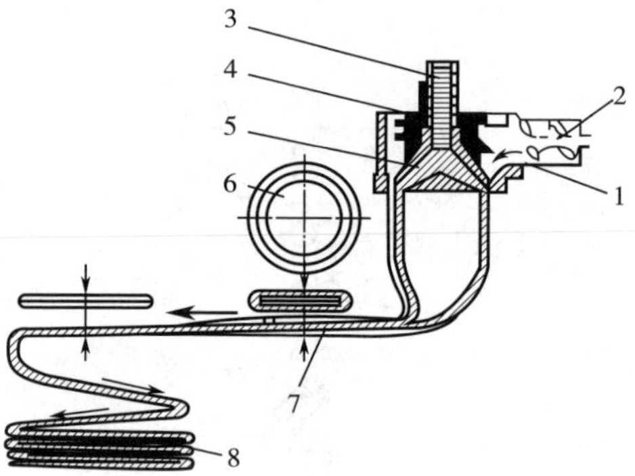

图6－5　起酥线的夹酥过程示意图

1—面团　2—水平输面绞龙　3—奶油酥　4—输面竖绞龙　5—复合嘴
6—夹酥中空管　7—压延中的夹酥面带　8—中间产品

2. 压延

压延过程分两个阶段，一是夹酥中空面管的初级压延成带；二是最终压延成形。最终压延成型是将经初级压延后折叠成的中间产品，在多层压延机上再一次进行压延操作。

（二）多层压延机的特点

（1）传统的压延方法为对辊式，图6－6所示为传统辊压方法所产生的力线图。这种方法效率低、质量较差，工作时产生的力线在面团进入两辊间隙之前，形成很大的旋涡，从而产生面团的堆积。因此，在辊压多层夹酥面团时，面层易被破坏，制品的层次不清。为了得到理想的制品，克服面团在进入两辊间隙之前产生的堆积，一是要求进料厚度要薄，二是要进行多次的折叠、压延。

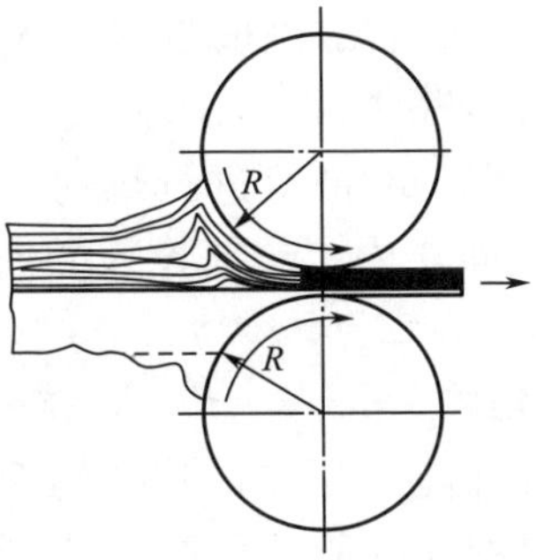

图 6－6　传统辊压方法力线图

多层压延机克服了这个不足，经过 1 ~2 次压延即可做到防止面带层次的破坏，使面层达到最佳状态。

（2）传统压延机的压延效果是通过辊子表面加在面带上的横压力及剪切力实现的，由面带本身来抵抗损坏。在减小面带厚度时，两辊对面带产生的压力较大。而多层压延机的压力很小，且由于构件运动速度的逐渐增加对面带的摩擦力很小，几乎纯粹是拉伸应力的作用。因此，能使面层达到较佳的变形状态，有利于保持物料原有的品质。

（3）多层压延机的压延过程为直线流变状态。这种压延过程不会引起油、面层次混淆不清。

（4）多层压延机的适应性较强，能够生产多种食品。

（5）多层压延机结构复杂，设备成本高，操作、维修技术要求较高。

项目二　印模机械

饼干成型机是将配制好的饼干面料加工成具有一定形状规格的饼干生坯的机械设备。根据饼干品种不同及其工艺要求的差别，饼干机的成型方式大致可分为：冲印式成型、辊印式成型及辊切式成型。

一、冲印式成型机

冲印式成型机（简称冲印饼干机）主要用来加工韧性饼干、苏打饼干及一些低油脂酥性饼干。

（一）冲印式成型机生产基本过程

冲印式成型机操作基本要完成压片、冲印成型、拣分（或称提头）、摆盘等四个工步。即首先将已经配料调制好的面团引入饼干机的压片部分，由此经过三道压辊的连续辊压，使面料形成厚薄均匀致密的面带；然后由帆布输送带送入机器的成形部分，通过模型的冲印，把面带制成带有花纹形状的饼干生坯和余料（俗称头子）；此后面带继续前进，经过拣分部分将生坯与余料分离，饼坯由输送带排列整齐地送到烤盘或烤炉的钢带、网带上进行烘烤；余料则由专设的输送带（也称回头机）送回饼干机前端的面斗内，与新投入的面团一起再次进行压延制片操作，但应使回头料形成面带的底部。

（二）冲印式成型机主要结构

冲印式成型机由于规格及性能的不同，其结构型式也有所不同，但为配合完成成型操作的要求，一般都设有压片机构、冲印成型机构、拣分机构及输送带机构。图 6－7 为常见冲印饼干机的外形图。

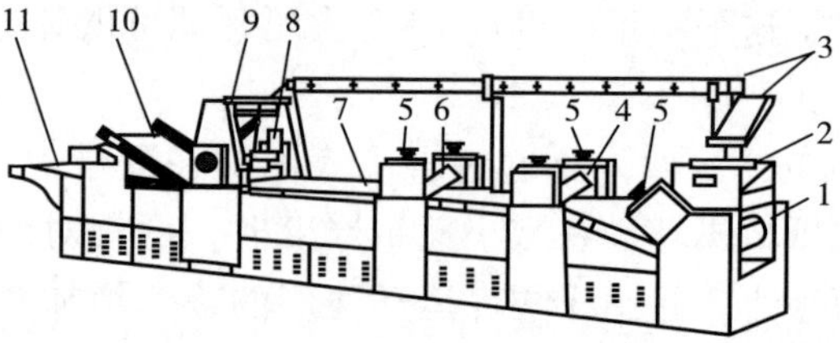

图 6－7　冲印饼干机外形图

1—头道辊　2—面斗　3—回头机　4—二道辊　5—压辊间隙调整手轮　6—三道辊　7—面带输送带　8—冲印成形机构　9—机架　10—拣分斜输送带　11—饼干生坯输送带

1. 压片机构

压片是饼干冲印成型的准备阶段。工艺上要求压出的面带应保持致密连续，厚度均匀稳定，表面光滑整齐，不得留有多余的内应力。此机构一般是由三对压辊组成。卧式布置的压辊间需要设置输送带，操作简便，易于控制压辊间面带的质量。立式布置的压辊间则不需设置输送装置，而且占地面积小，结构紧凑，机器成本低，是较为合理的布置型式。

压片机构的压辊通常分别称作头道辊、二道辊及三道辊。压辊直径依次减小，辊间间隙依次减小，各辊转速依次增大。表 6－1 列出了国产冲印饼干机压辊参数变化的统计值。

表 6－1　国产冲印饼干机压辊参数

压辊名称	直径/mm	转速变化范围/(r/min)	间隙变化范围/mm
头道辊	160～300	0.8～8	20～30
二道辊	120～220	2～15	5～15
三道辊	120～220	4～30	2～5

压辊参数变化的原因在于压制面带的工艺要求。有些饼干机在头道辊表面沿

轴向开有沟槽，这样可增加摩擦以减小压辊直径。为减缓面带由急剧变形而产生的应力，压延操作应逐级完成，所以压辊间隙需依次减小。为保证冲印成型机构得到连续均匀稳定的面带，要求面带在压延过程中各处的流量相等，为此需要比较准确的速度匹配，否则因流量不等会将面带拉长或皱起。若拉长，面带应力增加，成形后易收缩变形，表面出现微小裂纹；若皱起，面带堆积变厚，压力加大，易粘辊且定量不准。压片机构各压辊间除应保证传动比准确外，整个系统还应装有一台无级变速器或调速电动机，以使冲印成型机各工步间运动同步，调节方便。

2. 冲印成型机构

冲印成形是保证饼干外观质量，提高饼干机生产率的关键环节。冲印成型机构主要由动作执行机构及印模等组成。

（1）动作执行机构　饼干机的冲印成型动作可分为间歇式与连续式两种。

间歇式机构是在冲印饼干生坯时，印模通过一套曲柄滑块机构实现直线冲印动作，生坯输送带依靠一组棘轮棘爪完成间歇运动，冲印时输送带处于间歇停顿状态。采用这种机构的饼干机冲印速度较低，因而生产能力较低，否则会产生惯性冲击和较大振动，造成面带厚薄不匀、边缘破裂的现象。同时该机不宜与连续式烤炉匹配组成饼干生产的连续自动线。

连续式机构是在冲印饼干时，印模随面坯输送带连续运动，完成同步摇摆冲印的动作，故也称摇摆冲印式。采用这种机构的饼干机运动平稳，生产能力较高，饼干生坯的成型质量较好，便于与连续式烤炉配套组成饼干生产自动线。

（2）印模　饼干机根据饼干品种的不同，配有两种印模，一是生产凹花有针孔韧性饼干的轻型印模，另一种是生产凸花无针孔酥性饼干的重型印模。苏打饼干印模属于轻型，不过通常只有针柱而无花纹。这些结构都是由饼干面团特性所决定的。

3. 拣分机构

冲印式成型机的拣分是指将冲印成型后的饼干生坯与余料在面坯输送带尾端分离开来的操作。由于各种冲印式成型机结构形式的差异，其余料输送带的位置也各有不同，但大都是倾斜设置，而这个倾角受饼干面带的特性限制。韧性与苏打饼干面带结合力强，拣分操作容易完成，其倾角可在40°以内。酥性饼干面带结合力很弱，而且余料较窄极易断裂，输送此类余料时，倾角不能过大，通常为20°左右。

（三）冲印成型原理

间歇式与摇摆冲印式饼干机除前述动作执行机构的差别外，其印模成型机构基本相同。

图6－8所示为间歇式冲印饼干机印模成型机构简图。饼干机工作时，主轴上的偏心轮（印模曲杆）经连杆带动印模滑枕即带动印模支架移动，完成往复冲印饼干的成型操作。冲印时带有图案的冲头随印模支架下移冲压面带，即将图案复

印在饼坯表面上。然后冲头不动，切刀下移，把饼坯与面带切断。卸料时，印模支架回升，成型后的饼坯通过印模内的弹簧由冲头将饼干生坯从切刀腔中顶出；进而余料推板将粘在切刀上的余料推掉，然后随印模一起上升，至此完成一次冲印操作循环。

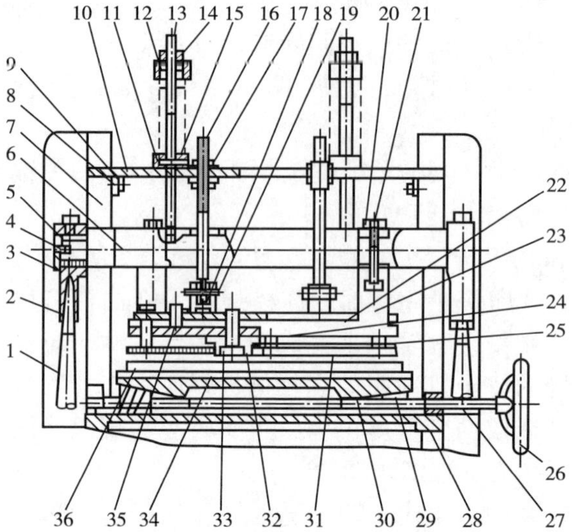

图 6-8　间歇式冲印饼干机印模成型机构

1—连杆　2—螺纹连接头　3—滑枕套　4，16，27，35—螺杆　5—挡圈　6—滑枕　7—立柱　8，17，20—螺母　9—限位挡块　10—上连接板　11，12—弹簧座　13—滑枕导向杆　14—挡圈　15—弹簧　18—吊脚　19—圆柱销　21—螺栓　22—垫板　23—印模支架　24—冲杆　25—导向螺栓　26—调节手轮　28—机架　29—斜滑块　30—底板　31—余料推板　32—切刀　33—冲模　34—帆布输送带　36—面带

（四）冲印式成型机主要技术参数

1. 冲模规格

考虑饼干生产工艺的要求，饼干成型机要与后续食品烤炉配套组成饼干生产线。因此饼干机冲模的长度应与食品烤炉的宽度相一致。对于中小型冲印饼干成形机的冲模长度应按560，480，360mm 三个尺寸设计制造。冲模宽度通常取125～150mm。

2. 冲印速度

冲印式成型机的冲印速度直接影响着饼干机的生产能力。一般采用间歇式结构的饼干成型机的最高冲印速度应不低于70 次/min，摇摆冲印式成型机的最高冲印速度应不低于120 次/min。

3. 冲印式成型机生产能力

冲印式成型机生产能力可按式（6-1）计算：

$$G = 60 n_s N \eta_s / k \qquad (6-1)$$

式中　G——生产能力，kg/h；

n_s——单位时间冲印次数，次/min；

N——单次冲印饼干生坯数量；

k——每千克成品饼干块数，块/kg；

η_s——冲印式成型机加工生坯成品率，一般取 $\eta_s = 0.97$。

其中 k 的数值不仅与成型机性能有关，同时还与后续的烤炉烘烤操作有关。

二、辊印式成型机

辊印式成型机（简称辊印饼干机）主要适用于加工高油脂酥性饼干，更换该机印模辊后，通常还可以加工桃酥类糕点，所以也被称为饼干桃酥两用机。

辊印式成型机的印花、成型、脱坯等操作是通过成型脱模机构的辊筒转动而一次完成的，并且不产生边角余料。这种辊印连续成型机构工作平稳，无冲击，振动噪声小，加之省去了余料输送带，使得整机结构简单、紧凑，操作方便，成本较低。

（一）辊印式成型机主要结构

辊印式成型机主要由成形脱模机构、生坯输送带、面屑接盘、传动系统及机架等组成。辊印式成型机由于印模辊规格不同使得结构、体积变化较大，但主要构件及工作原理基本相同。

成型脱模机构是辊印饼干机的关键部件，它由喂料辊、印模辊、分离刮刀、帆布脱模带及橡胶脱模辊等组成，各构件间相对位置如图 6－9 所示。喂料辊与印模辊分别通过齿轮传动产生相对回转，橡胶脱模辊则借助于紧夹在两辊之间的帆布脱模带所产生的摩擦，由印模辊带动进行同步的回转。

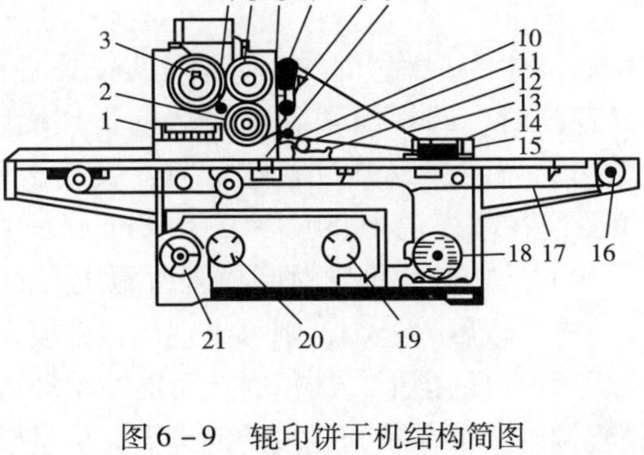

图 6－9　辊印饼干机结构简图

1—接料盘　2—橡胶脱模辊　3—喂料辊　4—分离刮刀　5—印模辊　6—间歇调节手轮　7—张紧轮　8—手柄　9—手轮　10—机架　11—刮刀　12—余料接盘　13—帆布脱模带　14—尾座　15—调节手柄　16—输送带支撑轴　17—生坯输送带　18—电动机　19—减速器　20—无级变速器　21—调速手轮

（二）辊印饼干机成型原理

1. 辊印成型原理

图6－10所示为辊印饼干机成型原理示意图。饼干机工作时，喂料槽辊与印模辊在齿轮的驱动下相对回转。面斗内的酥性面料依靠自重落入两辊表面的饼干凹模之中。然后由位于两辊下面的分离刮刀口将凹模外多余的面料沿印模辊切线方向刮落到面屑接盘中。印模辊旋转，含有饼坯的凹模进入脱模阶段，此时橡胶脱模辊依靠自身形变将粗糙的帆布脱模带紧压在饼坯底面上，并使其接触面间产生的吸附作用大于凹模光滑内表面与饼坯间的接触结合力。因此，饼干生坯便顺利地从凹模中脱出，并由帆布脱模带转入生坯输送带上。

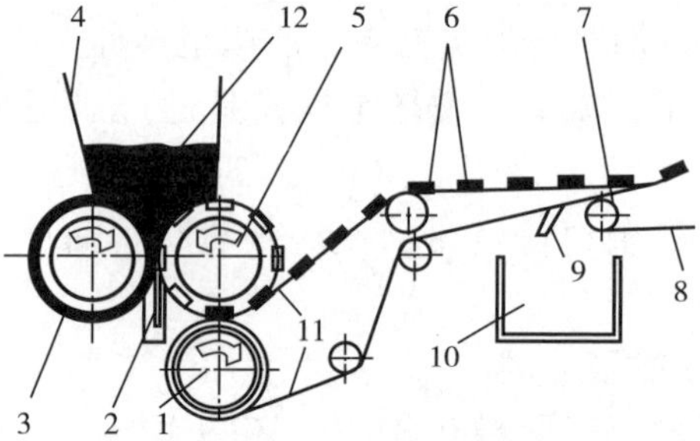

图6－10　辊印成型原理

1—橡胶脱模辊　2—分离刮刀　3—喂料辊　4—料斗　5—印模辊　6—饼干生坯　7—帆布带楔铁　8—生坯输送带　9—帆布带刮刀　10—面屑斗　11—帆布脱模带　12—面料

2. 影响辊印成型的因素

（1）喂料辊与印模辊的间隙　喂料辊与印模辊之间的间隙随被加工物料的性质而改变，加工饼干的间隙在3～4mm，加工桃酥类糕点时需做适当的放大，否则会出现反料现象。

（2）分离刮刀的位置　由实验得知，分离刮刀的位置直接影响着饼干生坯的重量。当刮刀刃口位置较高时，凹模内切除面屑后的饼坯面略高于印辊表面，从而使得单块饼干重量增加，当刮刀刃口位置较低时，又会出现饼干重量减少的现象。刮刀刃口合适的位置应在印模辊中心线以下3～8mm处。

（3）橡胶脱模辊的压力　橡胶脱模辊对印模辊所施压力的轻重也对饼干生坯的成型质量有一定影响。若橡胶辊压力过小，则可出现坯料粘模现象；若压力过大，又会使成型后的饼坯造成后薄前厚的楔形，严重时还可能在生坯后侧边缘产生薄片状面尾。因此，对橡胶脱模辊调整要以在顺利脱模的前提下，尽量减小压力为原则。

（三）辊印饼干机主要技术参数

1. 印模辊规格

中小型辊印饼干机印模辊长度系列尺寸为560，480，360，320，220mm印模辊直径在200～230mm。

2. 印模辊转速

辊印饼干机印模辊最高转速应不低于5r/min。

3. 辊印饼干机生产能力

辊印饼干机生产能力可按式（6－2）进行计算：

$$G=60n_gN\eta_g/k \tag{6-2}$$

式中 G——生产能力，kg/h；

n_g——印模辊转速，r/min；

N——印模辊上的饼干凹模数量；

η_g——辊印饼干机生坯成品率，一般取 $\eta_g=0.96$；

k——每千克饼干块数，块/kg。

三、 辊切式成型机

辊切式成型机（简称辊切饼干机）广泛适用于加工苏打饼干、韧性饼干、酥性饼干等不同产品。辊切饼干机工作速度快、效率高、振动噪声低，是一种效能比较高的饼干生产机型。

（一）辊切饼干机主要结构

辊切饼干机是综合了冲印饼干机与辊印饼干机的优点而发展起来的一种饼干成型机。它主要由压片机构、辊切成型机构、余料提头机构（拣分机构）、传动系统及机架等组成。其中压片机构、拣分机构与冲印饼干机的对应机构大致相同。只是在压片机构末道辊与辊切成型机构间设有一段中间缓冲输送带。

辊切成型机构与辊印饼干机的成型机构类似。它基本有两种型式，一种是将印花和切块制成类似冲印饼干机印模型式的复合模具嵌在一个压辊上；另一种则是将印花模与切块模分别安在两个压辊上。这里主要介绍后一种型式的辊切饼干机。

如图6－11所示，辊切成型机构主要由印花辊、切块辊、橡胶脱模（图中未画）及帆布脱模带等组成。印花辊与切块辊的尺寸一致，其直径一般在200～230mm。辊的长度与配套的烤炉尺寸相关联。橡胶脱模辊由于要同时支承两个压辊，所以直径大于上面两辊。关于辊切成型机构的其他技术条件，可参照冲印饼干机及辊印饼干机相应构件执行。

（二）辊切饼干机成型原理

辊切饼干机的操作步骤与冲印饼干机相一致，仅是辊切成型操作是通过压辊回转来实现的。这种连续回转成型使机构工作平稳，因此给整机操作带来许多方便，具体成型原理如图6－12所示。

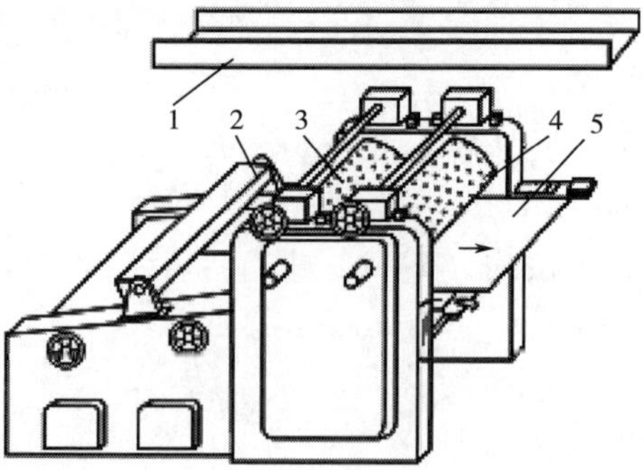

图6-11　辊切饼干机辊切机构简图

1—余料回头机　2—撒粉器　3—印花棍　4—切块棍　5—帆布脱模带

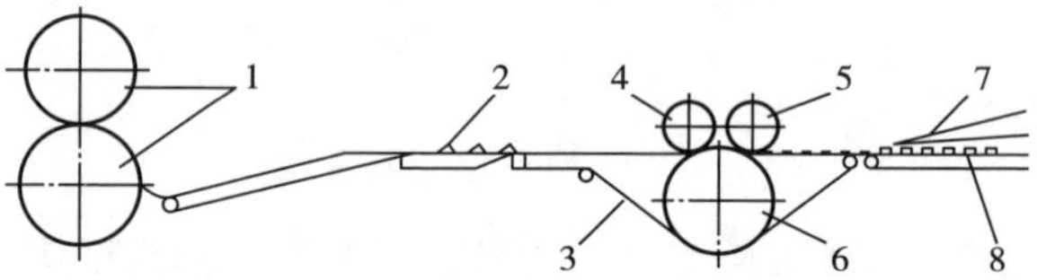

图6-12　辊切成型原理示意图

1—定量辊　2—波纹状面带　3—帆布脱模带　4—印花辊　5—切块辊

6—脱模辊　7—余料　8—饼干生坯

面片经压片机构压延后，形成光滑、平整、连续均匀的面带。为消除面带内的残余应力，避免成型后的饼干生坯收缩变形，通常在成型机构前设置一段缓冲输送带，适当的过量输送可使此处的面带形成一些均匀的波纹，这样可在面带恢复变形过程中，使其松弛的张力得到吸收。这种在短时的滞留过程中，使面带应力得到部分恢复的作用称作张弛作用。面带经张弛作用之后，进入辊切成型机构。

辊切成型与辊印成型区别在于辊切成型的印花和切断是分两个工步完成的，即面带首先经印花辊压印出花纹，随后再经同步转动的切块辊切出带花纹的饼干生坯。位于两辊之下的大直径橡胶脱模辊借助于帆布脱模带，在印花和切块的过程中，起着弹性垫板和脱模的作用。当面带经过辊切成型机构后，成型生坯由水平输送带送至烤炉，余料则经帆布带提起后，由回头机送回压片机构前端的料斗中。这种辊切成型技术的关键在于应严格保证印花辊与切块辊的转动相位相同，速度同步，否则切出饼干生坯的外形与图案分布不能吻合。

（三）辊切饼干机主要技术参数

1. 印花辊规格

辊切饼干机印花辊长度系列尺寸为560，480，360mm。印花辊直径在200～230mm。

2. 辊切速度

辊切饼干机印花辊转速一般不得低于15r/min。高效能辊切饼干机的最高转速可达到200r/min。

3. 辊切饼干机生产能力

辊切饼干机生产能力按式（6-3）计算：

$$G=60n_qN\eta_q/k \tag{6-3}$$

式中 G——生产能力，kg/h；

n_q——印花辊转数，r/min；

N——印花辊上的饼干凹模数量；

η_q——辊切饼干机加工生坯成品率，一般取 $\eta_q=0.97$；

k——每千克饼干的块数，块/kg。

项目三 搓圆机械

搓圆机的作用是使面团的外形成球状，并使内部气体均匀分散，组织细密，同时通过高速旋转揉捏，使面团形成均匀的表皮，这样可使面团在下一段醒发时产生的气体不致跑掉，从而使面团内部得到较大的并且很均匀的气孔。

搓圆机按外形的不同可分为伞形、锥形、筒形、网络式及输送带式等多种型式。

一、伞形搓圆机

1. 主要结构

伞形搓圆机是目前我国面包生产中应用最广泛的搓圆机械。其主要结构包括电动机、转体、旋转导板、撒粉装置及传动装置等，如图6-13所示。

搓圆机的转体和旋转导板是对面团进行搓圆的执行部件。转体安装在主轴上，旋转导板通过紧固螺钉与支承板固定安装在机架上，从而由导板与转体配合形成面块运动的成型导槽。由于面包面团含水多，质地柔软，因此面包搓圆机装有撒粉装置。在转体顶盖上设有偏心孔，该偏心孔与拉杆球面连接，使撒粉盒的轴心做径向摆动。将盒内的面粉均匀地撒在螺旋形导槽内，防止操作时面团与转体、面团与导板及面团之间粘连。机器停止时，应松开翼形螺栓，使控制板封闭出面孔。伞形搓圆机传动系统较简单，动力由电动机经V带及一级蜗轮蜗杆减速后，传至主轴，在旋转主轴的带动下，转体随之转动。

2. 工作原理

图6-14是伞形搓圆机工作原理简图。来自切块机的面块由转体底部进入螺旋形导槽，由于转体旋转及固定导板的圆弧形状，使导板与面块、面块与转体伞形表面之间产生摩擦力，以及面块在转体旋转时所受的离心力作用，使面块沿螺旋形导槽由下向上运动。其间面块既有公转又有自转，既有滚动又有微量的滑动，从而形成球形，见图6-14（1）。

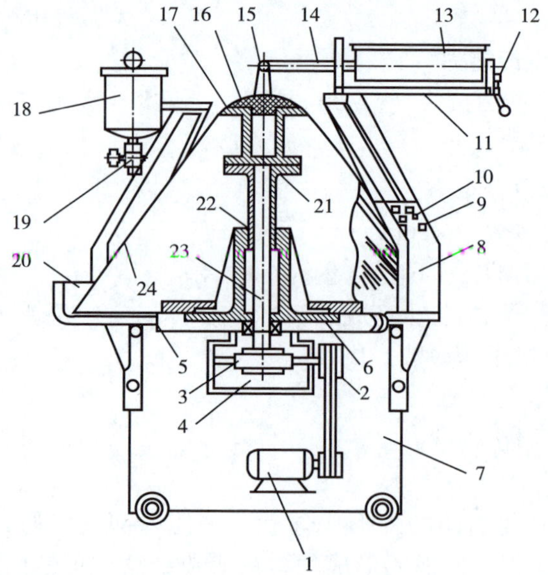

图 6－13　伞形搓圆机简图

1—电动机　2—带轮　3—蜗轮　4—蜗轮箱　5—主轴支撑架　6—轴承座　7—机架　8—支撑架　9—调节螺钉　10—固定螺钉　11—控制板　12—开放式翼形螺栓　13—撒粉盒　14—轴　15—拉杆　16—顶盖　17—转体　18—贮液筒　19—放液嘴　20—托盘　21—法兰盘　22—轴承　23—主轴　24—旋转导板

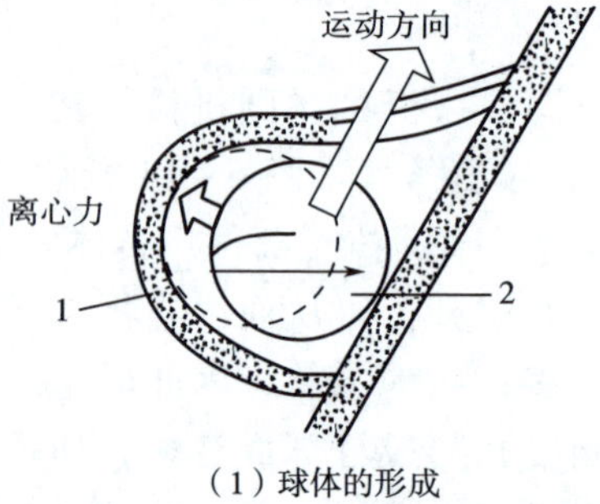

（1）球体的形成

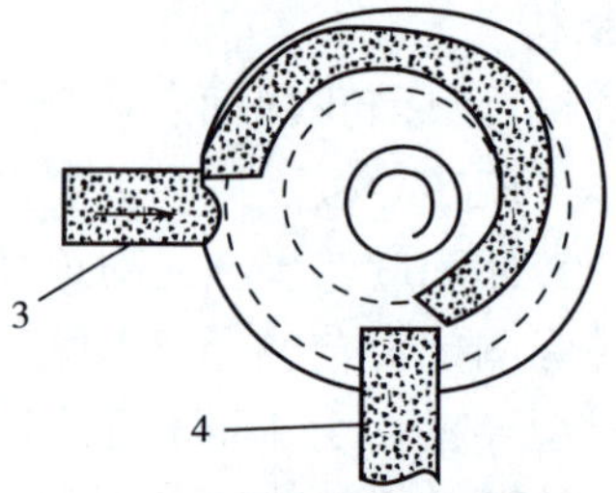

（2）不同圆周速度的形成

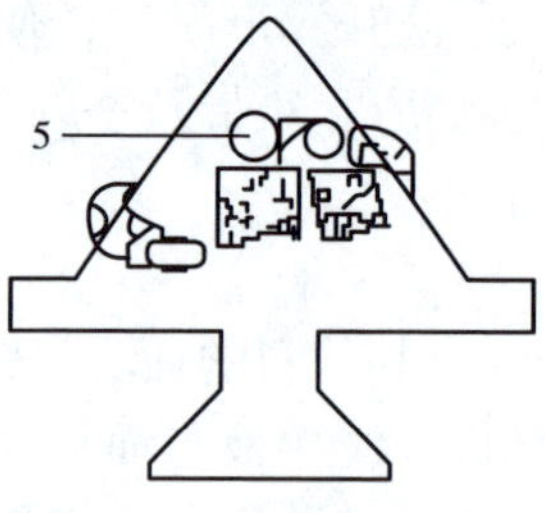

（3）进口位置面团形状

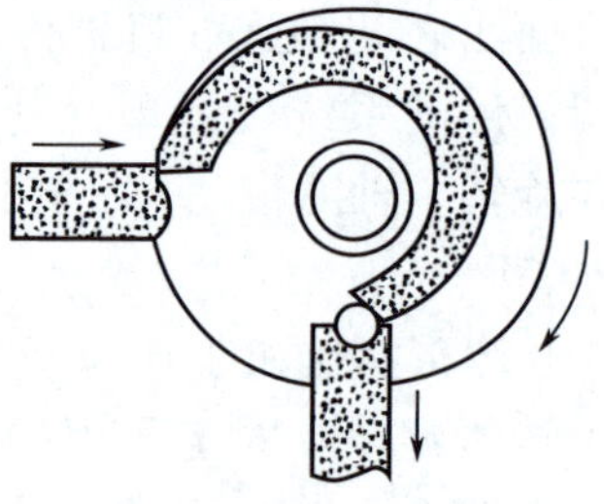

（4）面团在搓圆机内的运动情况

图 6－14　伞形搓圆机工作原理

1—导槽　2—面团　3—进口　4—出口　5—双生面团

伞形搓圆机面块的入口设在转体的底部，出口在伞体的上部，由于转体上下直径不同，使得面块从底部进入导槽由下向上的运动速度越来越低，这样使得前后面块距离越来越小，有时会出现双生面团，即两个面块合为一体一起离开机体。为了避免双生面团进入醒发机，在正常出口上部装有一横挡，当双生面团通过时，由于其体积大、出口小而不能通过，面团只能继续向前滚动，从大口出来进入回收箱，其原理见图6－14（2）。

经过搓圆的球形面包生坯由伞形转体的顶部离开机体，由输送带送至醒发工序见图6－14（2）。

伞形搓圆机具有进口速度快、出口速度慢的特点，有利于面团的成型。

二、 锥形搓圆机

锥形搓圆机的结构与伞形搓圆机大致相同。只是转体倒置，大端在上、小端在下，呈锥形。转体外同样设有导板，导板与转体组成面块成型的导槽。

其工作原理与伞形搓圆机基本相同。如图6－15所示，来自切块机的面块，由定向输送器送至锥形转体下部。在复合力的作用下，面块沿螺旋形导槽既公转又自转地由下向上运动，在运动过程中被搓成球形，到达锥体的顶部。搓圆完毕后，面团由帆布输送带送至醒发工序。

由于转体直径下小上大，所以面块的运动速度由小到大，在离开搓圆机时达到最大，前后面块的距离也由小变大。这一点与伞形搓圆机相反，因此，不易像伞形搓圆机那样出现双生面团。但成型效果较差，一般用于生产小型面包。

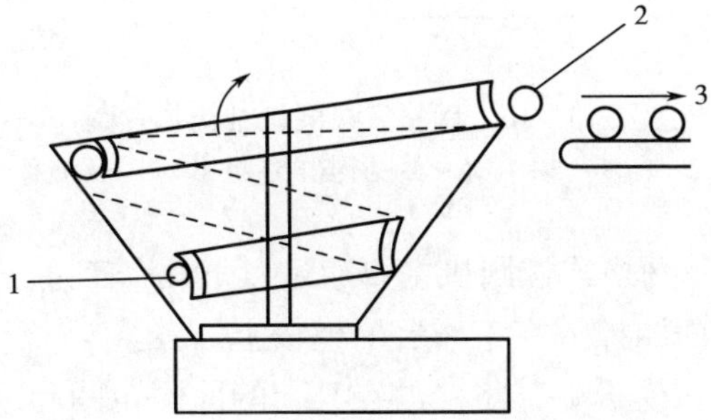

图6－15　锥形搓圆机面块运动路线简图

1—面块搓制起点　2—面块搓制终点　3—面块落入帆布输送带

三、 桶形搓圆机

桶形搓圆机的转体斜度很小，形似圆桶，故称桶形搓圆机。面块离开切块机后，被送至圆桶形转体的下部。随着转体的转动，面块沿螺旋形轨道自下而上运动，同时在自转与公转的复合运动中被搓成球形。显然面块在该搓圆机上的运动速度基本是一致的。因此，克服了前两种搓圆机的不足，而且兼备两者的优点。另外桶形搓圆机占地面积较小，给车间布置带来了方便。

四、网格式搓圆机

网格式搓圆机是一次完成切块搓圆操作的小型间歇式整形机械，如图 6－16 所示，网格式搓圆机主要由切刀、压块、围墙、模板、工作台、机体、导柱及传动系统等组成。

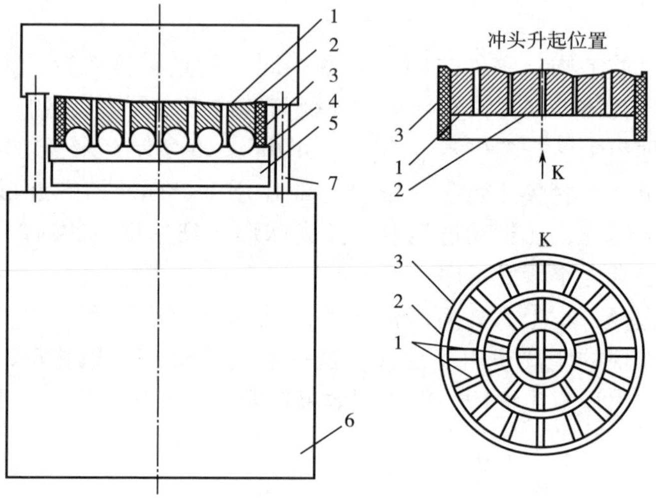

图 6－16　网格式搓圆机结构示意图

1—切刀　2—压块　3—围墙　4—模板　5—工作台　6—机体　7—导柱

如图 6－17 所示，网格式搓圆机主要通过以下几个工序工作。

（1）将一定量的面团摊放在工作台的模板上。

（2）围墙下降压在模板上，将摊放在其上的面团包围起来。

（3）压块与切刀同时下降，将摊放在模板上的面团压成厚度均匀一致的面片。

（4）切刀继续下降直至与模板接触，此刻即可将整体面片切割成若干等份的面块；同时压块上升约 3mm 距离，留出切刀切入面片时而产生的膨胀量。

（5）压块上升一段距离，围墙与切刀稍微抬起（约 1mm），留出揉搓面团所需要的空间。

（6）摩擦离合器接合，回转曲柄组带动工作台上的模板做平面回转运动。由于压头不动，切刀腔内的面团在模板的推动下转动，同时又受切刀腔四壁的限制

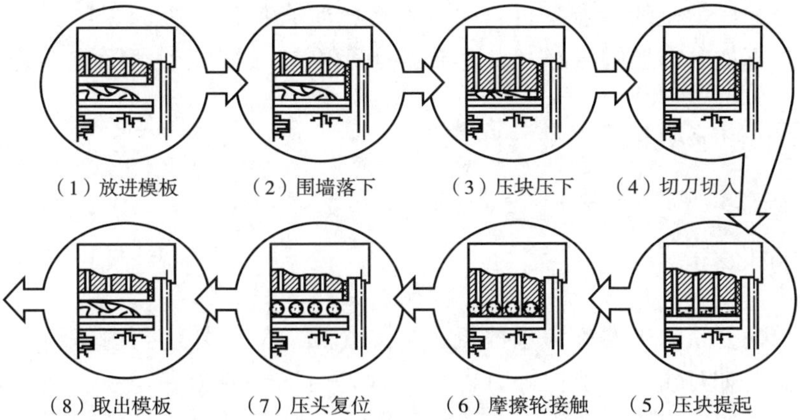

图 6－17　网格式搓圆机工艺流程示意图

而被不断地揉搓滚动，从而形成球形面包生坯。

（7）摩擦离合器断开，工作台停止转动。围墙、压块及切刀复位。

（8）取出模板，网格式搓圆机的一次工作循环结束。

五、 输送带式搓圆机

输送带式搓圆机与伞形、锥形及桶形搓圆机结构不同，它没有转体，也没有螺旋形导槽。其主要搓圆机构由水平帆布输送带和模板组成。

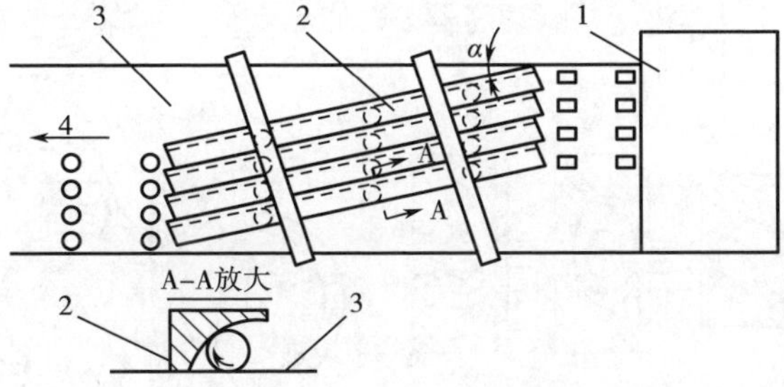

图 6－18　水平搓圆机工作原理图

1—切块机　2—模板　3—输送带　4—至醒发工序

如图 6－18 所示，输送带式搓圆机的帆布输送带与多台切块机的出面口相连，组成切块搓圆机。模板安装在输送带上方与输送带纵向成 α 角。来自切块机的面块，经输送带进入模板与帆布带形成的三面封闭槽内。由于 α 角的存在及导槽模板的曲面形状，使得面块在各种力的作用下被迫产生自转，并受帆布带的运动方向限制，在输送过程中，自身被搓成球形。模板是输送带式搓圆机的关键元件，模板的长度、安装角度及其曲面的几何尺寸对搓圆质量都有很大影响。

输送带式搓圆机的特点是可与多台切块机组合使用，因此生产效率很高，但其搓圆效果不如伞形搓圆机好，表面结实程度稍差，适合于大型面包生产线使用。

项目四 包馅机械

一、包馅机

生产带馅食品的机器称为包馅机。包馅食品一般由外皮与内馅组成。糕点中的包馅制品（如月饼、京八件等）外皮通常是由面粉或米粉与水、油、糖及蛋液等组成的混合物；内馅的种类很多，如枣泥、果酱、豆沙、五仁等。

（一）包馅机的型式

包馅机的种类较多，按其成型方式不同大致可以分为感应式、灌肠式、注入式、剪切式、折叠式等几种型式。

（1）感应式　首先将面坯制成凹形，将馅料放入其中，然后由一对半径逐渐增大的圆盘形状的回转成型器将其搓制封口，称为感应成型，如图6－19（1）所示。

（2）灌肠式　将面坯与馅料分别从双层筒中连续挤出，然后切断成某种点心的形状，如图6－19（2）所示。

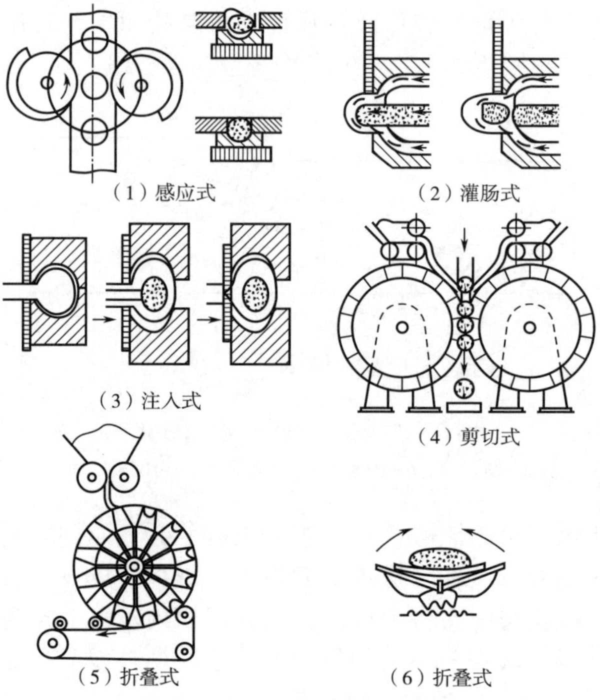
（1）感应式　（2）灌肠式　（3）注入式　（4）剪切式　（5）折叠式　（6）折叠式

图6－19　包馅机成型方法

（3）注入式　在模具中设计有注入馅团的喷管，将馅注入挤出的面坯中，然后切断成型，如图6－19（3）所示。

（4）剪切式　如图6－19（4）所示，将面坯从两侧连续供送，馅制成球状后由中间供送，然后利用一对表面有凹心的辊子转动，进行剪切成型。剪切成型又称为辊切成型。

（5）折叠式　如图6－19（5）所示为较早的折叠形式。这种方法是首先将压延后的面坯按规定的形状冲切，然后放入馅料，最后折叠成为所需要的形状。图6－19（6）为利用真空泵吸气作用，将辊压后的面带在回转的辊上吸成凹型，随着辊的转动，将馅加入凹坑。封口操作是由金属板将凹坑周围的面坯刮起，封在开口处，使之成型。然后解除真空，成型产品由传送带送至下一工序。

（二）包馅机主要结构

包馅机主要由输面机构、输馅机构、成型机构、撒粉机构、传动系统、操作控制系统及机身等组成，如图6－20所示。

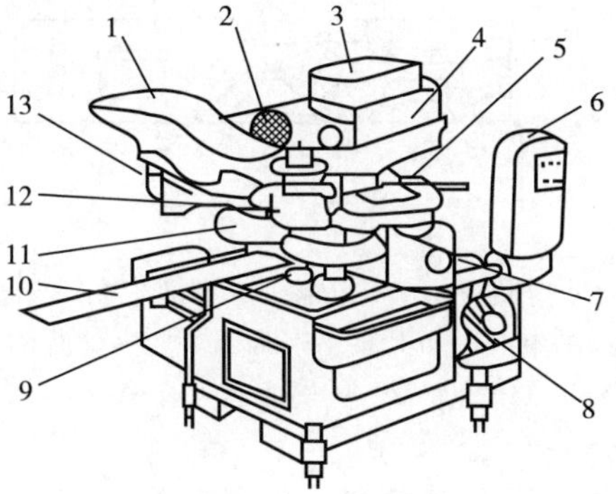

图6－20　包馅机外形图

1—面斗　2—叶片泵　3—馅斗　4—输馅双绞龙　5—干面粉斗　6—操作箱　7—撒粉机构　8—电动机　9—托盘　10—输送带　11—成型盘　12—输面竖绞龙　13—输面双绞龙

输面部分包括面斗、两只水平输面绞龙及一只垂直输面绞龙（竖绞龙）。输馅部分包括馅斗、两只水平输馅绞龙及叶片泵。撒粉装置由面粉斗、粉刷、粉针及布粉盘组成。成型装置的主要部件是两只回转成型盘、托盘及复合嘴。传动系统包括一台2.2kW的电动机、带传动无级变速器、双蜗轮箱及各种齿轮变速箱等。

为确保传动系统安全，在双蜗轮箱输出轴及面、馅绞龙驱动轴上均设有安全销，当工作系统发生故障或超载运行时，安全销先被剪断，从而使机器免遭损坏。

在输送带齿轮箱上，设有二次加工附件的输出轴，以驱动换装在上面的各种加工附件。产品可在输出过程中进行二次加工，不必专设单独的传动系统与工作部件。这不仅缩短了机身的长度，而且扩大了机器的使用范围。

（三）包馅机成型原理

1. 棒状成型

如图6－21所示，面料在输面双绞龙的推动下，进入竖绞龙的螺旋空间，并被继续推进，移向面馅复合嘴（竖绞龙、复合嘴在箱体内，图中未显示）的出口。此时，面料被挤压成筒状面管。

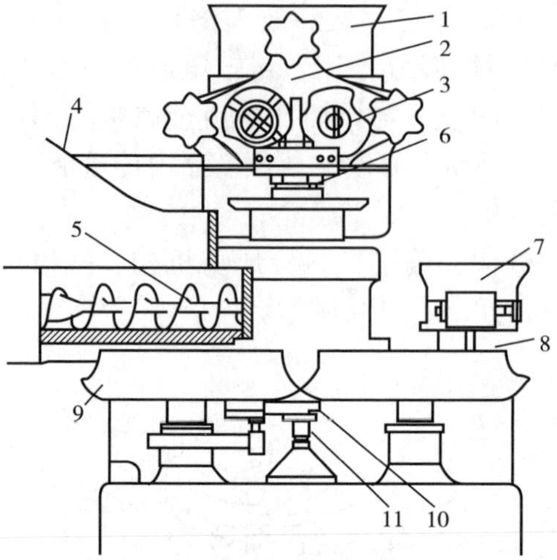

图6－21　包馅机成型原理图

1—馅斗　2—输馅控制　3—叶片泵　4—面团斗　5—输面双绞龙　6—输馅管
7—面粉斗　8—布粉盘　9—成型盘　10—拨杆　11—托盘

馅料经输馅双绞龙输送至双叶片泵。叶片旋转，使馅料转向90°并向下运动，进入输馅管。输馅管装在输面竖绞龙的内腔，当馅料离开输馅管，在复合嘴出口处与面管汇合时，便形成里面是馅、外皮是面的棒状半成品。棒状半成品经压扁、印花及切断可制作两端露馅的带馅食品。根据不同的品种要求，复合嘴可以更换。复合嘴断面形状、尺寸不同，挤出的棒状产品规格不同。

2. 球状成型

球状成型是由成型盘的动作来完成的。由棒状成型后得到的半成品经过一对转向相同的回转成型盘的加工后，成为球状包馅食品。

成型盘表面呈螺旋状。成型盘除半径、螺旋状曲线的径向与轴向变化外，螺旋的迎角也是变化的。这就使成形盘的螺旋面随棒状产品的下降而下降，同时逐渐向中心收口。而且由于螺旋面迎角的变化，使得与螺旋面接触的面料逐渐向中心推移，从而在切断的同时把切口封闭并搓圆，最后制成球状带馅食品生坯。这种成型方法称为“感应成型”，也称“回转成型”。

回转成型是对成型时的运动型式而言的。由于成型盘的回转及产品本身的回转运动，使物料和成型盘之间不产生固定的接触。这样就使产品在与成型盘数十次回转的相对运动中连续受力，逐渐变形，避免因一次成型产品受力过猛，造成应力集中，致使面皮组织坚实，影响食品的口感风味。

感应成型是对成型时力的传递方式而言的。由于成型盘迎角的变化，使产品的部分物料向预计的方向逐渐移动。由于局部受力位移，牵连相关的其他部分，产生连锁性反应。根据这一原理，利用成型盘螺旋面的迎角变化，使压力方向逐渐改变，从而把棒状半成品收口切断成一个个球状食品生坯。球状食品生坯再经压扁、印花、装饰、烘烤等操作，制成各种形态的带馅食品。图 6－22 为包馅机成型盘操作过程示意图。成型盘上的螺旋线有一条、两条、三条之分。螺旋线的条数不同，制品的球状半成品大小也不相同。一般说来，螺旋线的条数越多，制出的球状半成品体积越小，单位时间生产的产品越多。

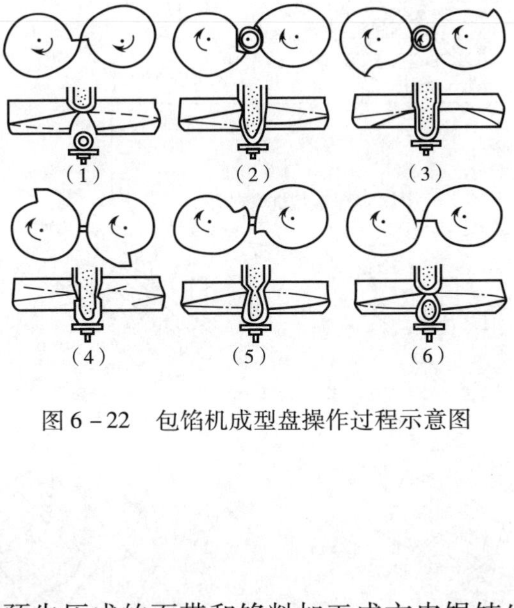

图 6－22　包馅机成型盘操作过程示意图

二、馄饨成型机

馄饨成型机是将预先压成的面带和馅料加工成方皮馄饨生坯的小型设备，这种通过机械动作代替人手，连续步进，完成成型操作的机器属于间歇工位自动机。它是食品机械向自动化方向发展的典型实例。

（一）馄饨成型机主要结构

馄饨成型机配合制作馄饨所设计的工艺动作，主要由制皮机构、供馅机构、折叠成形机构及传动装置等组成。图 6－23（1）为馄饨成型机结构示意图。

1. 制皮机构

如图 6－23（2）所示，馄饨成型机的制皮机构主要由纵切辊组、横切辊组、加速辊及面带支架等组成。纵切辊上装有三把间距为 90mm 的圆盘切刀，纵切底辊在与刀对应的位置开出三条凹槽。横切辊上沿轴向装有一把切刀，刃口处圆周长为80mm。各辊表面应光滑平整，又能与面带间产生足够的摩擦，防止输送过程中打滑。其表面粗糙度一般取 $Ra1.6\sim3.2$。整个制皮机构位置按倾斜线排布。

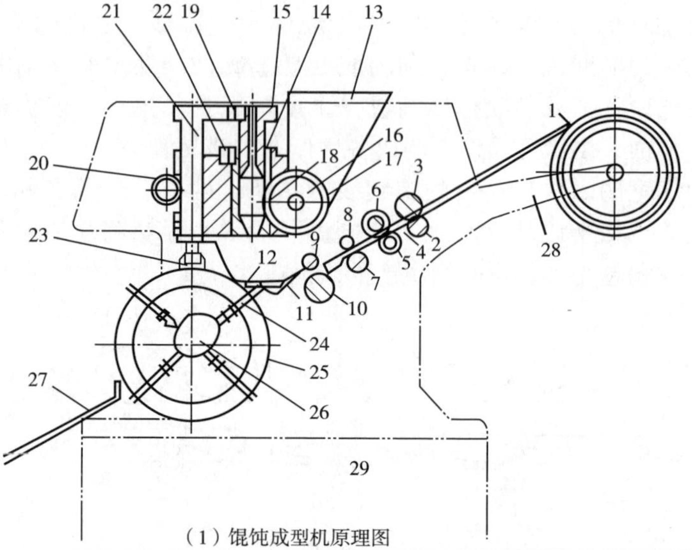

（1）馄饨成型机原理图

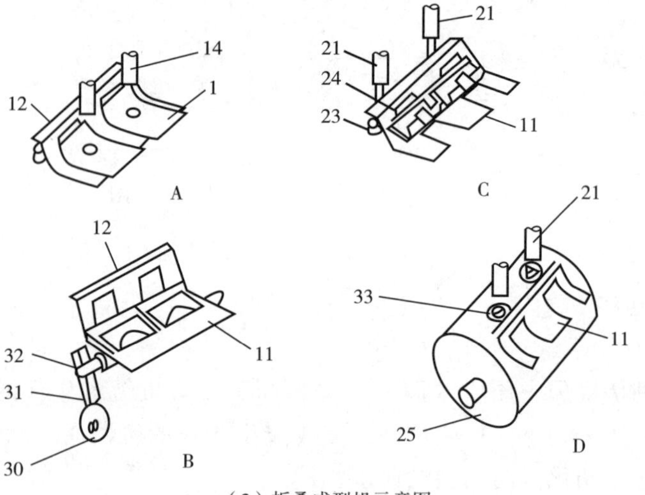

（2）折叠成型机示意图

图6－23　馄饨成型机

1—面带　2—下浮动平整辊　3—上浮动平整辊　4—导板　5—纵切底辊　6—纵切辊　7—横切底辊　8—横切辊　9—浮动压辊　10—加速辊　11—翻板　12—盲型板　13—馅斗　14—馅管　15—下馅冲杆　16—左右螺旋叶片　17—刮刀　18—进馅口　19—连接板　20，32—齿轮　21—搭角冲杆（齿条）　22—调馅齿条　23—盲型导辊　24—浮动盲型顶杆　25—盲型滚筒　26，30—凸轮　27—滑板　28—弹簧　29—机身　31—齿条　33—馄饨　A—定位　B——次对折　C—二次对折　D—U形折弯

2. 供馅机构

供馅机构主要由馅斗、左右对称分布的螺旋叶片、馅管、下馅冲杆、齿轮、齿条、调馅齿条及简易柱塞气泵（图中未显示）等组成。齿条通过连接板与下馅冲杆固接成一体。馅管侧表面铣有梯形通槽。柱塞气泵工作原理类似打气筒，柱塞往复行程通过连杆机构实现。

3. 折叠成型机构

折叠成型机构主要由盲型滚筒、浮动盲型顶杆、盲型导辊、盲型板、凸轮、齿轮、齿条及翻板等组成。凸轮与滚筒安装在同一轴线上。滚筒导槽内的浮动顶杆上装有复位压簧。翻板与齿轮轴固接成一体，然后铰接在盲型板进料端上。

（二）馄饨成型机成型原理

按设计工艺动作的要求，馄饨成型机要完成纵横切割制皮、冲压、供馅及折叠成型等三项操作。

1. 纵横切割制皮

首先将面带从支架经下浮动平整辊、上浮动平整辊、导板引入制皮机构；由纵切辊组，横切辊组，把面带切成两块 80mm × 90mm 的馄饨面皮。然后依靠加速辊与浮动压辊之间的摩擦将面皮快速输送到盲型板上定位待用。

加速辊快速送皮的作用是要在连续制皮与下一步的间歇供馅间产生一段缓冲时间，以避免两者间出现干涉现象。加速送皮越快，时间间隔越长，生产节拍越容易调整；但面皮输送线速度越快，惯性冲击越大，面皮变形损坏或定位不准的可能性越大。因此加速辊的直径与转速应控制适当。

2. 冲压供馅

馅斗内的馅料由螺旋叶片以与制皮机构同步的速度（约 40r/min）在刮板的配合下压入进馅口。压入量的多少，由齿条带动馅管转位，通过改变进馅口开口的大小来控制。

当馅料进入馅管内后，为克服由于馅料的黏滞性所引起的内外沾接现象，由齿轮、齿条带动下馅冲杆，将定量馅料下压至出馅口处，再由柱塞泵产生的压缩空气瞬时喷入馅管，将馅料吹落在盲形板上的面皮中，至此间歇供馅结束。

3. 折叠成型

馄饨成型机的折叠成型由定位、一次对折、二次对折、U 形折弯及搭角冲合等五个工步完成。

（1）定位　来自加速辊的面皮，前半段稍长部分位于盲型板上，后半段稍短部分位于翻板上。面皮依靠盲型板中部的折角圆弧限位，见图 6－23（2）中 A。

（2）一次对折　供馅结束后，凸轮转入升程，借助于齿轮、齿条使翻板将其上的后半段面皮向内翻转折叠到馅料上面。稍许停顿待面皮被馅料粘住后，翻板外翻复位。翻板的整个行程均由凸轮的圆周曲线控制，见图 6－23（2）中 B。

（3）二次对折　一次对折结束后，处在间歇状态的盲型滚筒逆转 90°。滚筒内

均匀分布的同时，又受滚筒中心固定凸轮曲线轮廓的推动而沿其径向外伸。这种平面复合运动相当于翻板的作用，即将上一次对折的夹馅面皮沿盲型板斜面向上翻折。第二次对折完成后，馅料被包在里面，形成条状生坯，见图 6－23（2）中 C。

（4）U 形折弯　二次对折后，条状生坯由盲型顶杆推动继续向前运动。穿过盲型板上的盲型孔时，生坯被初步折弯，接着又被固定在盲型板前的间距为一个馄饨宽的两只浮动盲型导辊进一步折弯，从而使生坯外形转化成 U 形轮廓，见图 6－23（2）中 D。

（5）搭角冲合　折弯结束后，盲型滚筒又进入转位间歇状态。这时，两只 U 形生坯恰好位于搭角冲杆的下方。冲杆在齿轮的驱动下，在下馅冲杆进行冲馅的同时，快速向下运动，将 U 形生坯内侧两角搭接冲合成一体。然后搭角冲杆复位，盲型滚筒继续转动 90°角，将成型后的馄饨生坯沿滑板送入接料盘中。至此馄饨成型机加工一对馄饨的成型操作结束。

三、 饺子成型机

饺子成型机，又称饺子机，是通过机械运动完成饺子包制操作的机器。目前国内机制饺子大都为灌肠辊切成型，输面型式为螺旋输送，输馅机构的型式有齿轮泵、叶片泵等。

饺子成型机的外形如图 6－24 所示，它主要由传动机构、输馅机构、输面机构、辊切成型机构等机构组成。

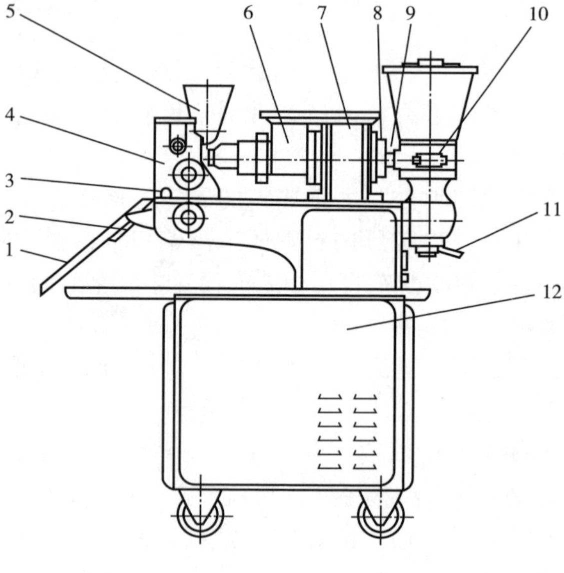

图 6－24　饺子成型机外形图

1—溜板　2—振杆　3—定位销　4—成型机构　5—干面斗　6—输面机构　7—传动机构　8—调节螺母　9—馅管　10—输馅机构　11—离合手柄　12—机架

1. 输馅机构

输馅机构有两种组成形式，一种是由绞龙－齿轮泵－输馅管组成，另一种是由绞龙－叶片泵－输馅管组成。实践表明，叶片泵比齿轮泵有利于保持馅料原有的色、香、味。所以目前国内饺子机大部分都采用后一种，其结构如图 6－25 所示。

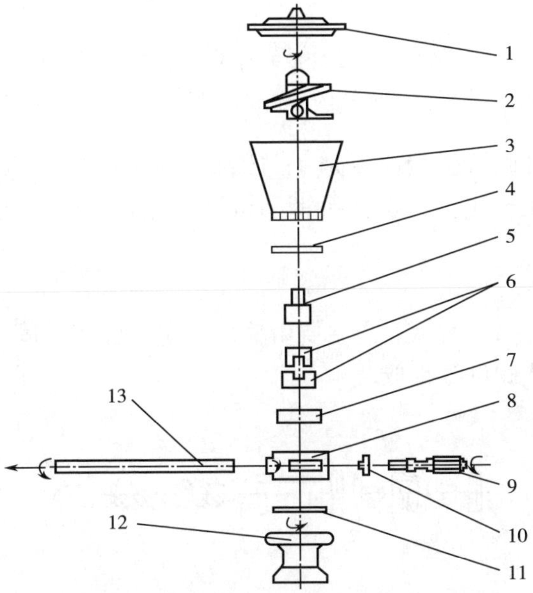

图 6－25 输馅机构简图

1—斗盖 2—馅绞龙 3—馅斗 4—上活板 5—转子 6—叶片 7—定子 8—泵体 9—调节螺母 10—垫块 11—底板 12—螺母 13—馅管

叶片泵属容积式泵的一种，这种泵具有压力大、流量稳定、定量准确的特点，所以广泛应用于食品工业中的各个环节。叶片泵主要由转子、定子、叶片、泵体及调节手柄组成。此外，为了扩大泵的适用范围，便于输送黏度低、颗粒大的松散物料，通常在泵的入口处还设有输送绞龙。这样可以将物料强制压向入口，使物料充满吸入腔。采用这种结构，可以补偿由于泵吸力不足和松散物料流动性不好而造成的充填能力低等缺陷。

图 6－26 为叶片泵的工作原理示意图。物料在输送绞龙的输送压力下，通过入料口进入且充满吸入腔，随着转子的转动，叶片既被带动回转，同时在定子侧壁的推动下又沿自身导槽滑动，吸入腔不断增大；当吸入腔达最大时，叶片做纯转动，将物料带入排压腔，在排压腔内，定子内壁迫使叶片做随转子的转动与自身相对转子的滑动，使得排压腔逐渐减小，物料被压向出料口，离开泵体。

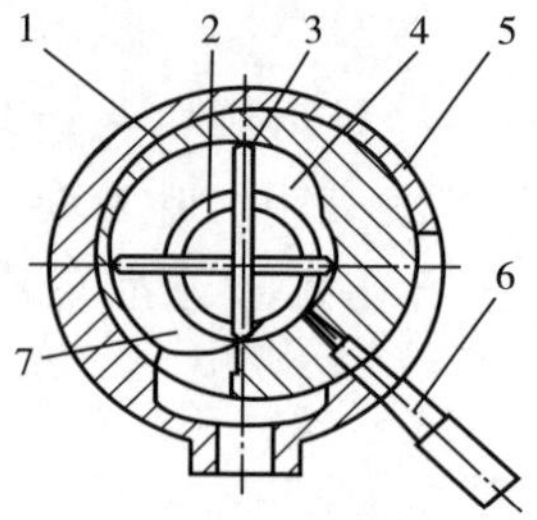

图 6－26　输馅叶片泵工作原理图

1—定子　2—转子　3—叶片　4—吸入腔　5—泵体　6—手柄　7—排压腔

流量调节可通过调节手柄改变定子与馅管通道的截面积来实现。调节手柄通过泵体上的长孔装在定子上，扳动手柄即可调节流量。输馅机构一般都由不锈钢材料制成。

2. 输面机构

输面机构如图 6－27 所示。它主要由输面绞龙、面套、固定螺母、内面嘴、外面嘴、面嘴套及调节螺母等组成。

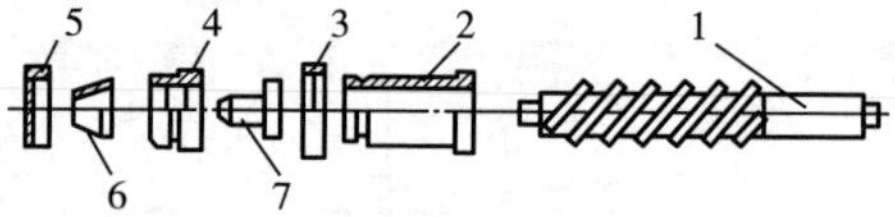

图 6－27　输面机构简图

1—输面绞龙　2—面套　3—固定螺母　4—面嘴套　5—调节螺母　6—外面嘴　7—内面嘴

输面绞龙为前部带有一定锥度的单导程卧式螺旋输送器，锥度为 1 ∶ 10，其作用在于逐步改变螺旋槽内的工作容积，使被送面团的输送压力逐渐增大，以满足形成连续均匀面管的工艺要求。在靠近输面绞龙的输出端设置内面嘴，它的大端输面盘上开有里外两层各三个沿圆周均匀对称分布的腰形孔。当绞龙输出的旋转面块分散通过内面嘴时，腰形孔既可阻止面块的旋转，又使得穿过孔的六条面块均匀交错搭接，汇集成环状面管。面管在后续面料的推动下，由内外面嘴的环状狭缝挤出，从而形成所需要的面管。

由内面嘴的输面盘至外面嘴挤出的轴向距离不宜过长，否则输面时会引起机器发热，面管温度升高，甚至产生糊化变性，影响成品饺子的口感质量。在输面机构上，还设有与绞龙相对旋转的副辊，其作用是阻止入料口处的面团从面斗逸出。从而顺利完成输面操作。

输面流量的调节，可通过移动输面绞龙的轴向位置，即改变输面绞龙与面套上的间隙来实现。这一操作，可通过旋转图 6－24 中的调节螺母来完成。另外，调节输送面管的壁厚可通过图 6－27 中的调节螺母以改变内面嘴与外面嘴的间隙来实现。输面机构零部件的材料大多为不锈钢，副辊的材料为无毒工程塑料。

3. 成型原理

目前我国生产的饺子机广泛采用灌肠辊切成型。灌肠原指在香肠生产过程中将调制好的肉泥灌入圆筒状肠衣，以得到圆柱状半成品的操作过程。饺子成型机工作时，面团经输面绞龙输送由外面嘴挤出成形面管。馅料经输馅绞龙、叶片泵作用，沿馅管进入面管内孔中，从而实现了灌肠成型操作。含馅面柱进入辊切成型机构，辊切成型机构主要由成形辊和底辊组成，如图6－28所示。成型辊上设有若干个饺子凹模，其饺子捏合边刃口与底辊相切。当含馅面柱从旋转辊切模与底辊中间通过时，面柱中间的馅料先在饺子凹模感应作用下逐步被推挤到饺子坯中心位置，然后在回转中被成型辊圆周刃口与底辊的辊切作用下成型为饺子生坯。另外，还设有撒粉装置，以防止面与成型器的粘连。

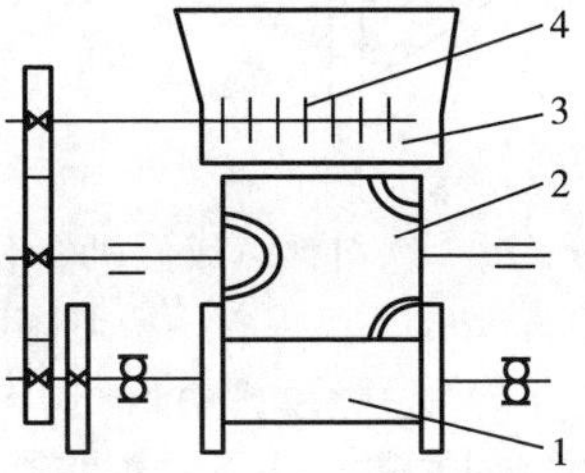

图6－28　成型机构示意图

1—底辊　2—成型辊　3—干面粉斗　4—粉刷

项目五　软点成型机械

制作曲奇饼、奶油桃酥点心、奶油浪花酥等糕点的面料，在形态、流动性等方面介于韧性、酥性、甜酥性面团及面浆之间，俗称软料。用软料制作的糕点称为软料糕点。

以前软料糕点靠手工制作，不仅生产效率低，工人劳动强度大，而且产品质量的一致性较差。近几年来，各地食品机械生产和科研部门先后模仿手工挤花动作，研制出一批软料糕点成型机，简称软料糕点机，又称曲奇饼机，其外形如图6－29所示。

实际上这种机器不但能够生产软料糕点，而且还能够生产桃酥、杏元、长白糕及蛋糕类糕点食品。

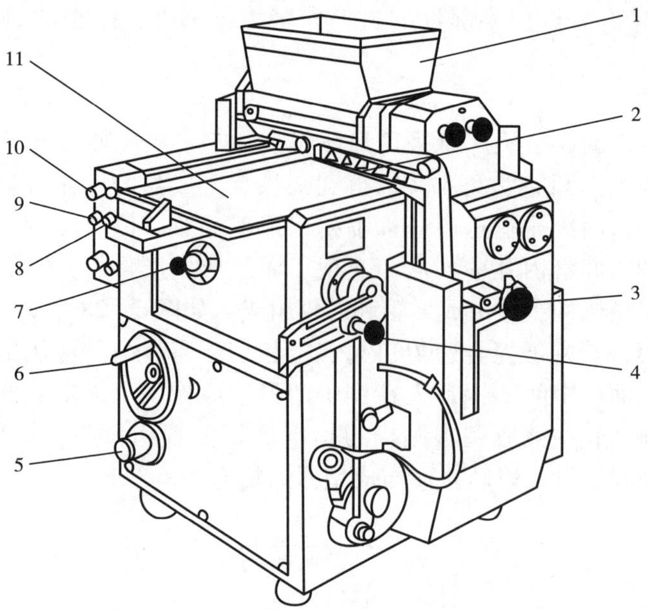

图 6－29　软料糕点成型机外形图

1—料斗　2—挤出嘴　3—麻花纹可变手柄　4—坯料可变手柄　5—变速手柄
6—烤盘上下可变手柄　7—烤盘滑动可变手柄　8—螺纹、长辊型挤出开关
9—长辊型长短可变拨盘　10—起动开关　11—烤盘

一、 成型原理

软料糕点的面团稠度差别很大，其中最硬的软料面团稠度与桃酥面团稠度相似。这种面团具有良好的塑性，但没有流动性，而且黏滞性较强，很容易粘模。同时，因为品种的需要，面团内常常含有颗粒较大的花生、核桃及果脯等配料，因此既不能模仿人工挤花（又称拉花）的方式成型，又不能采用辊印、辊切或冲印等方式成型。对于这种面团通常采用钢丝切割成型（图 6－30），其产品类似桃酥，外形简单，表面无花纹。成形嘴又称排料嘴一般呈圆形、方形等。

稠度较低的面团既有良好的可塑性，又能在外力条件下产生适当的流动，这种面团一般采用拉花成型，其产品的形状取决于出料口的形状及运动方式。通常出料口制成花瓣形，而且根据需要做一定角度的回转，使产品形成美丽的花纹，比如曲奇饼、奶油浪花酥等。

对于那些稠度很低，而且光滑、流动性较强的面料（称为面糊或浆），采用钢丝切割式与拉花成型显然都是不恰当的，但是可以采用浇注成型。用面浆浇注成

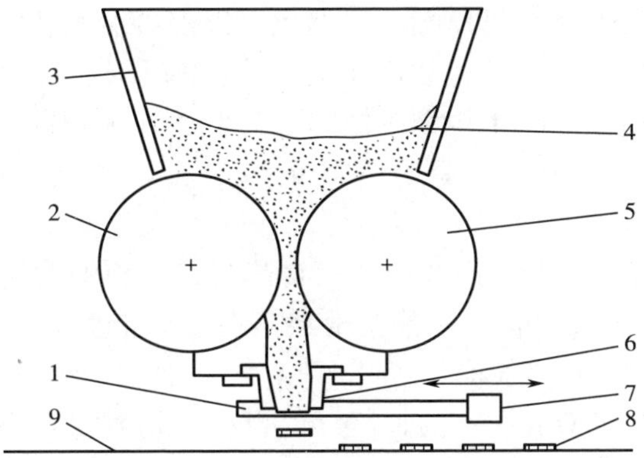

图 6-30　钢丝切割成型原理示意图

1—钢丝　2—喂料辊　3—料斗　4—面团　5—喂料辊　6—成型嘴
7—钢丝架　8—生坯　9—输送带

型制作的糕点有蛋糕、杏元、长白糕等。这时横板应被一排挤出嘴所代替，挤出嘴应该呈锥形，以便浇注。浇注成型时，烤盘上若带有型腔，产品的最终形状将与型腔一致。值得注意的是在浇注成型过程中，面浆挤出嘴的卸料、停止应与烤盘运动严格同步，否则会造成大量废品。软料糕点机根据喂料型式的不同分为齿辊式与柱塞式软料糕点机。

齿辊式喂料装置主要由面斗和两个或三个带齿形沟槽的喂料辊组成。喂料辊的作用是将面料挤向下面的压力/平衡腔。喂料辊可能是连续运转，也可能是间歇运转，还可以进行瞬时反转，以造成排料口瞬时负压，引起面料被瞬时回收。这样面料就可以被连续地或间歇地挤出。

对于钢丝切割式成型机，挤出嘴成形模口距烤盘或传送带约 70mm，机器本身装有距离调节机构，通过输送带或烤盘的上升或下降，使该距离在一定范围内得到调节。挤出模嘴成排安装，它们可以是任何理想的形状或尺寸。切断产品用的拉紧钢丝安装在框架上（图 6-30），并以一定的频率做前后往复运动，在通过挤出模嘴下边缘时将挤出的面料切断，形成一片片的糕点生坯，产品的厚度取决于钢丝往复运动时间间隔的长短。钢丝切割的方向可以与烤炉传送带的方向一致，但大多数情况是方向相反。不管是哪个方向，都是切割冲程时钢丝靠近模嘴，而在回程时钢丝下降。生坯可以直接落在烤盘或传送带上，也可以翻转后落下。但不论落下形式如何，所有生坯的运动必须同步。由于面团的黏滞性及其结构的粗糙，会给产品的质量带来一定影响。为此在面团制备时应保持其稠度、结构的均匀一致，以使每片产品重量及外观质量的统一。

有些成型机采用锐利光滑的片刀或锯齿形刀代替钢丝切割，同时为了解决面料的黏附问题，切割钢丝或刀具可在水平面内连续振动，以改善切割质量。钢丝切割的速度不很高，通常不超过 100 次/min。挤出模嘴通常为单排安装，但如果产品规格很小，也可安装双排模嘴。当然也可以安装两个机头，使其同步隔行挤出成型。钢丝切割成型的产品往往由于面团内含有果仁、果脯等大颗粒的辅料，而造成产品表面粗糙或形状不规则等缺陷。为此，在入炉前可安装一只塑料泡沫辊，使生坯形成平整的表面并具有一致的厚度，以提高产品质量，便于机械包装。

当成型机连续挤出，生产连续的条状食品时，模板通常与软料挤出方向成一定角度安装，以保证条状产品尽可能平滑地落在传送带上（图 6 - 31）。这时模板的开口应该左右对称，并使条状产品底部平整、表面有条纹（拉花）。连续的条状产品通常在入炉前被切割成一定的长度，但也有时切割操作在焙烤后实现。切口断面的粗糙程度取决于面团的特性，即面团的稠度和辅料颗粒的大小。

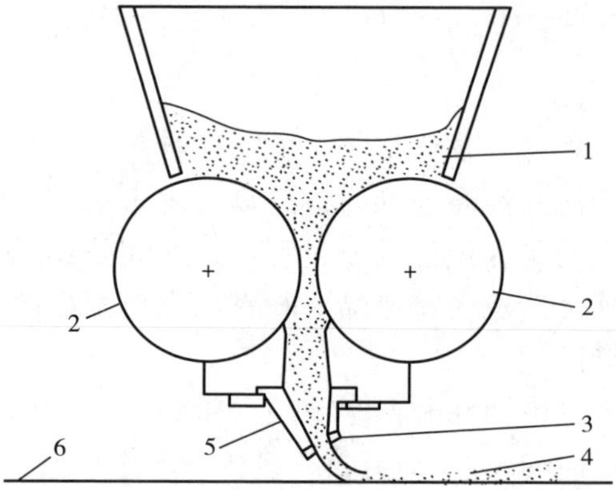

图 6 - 31　连续条状产品成型模板安装示意图

1—面团　2—喂料辊　3—成型模板　4—条状产品　5—挤出嘴　6—输送带

为了增加产品的花色品种，可以同时安装不同的成型模嘴，以使每排同时挤出落下的生坯具有不同的外观形状，也可以整排更换具有不同模嘴的挤出模板，还可以操作模嘴旋转手柄使挤出的产品具有不同程度的螺旋花纹。当然，尽管外观形状不同，但是它们都属于均质无馅糕点。为了生产夹馅软料糕点，需要将面斗分隔开来，用以同时盛装不同的面料。如图 6 - 32 所示，面团和馅料在料斗中即被隔开，在喂料辊的旋转作用下，分别进入下面的压力腔。压力腔同样被分为两部分，并保证馅料在中间，面料在周围，通过成型嘴被挤出。馅料可以是果酱或其他食品物料，但其稠度应与面团的稠度近似。

二、 定量供料装置

软料糕点成型机的供料装置，基本有两种型式，即槽形辊与柱塞泵。

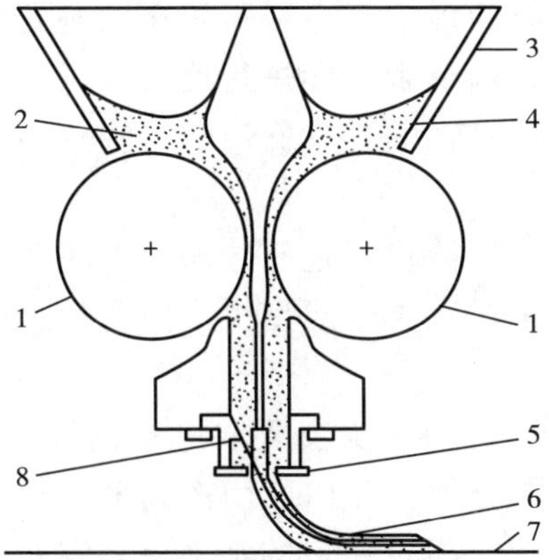

图 6－32　夹馅产品挤出成型原理示意图

1—喂料辊　2—馅料　3—料斗　4—面团　5—成型模板　6—夹馅产品生坯
7—输送带　8—挤出嘴

（一）槽形辊定量供料装置

软料糕点成型机的槽形辊定量装置的优点是结构较简单，便于制造；缺点是根据面料的稠度不同，需及时更换供料装置。图 6－33（1）、（2）分别为生产曲奇饼类及蛋糕类糕点的槽形辊定量供料装置示意图。

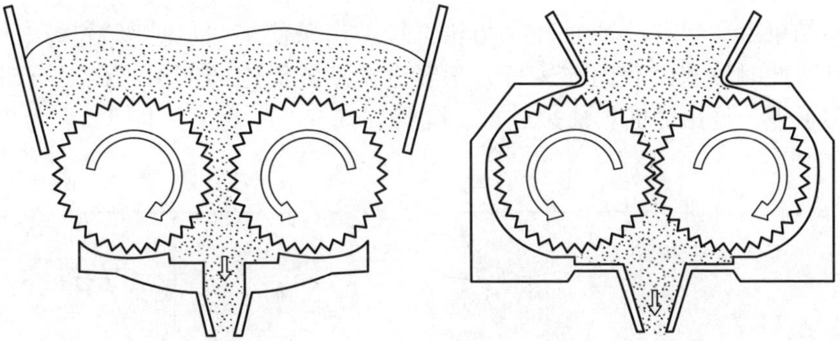

（1）用于稠料　　（2）用于面浆

图 6－33　槽形辊喂料装置示意图

面料的稠度不同，槽形辊的结构、安装方式、旋转方向不同。开机以后，相对（用于较稠的软料）或相背（用于面浆）旋转的槽形喂料辊向下送料，面料经压力/平衡腔进入下面的出料嘴，然后落在下面的烤盘下。生产曲奇饼类的软料糕点时，出料嘴需设计成不同的出口形式，而且还应具备一定角度的旋转能力，以满足生产不同花色品种软料糕点食品的需要。生产蛋糕时，出料嘴的作用仅仅是将面浆浇注到下面烤盘的模腔里而已，所以出料口（挤出嘴）的形状无特殊要求，通常做成简单的圆形。排料的多少是靠喂料辊正向旋转的时间长短来控制的。待排出物料达到预计定量后，槽形辊立即进行反转，以使排料口产生瞬间负压，面料上返，避免滴落。槽形喂料辊的正、反转应与间歇运动的烤盘同步，方能保证产品外观质量与重量的稳定。

软料糕点挤出成型的定量精确问题比冲印、辊印及辊切成型生产饼干要困难得多。定量的准确性当然主要取决于成型机，但调粉过程的不同也是不可忽略的因素。

在一定时间内，排出面料的多少主要取决于模板（或挤出嘴）后面的压力，该压力靠喂料辊的速度控制，但料斗内面团的高度对挤出重量也有一定影响，因此应保持料斗里的面料在一个相对稳定的水平上。实践证明面料高度较低时，比较容易控制。

如果面团的稠度或黏滞性不稳定，也同样会影响挤出模板（挤出嘴）后面压力的稳定性。因此最好使新调制的面团静置30min后再放入料斗中使用。

（二）柱塞式定量供料装置

在浇注和挤出成型机中广泛采用柱塞式定量装置。它包括真空吸料和排料两部分，图6－34（1）为吸料过程简图。将软料投入料斗后，启动电动机。此时轴的半缺口正好转至图6－34（2）所示位置，使料斗与柱塞缸筒形成通路。柱塞向图中箭头方向运动，造成真空，开始吸料。与此同时，机头向上运行，成型花嘴离开烤盘。

吸料结束后，半缺口轴通过内凸轮，带动齿条使半缺口轴吸料口关闭，而排料口打开，此时柱塞由后向前运行，把吸进柱塞缸筒内的面料推出。这时机头已下降到最低点，推出的面料通过成型花嘴落在烤盘上。图6－34（2）为排料过程示意图。

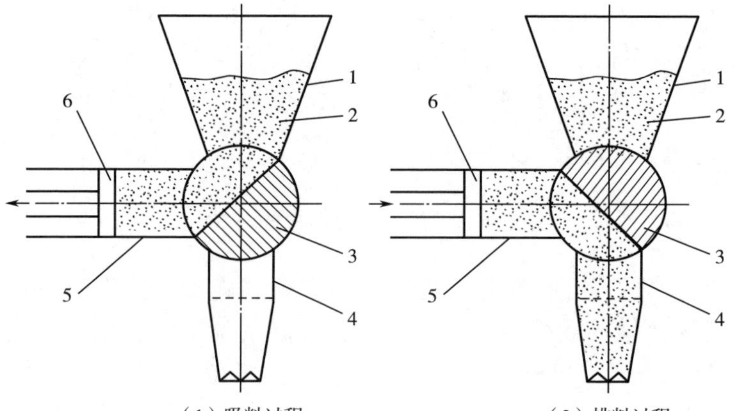

（1）吸料过程　　（2）排料过程

图6－34　柱塞式定量供料装置示意图

1—料斗　2—面料　3—半缺口轴　4—成型花嘴　5—柱塞缸筒　6—柱塞

项目六 挤压机械

膨化食品是指谷物或蛋白质等原料经过加工后体积膨胀，内部组织成为多孔、疏松的海绵状结构的一类食品。其生产设备主要是使用螺杆挤压机。螺杆挤压机既可制得膨化食品，也可生产出非膨化食品。其中，膨化食品为多孔组织，经干燥后即可食用；非膨化食品一般为半成品，需经焙炒或油煎膨松、调味后方可食用。

一、 食品挤压加工原理

挤压机借助在机筒内旋转的螺杆完成对食品原料的各种挤压加工。疏松的食品原料从加料斗进入机筒内时随着螺杆的转动，沿着螺槽方向向前输送，同时受到机头的阻力作用，固体物料逐渐压实，又由于物料受到来自机筒的外部加热以及物料在螺杆与机筒间的强烈混合、剪切等作用，温度升高，开始熔融，直至全部熔融。由于螺槽逐渐变浅，继续升温升压，食品物料得到蒸煮，出现淀粉糊化和脂肪、蛋白质变性等一系列复杂的生化反应，组织进一步均化，最后定量、定压地由机头通道均匀挤出，即完成了食品挤压加工的过程。

对于大多数食品挤压过程而言，食品物料从机筒内被挤压出模头的瞬间，压力突然降低，过热的食品物料中的水分急剧汽化喷射出来，致使食品内部爆裂出现许多微孔，体积立即膨胀若干倍并成为膨化食品。

图6－35较详细地说明了食品的挤压膨化过程。在第一级螺旋输送区内，物料的物理、化学性质基本保持不变。在混合区内，物料受到轻微的低剪切，但其本质仍基本不变。在第二级螺旋输送区内，物料被压缩得十分致密，螺旋叶片的旋转又对物料进行挤压和剪切，进而引起摩擦生热以及大小谷物颗粒的机械变形。在剪切区内，高速剪切的结果使物料温度升高，并由固态向塑性态转化，最终形成黏稠的塑性熔融体。所有含水量在25%以下的粉状或颗粒状食品物料，在剪切区内均会产生由压缩粉体向塑性态的明显转化。对于强力小麦面粉、玉米碎粒或淀粉来说，这种转化可能在剪切区的起始部分，而对于弱力面粉或那些配方中谷物含量少于80%的物料来说，转化则发生在剪切区的深入区段。转化时，淀粉颗粒内部的晶状结构先发生熔融，进而引起颗粒软化，再被压缩在一起形成黏稠的塑性熔融体。这种塑性熔融体前进至成型模胆的高温高压区内，物料已完全呈流态化，最后被挤出模孔，压力降至常压而迅速膨化。

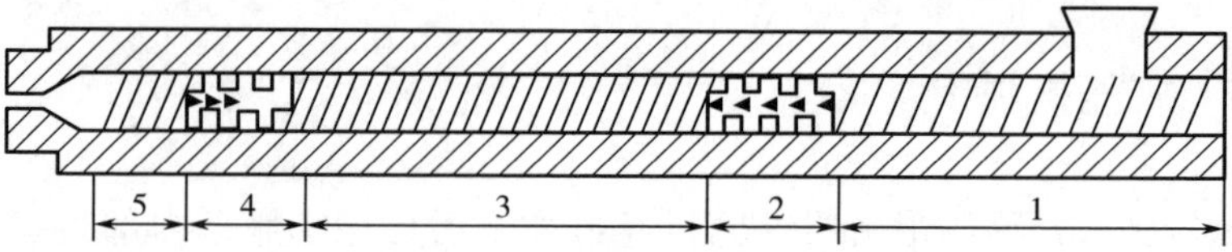

图 6 - 35　挤压膨化示意图

1—第一级螺旋输送区　2—混合区　3—第二级螺旋输送区　4—剪切区　5—高温高压区

二、 螺杆式挤压机

（一） 分类

（1） 按挤压螺杆数分　挤压机可分为单螺杆挤压机和双螺杆挤压机。

（2） 按功能特性挤压机分　可分为以下几种。

①面团挤压机：用于面点、饼干、通心粉生产。

②高压成型挤压机：将已糊化的谷物面团通过该机挤压成型；干燥成半成品，经油炸后即为膨化的产品。

③低剪切蒸煮挤压机：螺杆的螺纹浅，机筒内有浅槽，常用来挤压较干物料，以制作松脆点心。

④高剪切蒸煮挤压机：用来生产早餐谷物食品、玩赏动物食品和植物蛋白。

（3） 按热力学性质分　可将挤压机分为：

①自热型挤压机：剪切过程所产生的热量用于过程本身。

②等温型挤压机：靠挤压机机筒的冷却介质来维持挤压机恒定的温度。

③多变型挤压机：在机筒内导入加热介质，以控制加工过程中的温度。

（二） 工作原理

螺杆挤压机是一种装在卧式柱状机筒里的螺旋输送机，因出料模孔的开孔截面比机筒和螺杆横截面之间的空隙小得多，物料在出口处受阻而产生阻力，使物料在进入挤压机后的输送过程始终处于连续被压缩状态。有的挤压机在机筒内具有轴向凸棱，可限制物料的运动，增强螺杆对物料的剪切效果。多数挤压机的机筒被制成夹套式，夹套内通入蒸汽或液态加热介质，以控制机内物料的温度。产品的最终形状、膨胀程度和最终密度取决于挤出模孔的尺寸和形状以及挤压机的工作参数，如温度、压力、水分和螺杆转速等。

（三） 蒸煮挤压机的构造

蒸煮挤压机的构造如图 6 - 36 所示。

一台功能完全的蒸煮挤压机由下列部分组成。

1. 驱动装置

驱动装置由机座、主传动电动机、变速器、减速器、止推轴承和联轴器等组

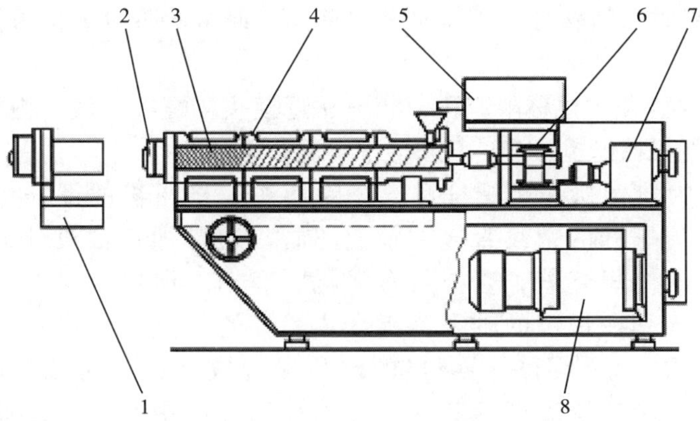

图 6 - 36　蒸煮挤压机构造

1—切料机　2—模头　3—螺杆　4—机筒　5—喂料器　6—传动齿轮箱
7—减速器　8—直流电动机

成。为迅速和准确地调节螺杆旋转速度，常用可控硅整流器控制的直流电动机来调速，并用齿轮减速器、链条或带传动减速。

2. 进料系统

进料系统包括干料、液料的贮存器和输送装置。

（1）干料贮斗　干料贮斗常带有振动装置，以防物料结块架桥而中断输送。因为进料不畅或中断，将会降低产品品质或造成焦化阻塞，甚至需停机清洗。因此，进料系统必须十分安全可靠。输送干物料的装置有：

①电磁振动送料器：它是利用改变振动频率和振幅来控制供料速度的。

②螺旋输送器：用直流电动机并经减速器调节螺旋转速来控制进料量。

③称量胶带式送料：称量胶带既有输送物料作用，又可连续称量，随机调节送料速度。

（2）贮液槽　一台挤压机通常有 2 ~ 3 个贮液槽，由定量泵将液体原料送到挤压机中。一般贮液槽带有搅拌器和加热器，以确保液体物料混合均匀和降低黏度。最常用的液料输送装置是正位移泵，只要调节旋转泵的转速或柱塞泵的行程就可达到定量送液的目的。调节输液管中的针形阀可以准确地调节送液量，针形阀的位移也通过隔膜自动调节。

3. 螺杆

挤压机中的螺杆依其在机筒内的不同位置和作用分为三个部分。

（1）进料段　通常此段螺旋的螺牙较深，以使足够的原料进入挤压机内并充满机筒。如果机筒内原料不足，则会形成“饥饿喂料”。进料段占螺杆总长的 10% ~25% 。

（2）压挤段　螺纹的螺距逐渐减小，沟变浅。压挤段的作用是对物料产生压挤和剪切，使颗粒原料转变成不定型塑料面团，通常此阶段占挤压机螺杆总长的1/2。

（3）定量供送段　也称限流段，此段靠近模头，螺纹较浅，物料所受的摩擦剪力最大，消耗机械能也最多，物料处于高温高压状态。

图6－37为典型挤压机螺杆和筒体断面图。挤压机的螺杆有整体式和组合式两种，整体螺杆的螺纹直接在轴上车制。通常螺杆被设计成组合式，即螺纹被制成若干个短套筒，它与具有强化、剪切、混炼效果的揉搓元件依照一定的组合方式套在带键的轴上。组合式螺杆的优点是可以针对不同产品随意调节螺纹结构，对特别易于磨损的定量段螺纹元件，可以及时予以更换。为了更迅速地控制挤压温度，有的螺杆轴被设计成中空状，以通入冷却水或循环热水。

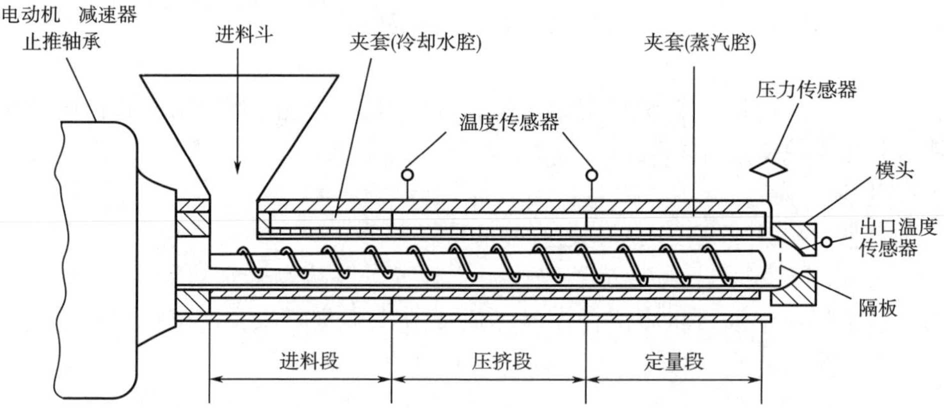

图6－37　典型挤压机螺杆和筒体断面图

螺杆的牙型通常设计成矩形、梯形或三角形的阿基米德螺线，单线或双线结构。有时为了提高食品的混炼效果，可将螺纹中断或将其做成若干个缺口，成为缺断式螺纹。

4. 机筒

挤压机机筒呈圆筒状，与螺杆仅有少量间隙，多数机筒内壁为光滑面。有时为了强化对食物的剪切效果，防止食物在机筒内打滑，机筒内壁常带有若干较浅的轴向棱槽或螺旋状槽，机筒具有加热、保温、冷却和摩擦功能。机筒为整体式或分段组合式。整体式机筒的结构简单，机械强度高。分段组合式机筒借螺钉连接，其优点是便于清理，对容易磨损的计量段可随时更换，还可按照所要加工的产品和所需能量来确定机筒的最佳长度。机筒由硬质材料制造，其内壁应时常进行氮化处理。有的挤压机在其机筒中部有一排气孔，以排除食物中的空气、蒸汽和挥发气体。机筒常被制成夹套形式，可以通入蒸汽、高温加热油、热水或冷水。

为增加机筒的传热效果，夹套内带有翅片。有的挤压机用电热元件加热，常用的电热元件有电热环、电热棒和电磁线圈。机筒上还有感温元件和压力传感器，以控制或显示机内温度和压力。

机筒内径是表示挤压机性能的名义尺寸，通常为25～300mm。从进料口边缘到螺杆轴顶端的距离与机筒内径之比值称为长径比，是挤压机的重要参数，典型食品挤压机的长径比为（1～20）：1。

5. 成型装置

挤压机的成型装置是赋予食品形状和结构的重要部件，它由模头、切刀和输送器组成。模头借螺钉固定在机筒出料端的法兰上，模头上有若干个不同形状的小孔，以使食物通过成型。模头是一个很精确的零件，必须有足够的强度来承受挤压机机筒内的高压。模孔由极耐磨的材料组成，常用的材料有铬钢、青铜合金，有时在模孔内镶嵌聚四氟乙烯材料。

模头的构造对产品结构影响颇大，图6－38是不同模头的模孔设计对产品结构的影响情况。图6－38（1）作为圆锥形模孔，它将降低螺腔内的压力要求，使产品获得光滑的表面。图6－38（2）具有突变截面，模孔长度短的模头，它会使食品造成较大的机械损伤并导致产品组织细粒化、柔软化和产生髓化结构，用于获得小球丸状食品。图6－38（3）作为侧向排料的模头，它可以增加产品的层次和纤维化结构。图6－38（4）作为带有较长冷却通道的模头，它可减少产品的膨化度。旋转切刀，又称造粒装置，用来切割从模头中被挤出的产品，使产品具有确定的长度，其转速可通过无级变速器调节。有两种形式的切刀，一为单臂切刀，切刀较长，电动机及其传动装置设置在机筒外部，或为挤压机分离的独立部分。另一种为同轴切刀，驱动切刀的中心轴与机筒轴为同一中心线，中心轴上一般装有2～4片切刀。

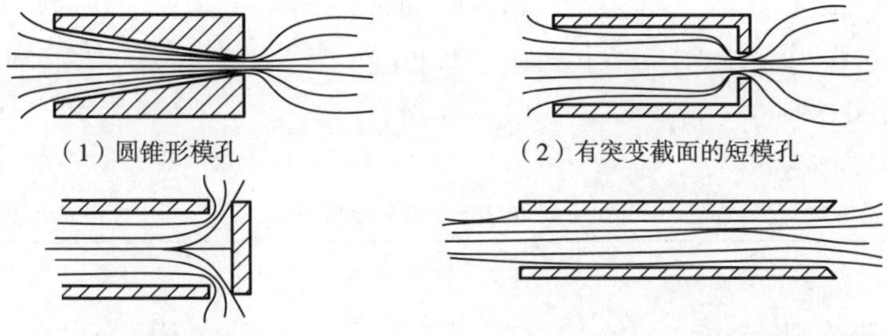

（1）圆锥形模孔　（2）有突变截面的短模孔

（3）侧向排料模孔　（4）有冷却通道的长模孔

图6－38　模头的模孔设计与产品结构的关系

（四）单、双螺杆挤压机

1. 单螺杆挤压机

单螺杆食品挤压机是借螺杆和机筒对物料的摩擦来输送物料的，它已广泛用于食品工业，常用来生产直接膨化的产品。目前我国生产的单螺杆挤压机基本上是采用螺纹高度较浅的螺杆，转速为300～400r/min，它可产生高摩擦和高剪切力，谷物原料在机筒内的停留时间仅10～20s，物料在出模前的温度高达130～140℃。

2. 双螺杆挤压机

双螺杆挤压机有两对相互连续啮合的反向或同向旋转的螺杆，靠正位移原理强制输送物料，在物料输送过程中很少形成压力回流，因而在适用范围内可比单螺杆获得更高的速度和产量，物料在机内分布均衡，并能输送胶黏的、脂肪含量高的或较湿的原料。因此，目前在食品蒸煮挤压机中主要采用同向旋转的双螺杆挤压机。

双螺杆挤压机的机筒内腔呈∞字形，内壁光滑。螺杆与∞字形内腔只有极小间隙，物料沿机筒内壁在∞字形的通道中向模头方向进行，物料在被输送过程中不受摩擦力的影响。因此，当挤压机内未被物料填满时也能顺利运行。由于机筒内壁材料比较昂贵、结构复杂、制造成本高，故常将机筒内腔嵌以特别耐磨的合金材料制成的衬套。为便于嵌入衬套和分段控温，机筒也被制成分段式，并用高强度螺钉连接。

3. 单、双螺杆挤压机的主要区别

单、双螺杆挤压机的主要区别见表6－2。

表6－2　　单、双螺杆挤压机的主要区别

种类	刮板式	斗槽式
生产能力/(t/h)	2.14（蘑菇）	3.12（青刀豆）
链带速度/(m/s)	0.01	0.025
预煮时间/min	8	3
预煮水晶/℃	98～100	98～100
蒸汽压力/MPa	0.405	0.405
主轴转速/(r/min)	1.05	3.2
电动机功率/kW	1.5	2.8
外形尺寸（长×宽×高）/mm	7030×700×1000	1100×1100×1700

思考与练习

一、选择题

1. 影响饼干辊印成型的因素包括（　　）。

A. 喂料辊与印辊的间隙　　B. 印模辊的直径

C. 帆布脱模带的粗糙度　　D. 出料量

2. 对于槽形辊定量供料装置，在一定时间内排出面料的多少主要取决于

(　　)。

A. 模板后面的压力　　　　B. 面团的性质

C. 面斗内面团的高度　　　D. 进料量

二、判断题

1. 卧式压延机压制的面带层次比立式压延机更分明。(　　)

2. 饼干冲印成型机在头道辊表面上可以开有沟槽。(　　)

3. 饼干冲印成型机的各道压辊间隙应保持一致。(　　)

4. 辊切成型与辊印成型区别在于辊切成型的印花和切断是分两个工步完成的，即面带首先经同步转动的切块辊，切出一定大小的饼干生坯，随后经印花辊，压印出花纹。(　　)

5. 在三种饼干成型机中，辊切式饼干机的适用范围最广。(　　)

6. 网络式搓圆机适合于大型面包生产线使用。(　　)

7. 锥形搓圆机有时会出现双生面团。(　　)

8. 输馅机构中使用齿轮泵比叶片泵有利于保持馅料原有的色、香、味。(　　)

9. 钢丝切割式成型的产品表面只能有简单花纹。(　　)

10. 拉花成型的产品可形成美丽的花纹。(　　)

11. 在挤压膨化过程中食品仅发生物理变化，即水分的相变和食品体积的变化。(　　)

三、填空题

1. 常用的压延机有________、________和________。

2. 辊切成型机主要由________、________、________、________、________组成。

3. 常用的成型机有________、________、________和________等。

4. 冲印成型是目前食品厂使用最广泛的一种成型方法，适合于生产________、________、________及________等。

5. 辊切式饼干成型机主要由________、________、________、________及________等组成。

6. 影响辊印成型的因素有________、________、________。

7. 辊印式饼干成型机主要用于加工生产________。

8. 辊切成形与辊印成型的最大区别在于________。

9. 饺子成型机的输馅机构有两种组成形式，一种是由________、________、________组成，另一种是由________、________、________组成。

四、简答题

1. 简述冲印式成型机生产基本过程。

2. 冲印及辊切饼干成型机对饼干生坯的成型质量要求有哪些？

3. 辊印式成型机的用途和特点分别是什么？

4. 根据软料糕点原料的稠度不同，应如何选择成型方式？
5. 如何控制软料糕点定量排料装置的出料量？
6. 食品在挤压膨化过程中是怎样变化的？

实训十 卧式压延机的使用、调整与维护

一、目的要求

通过实训，使学生熟悉卧式压延机的构造，掌握卧式压延机的正确使用，并能正确调整面条宽度。

二、设备与工具

（1）卧式压延机2台。
（2）专用工具2套。
（3）中筋粉10kg。

三、实训内容及步骤

（1）清洗卧式压延机，并进行消毒处理。
（2）接通卧式压延机电源，并进行试运转。
（3）运转正常后，加入5kg中筋粉，进行压延、成型。
（4）停机后，调节调整装置。
（5）再加入5kg中筋粉进行二次压延、成型。
（6）对比两次压延的面条，弹性是否变化？质量是否变化。
（7）将卧式压延机拆卸，清洗滚轴和其余部件，并擦拭干净。
（8）待各零部件晾干后，将卧式压延机装配好。

参考文献

[1]肖旭霖．食品加工机械与设备．北京:中国轻工业出版社,2000.
[2]涂国材．食品工厂设备．北京:中国轻工业出版社,1991.
[3]宫相印．食品机械与设备．北京:中国商业出版社,2000.
[4]崔建云．食品加工机械与设备．北京:中国轻工业出版社,2000.
[5]刘江汉．焙烤工业使用手册．北京:中国轻工业出版社,2003.
[6]张裕中．食品加工技术装备．北京:中国轻工业出版社,2000.
[7]高成福．现代食品高新技术．北京:中国轻工业出版社,1997.
[8]石一兵．食品机械与设备．北京:中国商业出版社,1992.
[9]肖旭霖．食品机械与设备．北京:科学出版社,2006.
[10]马海东．食品机械与设备．北京:中国农业出版社,2004.
[11]魏庆葆．食品机械与设备．北京:化学工业出版社,2008.
[12]刘晓杰．食品加工机械与设备．北京:高等教育出版社,2004.
[13]李书国．食品加工机械设备手册．北京:科学技术文献出版社,2006.
[14]刘晓杰,王维坚．食品加工机械与设备．北京:高等教书出版社,2010.
[15]殷涌光．食品机械与设备．北京:化学工业出版社,2007.
[16]刘晓杰,南浩太．食品机械与设备．北京:中国轻工业出版社,2010.
[17]奥勒尔．食品工业制冷技术．北京:中国轻工业出版社,1986.
[18]刘玉德．食品加工设备手册．北京:化学工业出版社,2006.
[19]蔡功禄．食品生物工程机械与设备．北京:高等教育出版社,2002.
[20]刘协舫,郑晓,丁应生等．食品机械．武汉:湖北科学技术出版社,2002.
[21]张麟麟．乳品生产常用设备．北京:中国轻工业出版社,1995.
[22]王惠民,王成刚．粮仓机械．长春:吉林科学技术出版社,1996.
[23]王岁楼,熊卫东．生化工程．北京:中国医药科技出版社,2001.
[24]余俊堂．新编生物工艺学(上册)．北京:化学工业出版社,2003.
[25]武建新．乳制品生产技术．北京:中国轻工业出版社,2000.